Safwan Aljbaae

Effets des astéroïdes sur les mouvements des planètes telluriques

Safwan Aljbaae

Effets des astéroïdes sur les mouvements des planètes telluriques

Presses Académiques Francophones

Impressum / Mentions légales
Bibliografische Information der Deutschen Nationalbibliothek: Die Deutsche Nationalbibliothek verzeichnet diese Publikation in der Deutschen Nationalbibliografie; detaillierte bibliografische Daten sind im Internet über http://dnb.d-nb.de abrufbar.
Alle in diesem Buch genannten Marken und Produktnamen unterliegen warenzeichen-, marken- oder patentrechtlichem Schutz bzw. sind Warenzeichen oder eingetragene Warenzeichen der jeweiligen Inhaber. Die Wiedergabe von Marken, Produktnamen, Gebrauchsnamen, Handelsnamen, Warenbezeichnungen u.s.w. in diesem Werk berechtigt auch ohne besondere Kennzeichnung nicht zu der Annahme, dass solche Namen im Sinne der Warenzeichen- und Markenschutzgesetzgebung als frei zu betrachten wären und daher von jedermann benutzt werden dürften.

Information bibliographique publiée par la Deutsche Nationalbibliothek: La Deutsche Nationalbibliothek inscrit cette publication à la Deutsche Nationalbibliografie; des données bibliographiques détaillées sont disponibles sur internet à l'adresse http://dnb.d-nb.de.
Toutes marques et noms de produits mentionnés dans ce livre demeurent sous la protection des marques, des marques déposées et des brevets, et sont des marques ou des marques déposées de leurs détenteurs respectifs. L'utilisation des marques, noms de produits, noms communs, noms commerciaux, descriptions de produits, etc, même sans qu'ils soient mentionnés de façon particulière dans ce livre ne signifie en aucune façon que ces noms peuvent être utilisés sans restriction à l'égard de la législation pour la protection des marques et des marques déposées et pourraient donc être utilisés par quiconque.

Coverbild / Photo de couverture: www.ingimage.com

Verlag / Editeur:
Presses Académiques Francophones
ist ein Imprint der / est une marque déposée de
OmniScriptum GmbH & Co. KG
Heinrich-Böcking-Str. 6-8, 66121 Saarbrücken, Deutschland / Allemagne
Email: info@presses-academiques.com

Herstellung: siehe letzte Seite /
Impression: voir la dernière page
ISBN: 978-3-8416-2417-8

Effets des astéroïdes sur les mouvements orbitaux des planètes telluriques

Safwan ALJBAAE

Cette ouvrage se justifie par la correction scientifique du texte, réalisée par le jury composé de :

Mr.	Souchay Jean	………	jean.souchay@obspm.fr	(France)
Mr.	Dvorak Rudolf	………	dvorak@astro.univie.ac.at	(Austria)
Mr.	Ron Cyril	………	ron@ig.cas.cz	(Czech Republic)
Mr.	Valsecchi Giovanni	…………	giovanni@iaps.inaf.it	(Italy)
Mme.	Lemaitre Anne	………	anne.lemaitre@unamur.be	(Belgium)
Mr.	Hestroffer Daniel	………	daniel.hestroffer@imcce.fr	(France)
Mr.	Sicardy Bruno	………	bruno.sicardy@obspm.fr	(France)

l'Observatoire de Paris   SYRTE

OBSERVATOIRE DE PARIS - SYRTE

Systèmes de Référence Temps-Espace

safwan.aljbaae@obspm.fr

Safwan Aljbaae

Observatoire de Paris

E-mail : safwan.aljbaae@obspm.fr

page personnelle : http://syrte.obspm.fr/~aljbaae/

Je suis né le 05 Janvier 1981 à Swaida, en Syrie. Après avoir terminé mes études dans un lycée classique de ma ville (1999), j'ai été sélectionné avec environ 50 candidats parmi des milliers d'étudiants pour une bourse d'études en Mathématiques à l'université de Damas pour 4 ans. Ensuite, j'ai été de nouveau sélectionné pour une bourse d'études en France entre l'université de Damas et la France dans le cadre de la coopération scientifique.

Immédiatement après mon arrivée en France (Décembre 2006), j'ai commencé mes études en m'inscrivant en Master à l'Observatoire de Paris qui comprend des enseignements fondamentaux de physique, de mathématiques et des cours spécialisés d'astronomie et d'astrophysique. Certains cours sont partagés avec des établissements partenaires : Pierre & Marie Curie (Paris 6), Paris Diderot (Paris 7), Paris Sud (Paris 11) et Versailles Saint Quentin Universités (UVSQ)

Deux ans plus tard, j'ai commencé une thèse (Septembre 2009) dans le demain de la mécanique céleste au sein du laboratoire SYRTE (Systèmes de Référence Temps Espace), qui est une unité mixte de recherche (UMR 8630) de l'Observatoire de Paris et de l'université Paris 6. Cette thèse a été dans la continuité de travaux de mon responsable, le Dr Jean Souchay.

Cet ouvrage est le fruit de mon travail de thèse qui consistai essentiellement à évaluer, de la manière la plus détaillée possible, les perturbations gravitationnelles induites par les astéroïdes du Système Solaire sur les orbites des planètes telluriques. Le but principal était de contribuer à l'amélioration de la précision des éphémérides planétaires.

Des millions de gens ont vu tomber une pomme,
Newton est le seul qui se soit demande pourquoi.

(Bernard Baruch)

Remerciements

Voici arrivé le moment des derniers mots écrits dans ce livre, et paradoxalement, ce sont les premiers que vous lirez. Ces derniers mots sont les plus difficiles à formuler car ils résument mes sentiments envers les personnes qui m'ont aidé à réaliser ce travail, qui ont fait preuve d'une grande compréhension et qui m'ont soutenu et encouragé tout au long de ce travail intensif.

Ce travail a été réalisé au Laboratoire de SYRTE[1], qui est une unité mixte de recherche (UMR 8630) du CNRS[2], de l'Observatoire de Paris et de l'Université Pierre & Marie Curie (Paris 6).Il a été financé par l'université de Damas-Syrie dans le cadre de coopération scientifique avec la France. En préambule à ce livre, je souhaite profiter de cette opportunité pour adresser mes remerciements les plus chaleureux et les plus sincères au directeur adjoint du SYRTE, Mr. *Jean Souchay*, qui est un excellent superviseur et mentor capable de motiver ses équipes afin d'obtenir le maximum de résultats. Il a su partager avec moi son

---

[1]Systèmes de Référence Temps-Espace
[2]Centre national de la recherche scientifique

savoir en faisant preuve de confiance et de patience. Je le remercie infiniment de m'avoir pris sous son aile en stage de DEA[3], puis en thèse et de m'avoir systématiquement soutenu dans tous mes projets. Je loue la qualité de sa collaboration, sa totale écoute et disponibilité tout au long de la réalisation de ce travail, l'aide et le temps qu'il a bien voulu me consacrer et sans quoi ce livre n'aurait jamais vu le jour, son suivi permanent, sa rigueur sur la qualité de mes résultats de recherches, ... Tout cela m'a permis d'avancer correctement et rapidement dans mon travail. Son bon humour coutumier, surtout dans mes moments de découragements, m'a permis de travailler dans une ambiance très amicale et accueillante. C'est grâce à toi, Jean, que je me sens maintenant tout à fait prêt à me lancer avec confiance dans une nouvelle activité et/ou dans un nouvel environnement dans le monde du travail. Tu es l'une des personnes qui aura marqué ma vie pour toujours, je suis vraiment fier que tu aies accepté d'être mon directeur de thèse (2009-2013). Je ne l'oublierai jamais, je te remercie de tout mon cœur.

Bien qu'ayant dû surmonter les nombreuses difficultés scientifiques et linguistiques durant le déroulement de ma recherche (thèse doctorale à l'observatoire de Paris), ainsi que les perturbations très graves causées par les évènements politiques dans mon pays depuis Mars 2011, je n'ai pas eu le temps de clôturer en trois années mes travaux qui ont déjà commencé en septembre 2009. Pour les 5 derniers mois de mon travail, j'ai été honoré d'être le récipiendaire d'une bourse d'études du SYRTE afin de conclure mes recherches pour pouvoir soumettre l'ensemble à un jury de soutenance de thèse. J'aimerais chaleureusement profiter

---

[3]Diplôme d'études approfondies, dans le système d'enseignement supérieur français

de cette occasion pour remercier le directeur de SYRTE Mr. **Noël Dimarcq**, l'administratrice du SERTE **Marine Pailler** et son équipe pour avoir résolu mes problèmes administratifs. Merci de la confiance que vous m'avez accordée.

Je tiens à remercier mes rapporteurs, Mrs. **Cyril Ron, Rudolf Dvorak** et **Giovanni Valsecchi**, pour l'honneur qu'ils m'ont fait d'étudier mon travail de thèse, pour les différents échanges et l'intérêt qu'ils ont porté à cette thèse et pour avoir apporté leurs conseils en un temps record. Merci également aux autres membres du jury d'avoir accepté de juger ce travail : M. **Bruno Sicardy**, Mme. **Anne Lemaitre** et Mr. **Daniel Hestroffer**.

Merci de manière générale à toute l'équipe du laboratoire (SYRTE), particulièrement l'équipe du quatrième étage du bâtiment A, pour sa bonne humeur permanente, son amabilité et son chaleureux accueil. Cette équipe a instauré un environnement d'entraide et de soutien tant au plan scientifique qu'au plan humain, surtout après le lancement de la révolution syrienne le 18 Mars 2011 pour se débarrasser de la dictature. Merci de votre soutien et merci pour les discussions que nous avons eues au sujet de la situation en Syrie, dans lesquelles vous avez montré des solidarités notamment envers les Syriens qui sont victimes de crimes contre l'humanité. Un merci plus particulier à **Teddy Carlucci** qui s'est toujours montrée compréhensf et qui a été d'une aide inestimable pour trouver toujours des réponses à mes questions exigeantes en informatique (quelquefois des questions très élémentaires).

Mes sincères remerciements adressés aussi à **Petr Kuchynka**. Merci pour les deux discussions chaleureuses très approfondies que nous avons eues au début de 2010 et pour son idée d'utiliser TRIP comme outil pour notre analyse en fréquence. Même si nous avons travaillé dans le même domaine, j'ai compris qu'il valait mieux garder nos distances pour des raisons que je ne comprends toujours pas et qui ne dépend pas de lui.

Toute ma gratitude à mes maîtres et professeurs à l'observatoire de Paris, celles et ceux qui m'ont donné goût aux recherches et en particulier à l'astronomie ; je leur dis du fond du cœur merci. Et je ne pouvais pas oublier Mr **Christophe Sauty** et Mme **Ana Gomez**, les responsables du Master à l'Observatoire de Paris, qui m'ont permis d'entrer en DEA, et puis dans le monde de la recherche.

Je ne peux pas oublier la famille de **Bruno** et **Catherine Ferry-Wilczek**, la famille qui m'accueille chaleureusement dans une chambre très confortable de leur maison depuis octobre 2012. Les repas de dimanche que vous m'avez souvent offerts, le cadeau inattendu de mon anniversaire sont inoubliables.

Mis à part les personnes les plus proches qui m'ont marqué, il y a **Sadik Al harbat**, qui a eu une forte influence sur moi au long de mes études en France. Sadik est sans doute un des meilleurs amis que je n'ai jamais eu : très cultivé, bonne humeur coutumière, sachant communiquer sa passion des abstractions mathématiques. Notre point de vue commun sur plusieurs questions humanitaires et son manque de talent pratique, ont permis à notre amitié de se développer très rapidement. (*Je peux vraiment dire que c'est une personne marquante pour moi et ... qui m'emprisonne par ...*). Comme tu n'as pas m'offrir des aide exiger «merci», Je le remercie infiniment pour le soutien prévu à l'avenir (j'espère). **Catherine Saif**, l'amie qui comme moi aime l'apprentissage et l'échange de vues, je te dis du fond du cœur merci pour ta gentillesse et ta générosité remarquables, et je n'oublie pas de dire aussi merci à ta voiture qui m'aide énormément lors de mes déménagements.

J'ai eu beaucoup de chance de rencontrer une famille certainement pas comme les autres :**Manal**, **Haitham** et **Moussa**, la famille de Mr. **Ayman Alaswad**, qui est un professeur de mathématiques syrien originaire de Deraa, lieu de départ de la contestation (désolé ... la révolution). Il a fui avec sa famille alors qu'il était recherché, listé parmi les opposants à éliminer, suite à son activité civile. Cet ami très proche donne aux jours parisiens leurs couleurs très spéciales. J'avais appris à reconnaître sa voix au début de la révolution, scandant les premiers slogans, et demandant ce dont on a rêvé pendant plusieurs années, ... voix inoubliable

Qutaiba Hamed... Je ne sais pas si je pourrais trouver des mots suffisants pour exprimer mes sentiments envers toi, tu es certainement l'ami le plus proche que j'ai jamais eu, avec qui je partage mes secrets et mes regards. Chaque fois que je me rappelle les moments qu'on a passés ensemble à Damas (la cite universitaire, Dwailaa, Jaramana), nos repas, nos fous-rires et l'amitié qui nous unit, je me rends compte combien c'est important pour moi d'avoir un vrai ami comme toi. Je te remercie pour tout, et je remercie aussi ta famille que j'aime énormément. Tu seras toujours mon meilleur ami, pour toute ma vie je l'espère et j'espère aussi que c'est réciproque ...

Quand je parle des meilleurs amis je pense aussi à toi **Yssar Gharz Eldeen**, Le jour où je t'ai rencontré, je croyais que tu étais comme les autres. Puis j'ai appris à te connaître. J'ai découvert un ami spécial, sur qui je peux compter à tout moment, un ami inoubliable avec qui j'ai passé des moments magnifiques ... Avec mes très cordiales amitiés à ta chère famille qui me manque beaucoup.

Un mot doux de remerciement adressé à **Kholoud Hatem**, mon amie *«de cœur»* qui me soutient dans cette épreuve depuis le début. Elle n'a rien épargné pour me soutenir dans ma souffrance et ma solitude durant mon séjour en France. Je n'oublierai jamais les cours de 2000 livres Syrienne avec toi en 2003, ces cours qui m'ont donné une amie spéciale, une amie que j'ai hâte de revoir pour son sourire et son dynamisme permanent.

Je n'oublie pas d'adresser mes plus sincères remerciements à tous mes amis et mes collègues, qui m'ont toujours soutenu et encouragé au cours de la réalisation de ce travail. Je ne citerai personne en particulier, j'aurais trop peur d'en oublier. Je leur dirai simplement Merci à tous et à toutes! MERCI du fond du cœur pour votre soutien qui me permet d'envisager l'avenir plus sereinement ....

Enfin, Je tiens à dédier ce livre à deux personnes qui me sont très chères ... trop peut-être, et qui n'ont jamais cessé de croire en moi : mes parents .... **Mounera Aou Saad** et **Atef Aljbaae**. Merci Pour tous les sacrifices qu'ils ont consentis pour que j'en arrive là. Vous m'avez toujours soutenu dans tous les sens du terme, et vous m'avez donné l'envie de faire ces études. Je vous en serai toujours reconnaissant.

Avec ce travail, une grande page de ma vie se tourne.

Safwan Aljbaae

http://syrte.obspm.fr/~aljbaae/

Paris le 11 février 2013

Résumé

Effets des astéroïdes sur les mouvements orbitaux des planètes telluriques

S. Aljbaae (e-mail : safwan.aljbaae@obspm.fr)

Observatoire de Paris, SYRTE/CNRS UMR8630, Paris, France

L'objectif de ce livre est d'essayer d'évaluer de la manière la plus détaillée possible les perturbations gravitationnelles induites par les astéroïdes du Système Solaire sur les orbites des planètes telluriques. Ce travail vise à contribuer à l'amélioration des éphémérides planétaires dont le modèle dynamique le plus complet nécessite de prendre en compte les perturbations causées par un très grand nombre de petits corps. Ces derniers rendent le modèle très coûteux en temps de calcul. Ainsi cela conduit obligatoirement à n'inclure dans les calculs des éphémérides seulement les 300 astéroïdes dont l'influence sur la trajectoire des planètes telluriques, et de Mars en particulier, est jugée la plus importante. En ce qui concerne le reste des astéroïdes, on les considère comme s'ils étaient répartis à chaque instant sur un anneau circulaire solide selon le modèle de Krasinsky et al. (2002) qui sera repris dans la construction des éphémérides DE414 et INPOP.

Malgré ces efforts, l'incertitude sur les masses d'une grande partie des astéroïdes est une limitation majeure de la précision des éphémérides. Par conséquent, il semble important de mener une étude systématique et détaillée de leurs effets individuels en particulier sur les planètes telluriques. Cela a été déjà réalisé en partie par Williams (1984) et Mouret et al. (2009), mais seulement pour Mars et sur les deux seuls éléments orbitaux que sont le demi-grand axe et la longitude moyenne de cette planète. Une estimation des perturbations des astéroïdes a aussi été effectuée par Kuchynka (2010) mais sans proposer des tableaux ou des valeurs détaillant ou analysant chacun des effets individuels.

Dans ce travail, nous avons abordé numériquement les perturbations induites par les 43 astéroïdes dont la précision de détermination de la masse est jugée relativement satisfaisante, sur les six paramètres orbitaux (a, e, i, Ω, ϖ et λ) des planètes telluriques (Mercure, Venus, le barycentre Terre-Lune et Mars). Dans le cas de Mars, nous montrons un très bon accord entre nos résultats et ceux semi-analytiques trouvés par Mouret et al.(2009) sur le demi-grand axe et la longitude. Par ailleurs, nous déterminons l'influence de notre échantillon d'astéroïdes sur la distance entre le barycentre Terre-Lune et une planète tellurique donnée, ainsi que sur l'orientation de cette planète par rapport à ce même barycentre par l'intermédiaire de ses coordonnées équatoriales (α et δ). Tous nos résultats sont rassemblés dans une base de données appelée ASETEP (Asteroids Effects on the TErrestrial Planets) accessible sur http://hpiers.obspm.fr/icrs-pc/. Nous pensons que cette base de données, dans sa première version, constitue un outil précieux pour comprendre explicitement les influences des plus grands astéroïdes sur le mouvement orbital des planètes telluriques. On montrera pourquoi notre étude spécifique par astéroïde est sensiblement plus détaillée et complète que les études précédentes : Williams (1984), Mouret et al (2009) et Kuchynka (2010). De plus elle peut s'appliquer à n'importe quel objet.

Table des matières

1

Introduction

Avant de rentrer pleinement dans le sujet de ce livre, j'ai pensé qu'il serait judicieux de présenter dans ce chapitre un petite aperçu rapide et général du Système Solaire pour les lecteurs non experts. Notre objectif ici ne consiste qu'à donner une première approche des problématiques et des outils de la mécanique céleste, et de démontrer que presque tout ce qui rentre dans le cadre du Système Solaire soulève des problèmes dynamiques. Ainsi cela donne à la Mécanique Céleste le statut de branche fondamentale de la science du Système Solaire.

1.1 Structure de système solaire

Au cours des dernières décennies, notre connaissance du Système Solaire s'est largement améliorée. Ce système planétaire est composé essentiellement d'une étoile principale (le Soleil) et des objets définis gravitant autour de lui : les huit planètes et leurs satellites naturels, les planètes naines, et les milliards de petits corps (astéroïdes, comètes, météorites, poussière interplanétaire, ... etc.). Nous allons résumer très brièvement la composition du Système Solaire, à commencer par notre Soleil qui est le corps central du Système. On sait que, conformément à la classification spectrale, ce dernier se situe dans la catégorie des étoiles de type naine jaune. Le Soleil représente à lui seul 99,86 % de toute la masse du Système Solaire. En général, la masse du Soleil sert d'unité pour tous les autres corps du Système et a pour valeur : $M_\odot = 1,989 \times 10^{30}$ kg (UAI 76).

Autour de notre Soleil gravitent les huit planètes qui sont des corps froids, beaucoup plus petits que le Soleil, ne produisant pratiquement aucune énergie. Leur luminosité ne provient que de leur éclairement par le Soleil (le coefficient de réflexion est appelé albédo). Aujourd'hui les astronomes pensent que les planètes se sont formées en même temps que le Soleil, ça se fait par l'accrétion des résidus de poussière et de gaz qui gravitaient sur des orbites faiblement elliptiques autour du proto-Soleil presque dans un même plan. Notons que Pluton, qui était considérée comme la neuvième planète de notre Système Solaire jusqu'en 2006, est un cas particulier car son orbite est plus inclinée que celle des autres (18 degrés) et plus elliptique. Les quatre premières planètes à partir du Soleil (Mercure, Vénus, la Terre et Mars) sont de petite taille, ells sont composées d'un noyau métallique entouré d'un manteau élastique. Leur surface est solide, leur densité est élevée ; on les appelle les planètes *telluriques* ou les planètes *intérieures* à cause de leurs distances par rapport au Soleil. Par opposition, on trouve les planètes *gazeuses* (Jupiter, Saturne, Uranus et Neptune) sont, comme leur nom l'indique, principalement constituées de gaz et probablement d'un petit noyau. On les nomme aussi planètes *extérieures* à cause de leurs distances importantes par rapport au Soleil (elles sont situées entre 5.2 et 30 UA du Soleil), ou bien planètes *géantes* pour leur taille, car elles sont beaucoup plus volumineuses que les planètes telluriques mais de faible densité. Les axes de rotation de la plupart des planètes ont eu une inclinaison faible par rapport à l'écliptique. Il y a cependant une exception : Uranus, qui est fortement incliné, à tel point que son axe de rotation est pratiquement couché sur son orbite (Son axe de rotation est incliné de 97 degrés par rapport au pôle de son orbite).

La définition d'une planète a changé au cours des dernières années. Selon la nouvelle définition de l'Union Astronomique Internationale (UAI) lors de sa 26me Assemblée Générale qui s'est tenue à Prague du 14 au 25 août 2006, une planète est un corps céleste qui : **(a)** est un astre non lumineux en orbite autour du Soleil ou d'une autre étoile ; **(b)** possède une masse suffisante pour s'être arrondi sous l'effet de sa propre gravité, et se trouve donc en équilibre hydrostatique, sous une forme presque sphérique (on estime généralement qu'un corps céleste doit posséder un diamètre d'au moins 800 km pour atteindre un tel équilibre) ; **(c)** a éliminé tout les corps qui se déplaçant sur une orbite proche de la sienne, soit en l'absorbant, soit en l'éjectant. Selon cette nouvelle définition, notre système solaire contient donc seulement huit planètes (de Mercure à Neptune). L'UAI lors de sa 16me Assemblée Générale à Grenoble en 1976 (UAI 76) soutient des recommandations sur le Système des constantes Astronomiques et a défini les ratios de la masse du Soleil à celles des planètes et leurs satellites selon le tableau suivant.

TAB. 1.1 – les masses des planètes rapportées à celle du Soleil

Mercure	6023600.00	Jupiter + satellites	1047.36
Vénus	408523.50	Saturne + satellites	3498.50
Terre+Lune	328900.50	Uranus + satellites	22869.00
Mars	3098710.00	Neptune + satellites	19314.00

En complément, l'UAI a créé une nouvelle classe d'objets en 2006 appelée *planètes naines* : elles caractérisent un type d'objets célestes du Système Solaire, intermédiaires entre une planète et un petit corps, dont les premiers membres sont Pluton, Eris, Makemake, Haumea ...

Tous les autres objets en orbite autour du Soleil, à l'exception des satellites, sont appelés *petits corps* du Système Solaire. Focalisons-nous dans un second temps sur le type d'objet appelé **astéroïde**. En fait les objets répondant à cette définition sont des petits corps gravitant autour du Soleil, composés essentiellement de roches, de métaux et de glace. Contrairement aux planètes (presque) parfaitement sphériques, les astéroïdes de petite taille ont tendance à être de forme irrégulière. Actuellement, on a répertorié plus de 582 000 astéroïdes dans notre Système Solaire ; la grande majorité de ceux-ci (95 %) ont des orbites quasiment circulaires confinées entre l'orbit de Mars (1,5 UA) et celle de Jupiter (5,2 UA). L'ensemble de ces petits corps forment ce qu'on appelle la **ceinture principale** d'astéroïdes, qui s'étend entre 2,1 et 3,3 UA du Soleil. Cette vast région contient des centaines de milliers d'astéroïdes dont les dimensions varient de quelques dizaines de mètres à plusieurs centaines de kilomètres de diamètre. Néanmoins, malgré leur grand nombre, chaque astéroïde dispose d'un territoire vaste, ce qui limite considérablement les impacts entre eux. La répartition des astéroïdes dans la ceinture principale présente des discontinuités aux distances héliocentriques de 2.5/2.83/3 et 3.3 UA. Ces discontinuités sont appelées **lacunes de Kirkwood**, nommées d'après D. Kirkwood, l'astronome américain qui les a découvertes en 1866. Ensuite, on trouve les *astéroides troyens* qui forment le deuxième groupe d'astéroïdes le plus important. Ils partagent l'orbite de Jupiter, aux alentours des points de Lagrange L4 et L5, c'est-à-dire à 60° en avance ou en retard sur Jupiter. Il existe aussi un autre groupement important situé bien au-delà de l'orbite de Pluton, à des distances du Soleil comprises entre 30 et 45 UA. Ils forment ce qu'on appelle la *ceinture de Kuiper*, nommée dès 1951 par l'américain G. Kuiper. Notre connaissance de la distribution orbitale des astéroïdes dans la ceinture de Kuiper reste encore très limitée.

Des calculs de mécanique céleste montrent que le demi-grand axe, l'excentricité et l'inclinaison des astéroïdes oscillent avec le temps, en raison de perturbations planétaires. Cependant, nous calculons des quantités quasi-invariantes avec le temps, appelées *éléments propres*, qui peuvent être utilisées pour identifier tous les groupes des astéroïdes (appelés familles) statistiquement significatifs. Par exemple, plusieurs astéroïdes sur des orbites subissent des rencontres rapprochées avec les planètes telluriques. Selon leur excentricité actuelle et leur demi-grand axe, ils sont nommés Apollos, Amor, Atens et Mars-croiseurs. Les trois premières classes constituent ce que l'on appelle «*population astéroïdes géocroiseurs*» (NEAs or Near Earth Asteroids). en fait l'intégrations numérique montre que la durée de vie typique des NEAs est courte par rapport à l'âge du Système Solaire, et qu'ils sont amenés à être éliminés par une collision avec le Soleil, l'éjection du Système Solaire, ou une collision avec une planète.

La première découverte d'un astéroïde remonte au 1er Janvier 1801, par hasard, par un astronome sicilien, Guiseppe Piazzi, alors directeur de l'Observatoire de Palerme. Il le nomma Cérès en l'honneur du dieu sicilien de l'agriculture. Cet objet est le plus gros astéroïde connu de la ceinture principale, sa masse représente 25 % de celles combinées de tous les autres astéroïdes. Un an plus tard (1802) l'astronome allemand Heinrich Olbers observait la trajectoire de Cérès afin de calculer ses paramètres orbitaux lorsqu'il découvrit un deuxième astéroïde. Celui-ci reçut le numéro 2 et fut nommé Pallas. La découverte de Cérès et Pallas fut suivie d'autres comme Juno (1804) et Vesta (1807), ce dernier astéroïde est le plus brillant et le seul visible à l'œil nu. Ensuite, il fallut attendre jusqu'à 1845 pour trouver Astraea qui est le $5^{\text{ème}}$ astéroïde. Puis, des nombreux nouveaux astéroïdes furent découverts chaque année. Mais pendant la $2^{\text{ème}}$ moitié du $XX^{\text{ème}}$ siècle le nombre des découvertes a augmenté considérablement, grâce à l'avènement de la photographie. Actuellement, on répertorie des centaines de milliers d'astéroïdes pour lesquels les orbites sont assez bien connues.

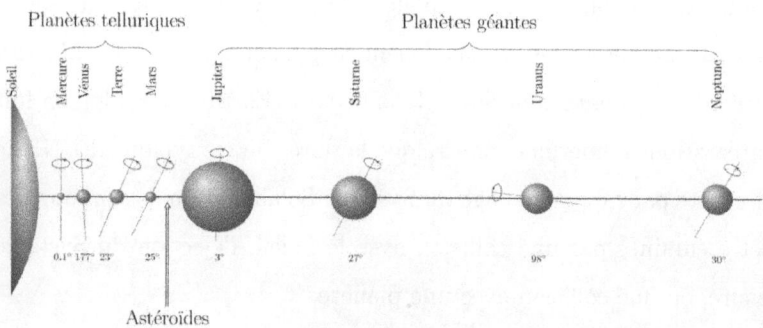

FIG. 1.1 – Le Système Solaire

1.2 L'aspect historique de la Mécanique Céleste

Les premiers essais pour prédire le mouvement des planètes dans le ciel remontent à l'aube de la civilisation. A l'origine, la motivation pour étudier ce problème est liée aux besoins de nature religieuse et astrologique. L'astronome allemand Johannes Kepler (1571-1630) est le premier qui soit parvenu empiriquement à expliquer les mouvements des planètes autour du Soleil grâce aux observations. Ses découvertes se présentent sous la forme de trois lois fondamentales portant son nom et énoncées entre 1609 et 1619. Elles décrivent le mouvement des planètes du Système Solaire autour du corps central.

Plus tard, ce qui est de nos jours appelé (Mécanique Céleste) est né avec la présentation par Sir Isaac Newton (1642-1727) des lois de la gravitation universelle en 1687, qui sont la base de toute cette branche de l'astronomie. On peut considérer donc que la Mécanique Céleste est l'application de la mécanique newtonienne ou encore des principes fondamentaux de la mécanique aux corps du Système Solaire. C'est un domaine des sciences continua à se développer au cours de $XVIII^{\text{ème}}$ et $XIX^{\text{ème}}$ siècles sous l'impulsion de plusieurs grands mathématiciens, en particulier Pierre Simon de Laplace (1749-1827) et Joseph Louis Lagrange (1736-1813) qui ont conçu la première étape de la théorie du mouvement séculaire des orbites planétaires, et mis en place les fondements de la mécanique céleste qui expliquent le mouvement des planètes, les marées, l'aplatissement des planètes, ... etc. Par la suite, de très gros efforts scientifique d'ordre théorique ont été réalisés dans le cadre de la compréhension et la mesure du mouvement des corps de notre Système Solaire, avec une précision toujours croissante. C'est afin d'essayer d'améliorer la capacité à prévoir les positions des objets célestes (planètes, satellites, astéroïdes,comètes, ... etc.). On appela les recueils de prédictions des positions astronomiques les *éphémérides*. La recherche d'éphémérides analytiques toujours plus précises a été continue depuis le $XVIII^{\text{ème}}$ siècle, ce qui constitue un enjeu de taille pour les mathématiciens depuis la naissance de la mécanique céleste.

Lorsque l'on considère le Soleil, les huit planètes et les astéroïdes en interactions gravitationnelles mutuelles, les trajectoires des corps célestes considérés peuvent être chaotiques, et par conséquent peuvent rendre le problème impossible à résoudre par des méthodes classiques. En effet, les perturbations viennent modifier les trajectoires, ce qui rend imprécis le modèle mathématique utilisé. Ainsi les astronomes ont-ils recours à la simulation numérique. Aujourd'hui, un objectif majeur de la mécanique céleste est de comprendre les raisons des mouvements perturbés et leurs conséquences pour des évolutions à long terme du système planétaire.

1.3 Les éphémérides

Comme déjà mentionné, une éphéméride planétaire est un outil qui permet de prédire, en fonction du temps, les positions d'un ou plusieurs corps célestes, souvent publiées avec des informations supplémentaires. Derrière cette définition se cache un pan entier de l'astronomie et de son histoire. Au cours des siècles, des différentes tables astronomiques (éphémérides) très célèbres furent écrites, donnant pour chaque date, la position calculée des corps célestes connus à l'époque. Aujourd'hui, les éphémérides sont indispensables à l'astronome, mais ainsi pour la navigation (les techniques pour déterminer les positions d'un véhicule spatial, les routes parcourues, le cap à suivre, ...). Déjà dans le lointain passé, les astronomes arabes al-Khwarizmi (vers 780-850) et Al-Battani (vers 855-923) ont construit des tables relativement précises. Puis on trouve les "tables de Tolède" qui ont été compilées vers 1080, les tables alphonsines achevées en 1252, ... etc., qui furent en usage pendant tout le moyen âge, jusqu'à la révolution copernicienne, malgré leur très grande complexité due à l'utilisation du système géocentrique de Ptolémée. cette révolution (copernicienne) qui a consisté en l'abandon de la vision géocentrique du monde, et donc au passage à une vision héliocentrique, a donné à l'astronomie un essor et une précision qu'elle n'avait jamais connus. Après Copernic (1473-1543) le nombre de tables astronomiques est toujours allé en croissant. Lui-même publia en 1543 une nouvelle collection des tables astronomiques des mouvements. Ces tables sont successivement corrigées et augmentées par les observations de ses disciples. Elles devinrent les plus correctes de toutes celles de l'époque. Kepler a également publié les Tables Rudolphines, à partir de 1576. Incluant le mouvement elliptique des planètes, ce sont les premières tables basées sur un modèle exact du Système Solaire. Les dernières versions de ces tables furent réimprimées à Paris en 1650. Parmi les premières éphémérides vraiment destinées aux astronomes pour progresser de manière significative dans la connaissance de notre Système Solaire, on trouve celles créées en 1679 par Joachim Dalancé (1640-1707). Depuis la fin du *XVIII*ème siècle jusqu'à nos jours des éphémérides sont publiées régulièrement et sans interruption sous la responsabilité du Bureau des longitudes (BDL) depuis sa création en juin 1795. L'objectif principal de créer le BDL était de reprendre (*la maîtrise des mers aux Anglais*)[1], grâce à l'amélioration de la détermination des longitudes en mer, stratégique à l'époque. Cette responsabilité fut reprise à partir de 1998 par l'Institut de Mécanique Céleste et de Calcul des Ephémérides (IMCCE), mais les éphémérides gardant le nom de «Connaissance des temps» dont le titre exact avec l'orthographe de l'époque était : *la Connoissance des Temps ou calendrier et éphémérides du lever & coucher du Soleil, de la Lune & des autres planètes* (Simon et al., 1998). L'IMCCE, créé lui-même en 1998, a succédé au service des calculs et de mécanique céleste du Bureau des Longitudes. Dans le cadre de ses activités, c'est aussi un laboratoire de recherche dans les domaines de la mécanique céleste, de l'étude des systèmes dynamiques et de l'astrométrie.

1.4 Les éphémérides modernes

Au cours du *XX*ème siècle, l'évolution de la Mécanique Céleste est accompagnée de l'amélioration des théories du mouvement des astres et de l'augmentation de la quantité et de la qualité des observations astronomiques. Cela a conduit à des évolutions très importantes sur les manières de construire les éphémérides par le BDL, qui utilisait initialement les travaux analytiques de Lagrange et Laplace.

---

[1]Historique de l'Institut de mécanique céleste et de calcul des éphémérides (IMCCE) et du Bureau des longitudes (BDL)

En 1980, la présentation des éphémérides subit une transformation très importante, puisqu'on passe de simples tableaux numériques qu'il faut interpoler, à des données sous forme de polynômes de Tchebychev, bien adaptées aux développements informatiques. ce qui a conduit à réduire le volume de stockage des données et à faciliter l'interpolation numérique pour une date donnée à partir d'un tableau de coefficients. Depuis 1984, ces éphémérides utilisent comme source les théories du mouvement du Soleil, de la Lune et des planètes élaborées au BDL. Pour le Soleil et les huit planètes il s'agit de la théorie analytique de l'ensemble des huit planètes principales VSOP82 «Variation séculaires des orbites planétaire» (Bretagnon, 1982), et de la théorie analytique des 4 grosses planètes TOP82 «Theory of outer planets» (Simon, 1983). Les constantes des éphémérides de la Lune et des planètes ainsi que les conditions initiales ont été obtenues par ajustement sur l'intégration numérique du JPL (Jet Propulsion Laboratory) DE200 (Standish et al., 1982). Pour avoir les détails de ces évolutions, on se reportera à Simon et al. (1998). Cependant, ces éphémérides analytiques n'avaient pas assez de précision pour être utilisées de manière optimale dans l'analyse des données modernes de missions spatiales. En revanche, la précision des théories analytiques, les plus récentes serait d'environ 100 m pour la distance héliocentrique de Mars, sur 30 ans (Fienga et al., 2008). Ainsi, un nouvel essor des éphémérides planétaires de l'IMCCE est apparu en 2003, appelé INPOP (Intégration Numérique Planétaire de l'Observatoire de Paris), il s'agit d'une intégration numérique des équations du mouvement et de rotation des planètes et de la Lune, a été ajustée sur un nombre important d'observations terrestres et spatiales (environ 50 000). La méthode d'intégration numérique des équations du mouvement est la méthode d'Adams-Cowell avec pas fixe. A savoir que la programmation se fait en langage *C* en précision étendue jusque 80 bits (Fienga et al., 2008). Pour répondre à la demande croissante de la précision des éphémérides, INPOP utilise un modèle dynamique dans le quelle les équations du mouvement décrites par Moyer (1971) en prenant en compte l'ensemble des perturbations y compris celles dues à l'aplatissement du Soleil, de la Terre, de la Lune, de Vénus et de Jupiter. D'autre part, INPOP inclut egalement certain nombre des effets relativistes qui sont prédits par la relativité générale, pour cela, les équations du mouvement dans le cadre d'une approximation PPN (Parameterized Post-Newtonian) sont utilisé. Plus de détaille sur cette approximation se trouve dans Anderson et al. (2002). En plus, les perturbations induites par 300 astéroïdes et par la ceinture principale d'astéroïdes, les marées solides, les librations de la Lune et l'orientation de la Terre sont également inclues dans les calculs, dans les 3 versions successives d'INPOP qui sont INPOP06, INPOP08, INPOP10a.

L'éphéméride numérique générée par l'IMCCE comptent parmi les éphémérides conçues par les grands bureaux d'éphémérides au niveau international, comme le «Jet Propulsion Laboratory (JPL)» aux États-Unis qui utilise des théories planétaires identiques à celles utilisées par INPOP pour générer les différentes versions de leurs éphémérides DE (Development Ephemeris) commençant par DE102 (Newhall et al., 1983) jusqu'à la dernière version DE421 (Folkner et al., 2008), Un autre centre important est l'«Institute of Applied Astronomy Russian Academy of Sciences» avec sa solutions EPM (Ephemerides of Planets and the Moon) dont la dernière version est EPM2008 (Pitjeva, 2008).

1.5   Les perturbations des astéroïdes

En raison de ce qui a été écrit ci-dessus, on peut affirmer que les éphémérides ne sont jamais parfaitement connues, leur précision est la résultante de la précision interne liée au modèle dynamique utilisé pour modéliser le mouvement des corps (dépend des perturbations incluses ou non dans le modèle), et de la précision externe liée à la qualité des observations utilisées pour l'ajustement du modèle. Notre objectif de ce travail est de mettre en lumière des études concentrées sur la précision interne des éphémérides, et plus spécifiquement sur les perturbations induites par les astéroïdes présents dans le Système Solaire sur les orbites des planètes telluriques (Mercure, Venus, la Terre et Mars). Elles constituent un point critique pour les capacités d'utilisation des éphémérides planétaires. En effet, le peu d'informations disponibles sur la masse des astéroïdes de la ceinture principale est considéré comme le facteur limitant essentiel de la qualité des éphémérides. Par conséquent, il semble très important de mener une étude détaillée au sujet des effets individuels des astéroïdes sur les planètes, et en particulier les planètes telluriques, qui sont gravitationnellement bien plus affectées par les perturbations astéroïdales que les planètes géantes. Cela a été déjà fait en partie par Williams (1984) et Mouret et al (2009), mais seulement pour Mars et pour deux éléments orbitaux que sont le demi-grand axe et la longitude moyenne. Une estimation des perturbations des astéroïdes a aussi été effectuée par Kuchynka (2010) mais sans proposer des tableaux ou des valeurs détaillant ou analysant les effets individuels.

1.6 Contenu du livre

Dans ce livre, on a confirmé les résultats mentionnés ci-dessus et étendu l'étude détaillée à tous les éléments orbitaux des 4 planètes telluriques : Mercure, Vénus, Earth-Moon barycenter (EMB) et Mars. Pour cela, dans le **deuxième chapitre** on présente rapidement la théorie des perturbations afin d'essayer de développer des expressions analytique générales pour les variations des éléments orbitaux. Alors que dans le **troisième chapitre** on décrit la méthodologie d'obtenir les conditions initiales utilisées dans nos calculs, concernant les masses et les orbites. Le **quatrième chapitre** est consacré à la présentation en détails des éphémérides analytiques (VSOP, TOP et ELP), et des éphémérides numériques (INPOP et DE), et de leur incertitude. Dans le **cinquième chapitre**, on décrit la méthodologie suivie dans cette étude pour analyser les effets individuels des astéroïdes. Elle consiste en plusieurs étapes : nous sélectionnons tout d'abord un jeu de 43 astéroïdes de grande masse connues avec une bonne précision relative. Puis nous effectuons les calculs précis des mouvements orbitaux des planètes avec l'intégration numérique de Runge-Kutta au douzième ordre, en incluant les huit planètes. Alors nous ajoutons séparément ainsi que combinés chacun de l'échantillon d'astéroïdes sélectionnés, afin de déterminer explicitement leur influence spécifique sur les six éléments orbitaux des quatre planètes telluriques, ainsi que sur leurs coordonnées géocentriques ; nous déterminons ensuite les signaux qui représente les effets, par simple soustraction ; puis nous analysons ces signaux à l'aide d'une analyse en fréquence complète ; enfin, chacun des signaux a été ajusté par l'un ensemble de sinusoïdes trouvée par notre analyse en fréquence. Alors nous analysons en détail les influences des astéroïdes considérés (individuelles et combinées) sur les six éléments orbitaux $(a, e, i, \Omega, \varpi$ et $\lambda)$ de Mercure, Vénus, EMB et de Mars. Dans le cas de Mars, nous comparons nos résultats avec ceux analytiques trouvés par Mouret et al (2009) sur le demi-grand axe et la longitude et nous montrons un très bon accord entre les deux études. Par ailleurs, nous déterminons l'influence de notre échantillon d'astéroïdes sur deux paramètres fondamentaux : la distance ainsi que le vecteur d'orientation de l'EMB à chacune des planètes telluriques.

Tous les résultats de notre travail, comprenant les 1548 courbes (43 astéroïdes × 4 planètes × 9 paramètres étudiés) en plus de tous les tableaux correspondants sont rassemblés dans une base de données appelée ASETEP[2] (Asteroids Effects on the TErrestrial Planets) accessible librement sur http://hpiers.obspm.fr/icrs-pc/ et décrite en détail par Aljbaae et Souchay (2012). Nous pensons que cette base de données, dans sa première version, constitue un outil précieux pour comprendre explicitement les influences des chacun des plus grands astéroïdes sur le mouvement orbital des planètes telluriques.

---

[2]http ://hpiers.obspm.fr/icrs-pc/

2

Expression analytique des perturbations

L'idée de ce chapitre est d'utiliser un ensemble des cours donnée en mécanique céleste, destinés aux professionnels comme le cours de Jean Souchay[1] à l'observatoire de Paris (2009), celui de Luc Duriez[2] à l'université des Sciences et Technologies de Lille (2002), ou encore le cours de gravitation de Master 2 Astronomie & Astrophysique Ile de France par Jérôme Perez[3] ... etc. Le but est de rappeler aux lecteurs les bases de la Mécanique Céleste avec une introduction à la mécanique analytique portant principalement sur le problème des deux corps qui est le problème ainsi que la résolution qui s'ensuit du mouvement de 2 corps célestes en interaction gravitationnelle mutuelle sous l'effet de la loi de la gravitation universelle, le mouvement képlérien dans laquelle l'influence de tous les autres astres est négligée, mais il (mouvement képlérien) permet, sur une courte durée, d'établir avec une très bonne approximation le mouvement d'une planète autour du Soleil. On va définir aussi les paramètres orbitaux qui permettent, dans la pratique,

---

[1] http://syrte.obspm.fr/~souchay/
[2] http://www-lemm.univ-lille1.fr/astronomie/CoursMCecr_Duriez.pdf
[3] http://www.ensta-paristech.fr/~perez/cours/

de localiser un astre avec une grade avec une grande précision. Puis, on terminera ce chapitre par l'expression analytique des perturbations des différents éléments orbitaux d'une planète induits par un astéroïde donné. On portera un intérêt particulier au développement analytique de la fonction perturbatrice, appliqué au problème de trois corps, en utilisant un logiciel de calcul formel, On a choisi **MAPLE** qui est un logiciel propriétaire édité par la société canadienne Maplesoft[4], il a été initialement développé au sein du *Symbolic Computation Group* de l'université de Waterloo[5] en Ontario (Canada) à partir de 1980

2.1 Rappels de base

Les repères

Avant d'entrer dans le vif du sujet, pour simplifier la discussion, nous allons assimiler chaque corps céleste (Soleil, planéte, astéroïde) à une masse en mouvement dans l'espace comme un objet ponctuel idéal. Commençons par une brève présentation du référentiel spatial dans lequel les équations sont développées. En effet, les mouvements ne sont pas des concepts absolus et ils ne peuvent être décrits que par rapport à un système de référence, qui peut être mathématiquement défini par un système de coordonnées cartésiennes rectangulaires dans l'espace euclidien E^3 tridimensionnel. On peut ainsi définir un repère d'espace comme formé d'un point d'origine O et d'une base de l'espace vectoriel associé $(\overrightarrow{i}, \overrightarrow{j}, \overrightarrow{k})$. Ce type de repère sera symbolisé sous la forme $R = (O, \overrightarrow{i}, \overrightarrow{j}, \overrightarrow{k})$, de telle sorte que la position d'un point M,

---

[4]http://www.maplesoft.com/
[5]https://uwaterloo.ca/

qui peut se déplacer librement dans l'espace à un instant donné t, est défini par trois coordonnées cartésiennes (x, y, z).

- Dans certain cas, comme celui d'un point en rotation auteur d'un axe, il sera plus aisé de le repérer par sa distance au centre et par un angle de rotation autour de l'axe. On parle alors de système de cordonnes cylindriques ou cylindro-polaires, qui est une version à 3 dimensions du système de coordonnées polaires (Fig, 2.1). Soit H le projeté de M sur le plan (O, x, y), et z le projeté de M sur l'axe Oz, on a

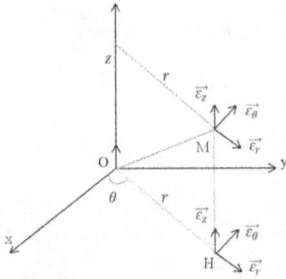

$$\left. \begin{aligned} \vec{\varepsilon_r} &= \cos\theta\,\vec{i} + \sin\theta\,\vec{j} + z\,\vec{k} \\ \vec{\varepsilon_\theta} &= - \sin\theta\,\vec{i} + \cos\theta\,\vec{j} + z\,\vec{k} \\ \vec{\varepsilon_z} &= \phantom{-\sin\theta\,\vec{i} + \cos\theta\,\vec{j} +} z\,\vec{k} \end{aligned} \right\} \Rightarrow$$

$$\begin{aligned} \dot{\vec{\varepsilon_r}} &= \dot{\theta}\left(-\sin\theta\,\vec{i} + \cos\theta\,\vec{j}\right) + \dot{z}\,\vec{k} \\ \dot{\vec{\varepsilon_\theta}} &= - \dot{\theta}\left(\cos\theta\,\vec{i} + \sin\theta\,\vec{j}\right) + \dot{z}\,\vec{k} \\ \dot{\vec{\varepsilon_z}} &= \phantom{-\dot{\theta}\left(\cos\theta\,\vec{i} + \sin\theta\,\vec{j}\right) +} \dot{z}\,\vec{k} \end{aligned}$$

FIG. 2.1 – système des cordonnes cylindriques

- On peut aussi utiliser des coordonnées sphériques utilisées suivent par les astronomes (r, λ, φ) telle que.

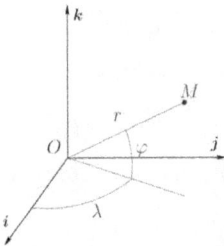

$$\begin{aligned} r &= \sqrt{x^2 + y^2 + z^2} \\ x &= r\cos\varphi\cos\lambda \\ y &= r\cos\varphi\sin\lambda \\ z &= r\sin\varphi \end{aligned}$$

FIG. 2.2 – système des cordonnées sphériques

- Etant donnés $R_1 = (O_1, \overrightarrow{i_1}, \overrightarrow{j_1}, \overrightarrow{k_1})$ et $R_2 = (O_2, \overrightarrow{i_2}, \overrightarrow{j_2}, \overrightarrow{k_2})$ deux repères cartésiens. Les positions d'un point M sont donné dans chacun des repères par trois coordonnées cartésiennes (x_1, y_1, z_1), (x_2, y_2, z_2). Pour avoir les relations entre ces coordonnées il faut connaître soit la position de O_2 dans R_1 et la base de R_2 dans celle de R_1, ou bien la position de O_1 dans R_2 et la base de R_1 dans celle de R_2. Prenons la premier cas en posant

$$\overrightarrow{O_1O_2} = \zeta \overrightarrow{i_1} + \eta \overrightarrow{j_1} + \xi \overrightarrow{k_1}$$

$$\overrightarrow{i_2} = a_{11} \overrightarrow{i_1} + a_{21} \overrightarrow{j_1} + a_{31} \overrightarrow{k_1}$$

$$\overrightarrow{j_2} = a_{12} \overrightarrow{i_1} + a_{22} \overrightarrow{j_1} + a_{32} \overrightarrow{k_1}$$

$$\overrightarrow{k_2} = a_{13} \overrightarrow{i_1} + a_{23} \overrightarrow{j_1} + a_{33} \overrightarrow{k_1}$$

Les dernières relations peuvent être écrites sous forme matricielle

$$\begin{pmatrix} x_1 \\ y_1 \\ z_1 \end{pmatrix} = \begin{pmatrix} \zeta \\ \eta \\ \xi \end{pmatrix} + \begin{pmatrix} a_{11} & a_{12} & a_{13} \\ a_{21} & a_{22} & a_{23} \\ a_{31} & a_{32} & a_{33} \end{pmatrix} \begin{pmatrix} x_2 \\ y_2 \\ z_2 \end{pmatrix}$$

- On passe du référentiel R_1 au référentiel R_2 par trois rotations successives suivent les angles d'Euler, comme la suite :

(1) Rotation d'angle Ψ autour de l'axe $\overrightarrow{k_1}$ du repère R_1 fait passer de $R_1 = (O_1, \overrightarrow{i_1}, \overrightarrow{j_1}, \overrightarrow{k_1})$ au référentiel $R'_1 = (O_1, \overrightarrow{u}, \overrightarrow{v}, \overrightarrow{k_1})$.

(2) Rotation d'angle θ autour de l'axe $\overrightarrow{u}$ nouvellement créé, fait passer de $R'_1 = (O_1, \overrightarrow{u}, \overrightarrow{v}, \overrightarrow{k_1})$ au référentiel $R''_1 = (O_1, \overrightarrow{u}, \overrightarrow{w}, \overrightarrow{k_2})$.

(3) Rotation d'angle ϕ autour de l'axe $\overrightarrow{k_2}$ nouvellement créé suite

aux deux premières rotations, fait passer de référentiel $R_1'' = (O_1, \vec{u}, \vec{w}, \vec{k_2})$ au référentiel $R_2 = (O_2, \vec{i_2}, \vec{j_2}, \vec{k_2})$.

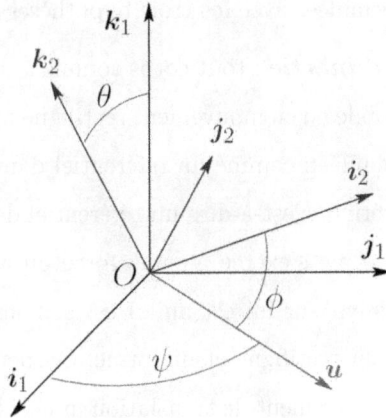

FIG. 2.3 – Rotations suivent les angles d'Euler

On définit, pour chaque rotation, une matrice équivalente afin de combiner l'ensemble des rotations par un produit matriciel

$$
\begin{pmatrix} \cos\Psi & -\sin\Psi & 0 \\ \sin\Psi & \cos\Psi & 0 \\ 0 & 0 & 1 \end{pmatrix} \cdot \begin{pmatrix} 1 & 0 & 0 \\ 0 & \cos\theta & -\sin\theta \\ 0 & \sin\theta & \cos\theta \end{pmatrix} \cdot \begin{pmatrix} \cos\Phi & -\sin\Phi & 0 \\ \sin\Phi & \cos\Phi & 0 \\ 0 & 0 & 1 \end{pmatrix} =
$$

$$
\begin{pmatrix} \cos\Psi\cos\Phi - \sin\Psi\sin\Phi\cos\theta & -\cos\Psi\sin\Phi - \sin\Psi\cos\Phi\cos\theta & \sin\theta\sin\Psi \\ \sin\Psi\cos\Phi + \cos\Psi\sin\Phi\cos\theta & -\sin\Psi\sin\Phi + \cos\Psi\cos\Phi\cos\theta & -\sin\theta\cos\Psi \\ \sin\Phi\sin\theta & \cos\Phi\sin\theta & \cos\theta \end{pmatrix}
$$

Loi fondamentale de la dynamique

Dans l'espace-temps galiléen (de géométrie euclidienne), les lois newtoniennes de la dynamique (les principes de base de la mécanique classique), sont formulées avec les trois hypothèses suivantes :

1. Le *principe d'inertie* : tout corps soumis à une force résultante nulle est immobile ou en mouvement rectiligne uniforme. On définit le référentiel galiléen comme un référentiel dans lequel le principe d'inertie est vérifié, c'est-à-dire un référentiel dans lequel un objet isolé (sur lequel ne s'exerce aucune force ou alors la somme des forces qui agissent sur lui est nulle) est soit immobile soit animé d'un mouvement rectiligne et uniforme. On peut vérifier que tout référentiel en mouvement de translation uniforme par rapport à un référentiel galiléen est aussi galiléen.

2. Le principe ou *loi fondamentale de la dynamique* de Newton, posé dans *Philosophiae Naturalis Principia Mathematica* publié en 1687, pose l'existence de référentiels galiléens dans lesquels le mouvement d'un système de points matériels M_i de masse m_i est entièrement déterminé par la connaissance de la force extérieure résultante $\overrightarrow{F}$ exercée sur tous les points M_i, qui est égale à la somme vectorielle des quantités $m_i \overrightarrow{\gamma_i}$, où $\overrightarrow{\gamma_i}$ désigne l'accélération de chaque particule.

$$\overrightarrow{F} = \sum m_i \overrightarrow{\gamma_i} \qquad (2.1)$$

Dans la relation précédente, on considère que les forces et aussi l'accélération varient au cours du temps, alors que les masses sont considérées comme constantes dans le domaine considéré. D'autre part, on sait que cette loi est d'autant plus valable que les vitesses des points matériels sont très faibles par rapport à la vitesse de la lumière, et par conséquent nous sommes dans le domaine de la mécanique non relativiste.

3. La *loi de l'attraction universelle de Newton* stipule que deux masses ponctuelles m_A et m_B situées en des points A et B s'attirent proportionnellement à leurs masses et à l'inverse du carré de leur distance, avec des forces de même valeur mais de sens opposés, leur direction étant la droite passant par le centre de gravité de ces deux masses. Ainsi, en désignant la norme du vecteur $\vec{AB}$ par r, la force exercée par le masse située en B sur la masse située en A (dirigée vers B) par $\vec{F_{B/A}}$, et la force exercée par la masse située en A sur la masse située en B (dirigée vers A) par $\vec{F_{A/B}}$, on écrit la loi de la gravitation universelle vectoriellement sous la forme :

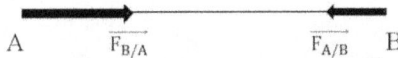

$$A \qquad \vec{F_{B/A}} \qquad\qquad \vec{F_{A/B}} \qquad B$$

$$\vec{F_{A/B}} = -\vec{F_{B/A}} = \mathcal{G} \times \frac{m_1 m_2}{r^3} \vec{AB} \qquad (2.2)$$

Tell que, le coefficient $\mathcal{G}$ représente la constante de la gravitation universelle. Sa valeur est $\mathcal{G} = 6.67384(80) \times 10^{-11}$ $m^3/(kg.sec^2)$ selon Mohr et al., (2010). Ces deux forces n'existent qu'en présence des deux masses m_A et m_B. Cependant, la modélisation d'une de ces forces, comme par exemple $\vec{F_{A/B}}$, permet d'introduire la notion du champ de gravitation dont la valeur en un point P quelconque :

$$\vec{G_A} = -\mathcal{G} \times \frac{m_A}{(|\vec{AP}|)^3}\vec{AP},$$

qui est un champ de vecteurs dirigés vers A, dérive du potentiel U_A

$$U_A = \frac{\mathcal{G}m_A}{|\vec{AP}|}$$

Généralement le champ de gravitation d'un système des points matériels est connu si leurs masses sont elles-mêmes bien connues, mais si les masses sont mal connues, l'observation des mouvements et la comparaison avec les mouvements théoriques déduits des équations du mouvement pourront permettre de les déterminer.

Théorème de l'énergie cinétique

En mécanique, une force travaille lorsque son point d'application se déplace. Soit $\vec{F}$ une force appliquée en un point matériel M de masse constante m et animé d'une vitesse $\vec{v}$ à l'instant t par rapport à un référentiel R. On définit le travail de $\vec{F}$ sur M lors d'un déplacement élémentaire $\vec{dl}$ comme le produit scalaire entre $\vec{F}$ et $\vec{dl}$: $dw = \vec{F}.\vec{dl}$ et donc pour un déplacement fini d'un point A au point B, le travail sur le trajet AB pourra s'écrire comme $W_{A \rightarrow B} = \int_A^B \vec{F}\,\vec{dl}$. On remarque que dans le cas d'une force conservative (à intensité constante) $W_{A \rightarrow B} = \vec{F}\,\vec{AB}$ par conséquent, $W_{A \rightarrow B}$ ne dépend pas du chemin suivi (trajectoire entre les deux points A et B) mais il dépend des positions de départ et d'arrivée. Par contre, il dépend aussi du référentiel choisi. Le travail s'exprime en Joules si $\vec{F}$ est exprimé en Newton et la distance en mètre. On appelle aussi la quantité $\mathcal{P} = \overrightarrow{F}\,\overrightarrow{v} = \overrightarrow{F}\,\dfrac{\overrightarrow{dl}}{dt} = \dfrac{dw}{dt}$ la puissance du $\overrightarrow{F}$ sur M ; ici, on remarque que la puissance dépend du référentiel choisi comme la vitesse, et qu'elle est une grandeur locale, c'est-à-dire qu'elle est définie pour un instant t donné. Elle s'exprime généralement en Watt.

Par définition, l'énergie cinétique d'un mobile indéformable de masse constante m, subissant un ensemble de forces de résultante $\overrightarrow{F}$ et animé d'une vitesse $\overrightarrow{v}$ à l'instant t dans un référentiel galiléen s'écrit comme :

$$E_c = \frac{1}{2}mv^2 \Rightarrow \frac{dE_c}{dt} = m\frac{d\overrightarrow{v}}{dt}\,\overrightarrow{v} = m\overrightarrow{\gamma}\,\overrightarrow{v} = \overrightarrow{F}\,\overrightarrow{v} = \frac{dw}{dt}$$

Par intégration, on trouve : $\Delta E_c = E_c(B) - E_c(A) = W_{A \to B}$. Ceci constitue le théorème de l'énergie cinétique qui s'énonce comme la suit :

Dans un référentiel galiléen, la variation de l'énergie cinétique d'un point matériel qui passe d'une position initiale A à une position finale B est égale au travail des forces subies par ce point sur ce parcours. On distingue deux cas

- $W > 0 \Rightarrow \Delta E_c > 0$: ici, on dit que le travail est **moteur** et la vitesse de M augmente
- $W < 0 \Rightarrow \Delta E_c < 0$: ici, on dit que le travail est **résistant** et la vitesse de M diminue

Théorème du moment cinétique

Considérons un point matériel M de masse m, animé d'une vitesse $\overrightarrow{v}$ dans un référentiel galiléen R. Soit O un point fixe dans R. Par définition, le moment cinétique de M en O, codé par $\overrightarrow{\sigma_O}$ est :

$$\overrightarrow{\sigma_O} = \overrightarrow{OM} \wedge m\overrightarrow{v} = m\overrightarrow{OM} \wedge \overrightarrow{v}$$

D'après les règles du produit vectoriel, $\overrightarrow{\sigma_O}$ est un vecteur telles que les propriétés suivantes soient vérifiées :

- orthogonal au plan $(\overrightarrow{OM}, \overrightarrow{v})$
- dont le sens est tel que $(\overrightarrow{OM}, \overrightarrow{v}, \overrightarrow{\sigma_O})$ soit un trièdre direct (règle du tire-bouchon ou des trois doigts de la main droite)
- dont la norme vaut : $\|\overrightarrow{\sigma_O}\| = m\|\overrightarrow{OM}\|\|\overrightarrow{v}\|\sin(\widehat{\overrightarrow{OM}, \overrightarrow{v}})$

Soit un axe Δ, passant par O, et dirigé par le vecteur unitaire $\overrightarrow{u}$. Par définition, le moment cinétique de M par rapport à l'axe Δ dans le référentiel R est le projeté de $\overrightarrow{\sigma_O}$ sur Δ : $\sigma_\Delta = \overrightarrow{\sigma_O}\overrightarrow{u}$

Le théorème du moment cinétique est une conséquence du principe fondamental de la dynamique. Effectivement, on a :

$$\overrightarrow{\sigma_O} = \overrightarrow{OM} \wedge m\overrightarrow{v} \Rightarrow \frac{d\overrightarrow{\sigma_O}}{dt} = \frac{d\overrightarrow{OM}}{dt} \wedge m\overrightarrow{v} + \overrightarrow{OM} \wedge m\frac{d\overrightarrow{v}}{dt} \Rightarrow$$

$$\frac{d\overrightarrow{\sigma_O}}{dt} = \overrightarrow{OM} \wedge \overrightarrow{F} \tag{2.3}$$

Théorème du centre de gravité

Considérons, dans l'espace, un système des points matériels P_i de masse m_i, subissant un ensemble de forces de résultante $\overrightarrow{F}$. Soit M la masse totale du système. La définition générale du centre de gravité ou centre de masse de l'ensemble de points (P_i) c'est celle-ci : C'est le point G qui vérifie la relation vectorielle :

$$\sum_i m_i \overrightarrow{GP_i} = 0$$

Pour déterminer la position de G dans un repère R, on écrit :

$$\sum_i m_i \overrightarrow{GP_i} = \sum_i m_i (\overrightarrow{OP_i} - \overrightarrow{OG}) \Rightarrow M\overrightarrow{OG} = \sum_i m_i \overrightarrow{OP_i}.$$

En dérivant deux fois par rapport à t, on trouve :

$$M\frac{d^2\overrightarrow{OG}}{dt^2} = \sum_i m_i \frac{d^2\overrightarrow{OP_i}}{dt^2} = \overrightarrow{F}.$$

2.2 Problème des deux corps

En mécanique céleste, le problème des 2 corps a été posé et résolu par Newton en 1687. Il a permis de confirmer les relations empiriques obtenues par Kepler (1609-1630). Il consiste en l'étude du mouvement de deux particules matérielles A et B, de masses respectives m_A et m_B en interaction gravitationnelle suivant la loi de Newton, repérées dans un référentiel galiléen $R = (O, \overrightarrow{i}, \overrightarrow{j}, \overrightarrow{k})$. Selon le principe fondamental de la dynamique on peut écrire l'accélération de chaque particule comme :

$$
\begin{aligned}
m_A \frac{d^2\overrightarrow{OA}}{dt^2} &= \overrightarrow{F_{B/A}} = \mathcal{G}\frac{m_A m_B}{|\overrightarrow{AB}|^3}\overrightarrow{AB} \\
m_B \frac{d^2\overrightarrow{OB}}{dt^2} &= \overrightarrow{F_{A/B}} = \mathcal{G}\frac{m_A m_B}{|\overrightarrow{BA}|^3}\overrightarrow{BA}
\end{aligned}
\tag{2.4}
$$

Comme $\overrightarrow{AB} = -\overrightarrow{BA}$, la somme des deux équations précédentes donne

$$m_A \frac{d^2\overrightarrow{OA}}{dt^2} + m_B \frac{d^2\overrightarrow{OB}}{dt^2} = 0$$

Selon la définition de centre de gravité du système, on trouve :

$$\overrightarrow{OG} = \frac{m_A\overrightarrow{OA} + m_B\overrightarrow{OB}}{m_A + m_B} \Rightarrow$$

$$\frac{d^2\overrightarrow{OG}}{dt^2} = \frac{1}{m_A + m_B}\left(m_A \frac{d^2\overrightarrow{OA}}{dt^2} + m_B \frac{d^2\overrightarrow{OB}}{dt^2}\right) = 0 \qquad (2.5)$$

Donc, nous concluons que l'accélération du centre de gravité du système (G) est nulle $\Rightarrow$ son mouvement est rectiligne uniforme. Par conséquent, le référentiel centré sur G est lui-même galiléen. Alors les équations des mouvements de A et de B dans ce référentiel s'écriront :

$$\frac{d^2\overrightarrow{GA}}{dt^2} = \mathcal{G}m_B \frac{\overrightarrow{AB}}{|\overrightarrow{AB}|^3}$$
$$\frac{d^2\overrightarrow{GB}}{dt^2} = \mathcal{G}m_A \frac{\overrightarrow{BA}}{|\overrightarrow{BA}|^3} \qquad (2.6)$$

On peut étudier les mouvements de A et B par rapport au centre de gravité, mais il est en général préférable d'étudier le mouvement relatif de l'un des points par rapport à l'autre : le mouvement relatif de B par rapport à A par exemple, dont l'équation associée se déduit facilement par la soustraction des deux équations de (2.6)

$$\frac{d^2\overrightarrow{AB}}{dt^2} = -\mathcal{G}(m_A + m_B)\frac{\overrightarrow{AB}}{|\overrightarrow{AB}|^3} \qquad (2.7)$$

En posant $\mu = G(m_A + m_B)$, $\overrightarrow{r} = \overrightarrow{AB}$ et $r = |\overrightarrow{AB}|$ on écrit l'équation (2.7) sous la forme suivante :

$$\frac{d^2 \overrightarrow{r}}{dt^2} = -\mu \frac{\overrightarrow{r}}{r^3} = \overrightarrow{grad}_{\overrightarrow{r}} \left(\frac{\mu}{r} \right) \tag{2.8}$$

Soit $\overrightarrow{\sigma_A}(B)$ (pour simplifier $\overrightarrow{\sigma_A}$) le moment cinétique de B dans le référentiel centré sur A. Selon les équations (2.1, 2.3, et 2.8), nous avons

$$\frac{d\overrightarrow{\sigma_A}}{dt} = \overrightarrow{r} \wedge \overrightarrow{F} = \overrightarrow{r} \wedge m_B \frac{d^2 \overrightarrow{r}}{dt^2} = -\mu \frac{m_B}{r^3} \left(\overrightarrow{r} \wedge \overrightarrow{r} \right) = \overrightarrow{0}$$

Donc le moment cinétique de B se conserve en norme et en direction. Par conséquent, d'après la définition de $\overrightarrow{\sigma_A}$, on déduit que $\overrightarrow{r}$ et $\frac{d\overrightarrow{r}}{dt}$ sont toujours situés dans un même plan ; autrement dit le mouvement de B dans un référentiel centré sur A est restreint au plan orthogonal à $\overrightarrow{\sigma_A}$.

Soient $\overrightarrow{\varepsilon_r}$ et $\overrightarrow{\varepsilon_\theta}$ les vecteurs unitaires du référentiel polaire dans le plan du mouvement, $\overrightarrow{z}$ etant le vecteur unitaire perpendiculaire à ce plan. On peut facilement vérifier que :

$$\overrightarrow{r} = r\overrightarrow{\varepsilon_r} \Rightarrow \frac{d\overrightarrow{r}}{dt} = \frac{dr}{dt}\overrightarrow{\varepsilon_r} + r\frac{d\overrightarrow{\varepsilon_r}}{dt} \Rightarrow$$

$$\frac{d\overrightarrow{r}}{dt} = \dot{r}\overrightarrow{\varepsilon_r} + r\dot{\theta}\overrightarrow{\varepsilon_\theta} \tag{2.9}$$

Donc, le moment cinétique $\overrightarrow{\sigma_A}$ s'écrit

$$\overrightarrow{\sigma_A} = m_B \overrightarrow{r} \wedge \frac{d\overrightarrow{r}}{dt} = m_B \overrightarrow{r} \wedge \left(\dot{r}\overrightarrow{\varepsilon_r} + r\dot{\theta}\overrightarrow{\varepsilon_\theta} \right) \Rightarrow$$

$$\vec{\sigma_A} = m_B r^2 \frac{d\theta}{dt} \vec{z} \quad : \left(\vec{z} = \vec{\varepsilon_r} \wedge \vec{\varepsilon_\theta} \right)$$

Comme le moment cinétique de B se conserve, la quantité $C = r^2 \frac{d\theta}{dt}$ est une constante, appelée *constante des aires*. Ici on remarque que $\frac{d\theta}{dt} = \frac{C}{r^2}$ c'est-à-dire que le segment joignant A et B (rayon vecteur $r\vec{\varepsilon_r}$) tourne avec une vitesse angulaire variable. En effet, ce rayon balaye au cours d'un intervalle de temps dt une aire infinitésimale $d\mathcal{A}$ telle que

$$dA = \frac{1}{2} r^2 d\theta \Rightarrow \frac{d\mathcal{A}}{dt} = \frac{1}{2} r^2 \frac{d\theta}{dt} = \frac{C}{2}$$

Par intégration, on trouve la fameuse loi des aires selon laquelle le rayon vecteur $r\vec{\varepsilon_r}$ balaye des aires égales en des temps égaux. Cette propriété combinée avec la précédente (le mouvement est plan et les aires balayées en des temps égaux sont égales) sont à la base de la **première loi de Kepler**

A partir de l'équation (2.8) on trouve

$$\frac{d^2 \vec{r}}{dt^2} \frac{d\vec{r}}{dt} = -\mu \frac{\vec{r}}{r^3} \frac{d\vec{r}}{dt} \Rightarrow$$

$$\frac{1}{2} \left(\frac{d\vec{r}}{dt} \right)^2 - \mu \frac{1}{r} = cte = \xi \tag{2.10}$$

En passant aux cordonnées polaires et en utilisant l'équation (2.9) on trouve :

$$\left(\frac{d\vec{r}}{dt} \right)^2 = \left(\dot{r}\vec{\varepsilon_r} + r\dot{\theta}\vec{\varepsilon_\theta} \right)^2 = \left(\frac{dr}{dt} \right)^2 + \left(r\frac{d\theta}{dt} \right)^2$$

$$= \left[\left(\frac{dr}{d\theta} \right)^2 + r^2 \right] \left(\frac{d\theta}{dt} \right)^2$$

On a déjà trouvé $\dfrac{d\theta}{dt} = \dfrac{C}{r^2}$, alors on peut écrire

$$\left(\frac{d\vec{r}}{dt}\right)^2 = \left[\left(\frac{dr}{d\theta}\right)^2 + r^2\right]\frac{C^2}{r^4}$$

Donc, l'équation (2.10) devient :

$$\left[\left(\frac{dr}{d\theta}\right)^2 + r^2\right]\frac{C^2}{2r^4} - \left(\mu\frac{1}{r} + \xi\right) = 0 \Rightarrow$$

$$\frac{1}{r^4}\left(\frac{dr}{d\theta}\right)^2 + \frac{1}{r}\left(\frac{1}{r} - \frac{\mu}{C^2} - \frac{\mu}{C^2}\right) - \frac{2\xi}{C^2} = 0$$

Nous proposons le changement de variables consistant à poser

$$u = \frac{1}{r} - \frac{\mu}{C^2} \Rightarrow \frac{1}{r} = u + \frac{\mu}{C^2}$$

Ce qui nous permet d'écrir

$$du = -\frac{1}{r^2}dr \Rightarrow \frac{du}{dr} = -\frac{1}{r^2} = -\left(u + \frac{\mu}{C^2}\right)^2$$

Par conséquent, on écrit

$$\left(\frac{du}{d\theta}\right)^2 + \left(u + \frac{\mu}{C^2}\right)\left(u - \frac{\mu}{C^2}\right) - \frac{2\xi}{C^2} = 0 \Rightarrow$$

$$\left(\frac{du}{d\theta}\right)^2 = \left(\frac{\mu^2}{C^4} + \frac{2\xi}{C^2}\right) - u^2$$

En supposant $\alpha = \sqrt{\dfrac{\mu^2}{C^4} + \dfrac{2\xi}{C^2}}$, on trouve :

$$\frac{du}{\sqrt{\alpha^2 - u^2}} = \mp d\theta$$

Le signe ici indique le sens de parcours de l'orbite. En choisissant le signe $(-)$, on trouve

$$\frac{1}{\alpha}\frac{du}{\sqrt{1 - (\frac{u}{\alpha})^2}} = -d\theta$$

Par l'intégration, en posant θ_0 la constant d'intégration, on a :

$$\arccos\frac{u}{\alpha} = \theta - \theta_0 \;\Rightarrow\; u = \alpha\cos(\theta - \theta_0) \Rightarrow$$

$$\frac{1}{r} = \frac{\mu}{C^2} + \alpha\cos(\theta - \theta_0) \;\Rightarrow\; \frac{1}{r} = \frac{1 + \frac{\alpha C^2}{\mu}\cos(\theta - \theta_0)}{\frac{C^2}{\mu}} \Rightarrow$$

$$r = \frac{\mathcal{P}}{1 + e\cos f} \tag{2.11}$$

avec les égalités :

$$\mathcal{P} = \frac{C^2}{\mu} \qquad f = \theta - \theta_0 \qquad e = \frac{\alpha C^2}{\mu} = \sqrt{1 + \frac{2\xi C^2}{\mu^2}} \tag{2.12}$$

Cette dernière équation (2.11) est celle d'une conique définie par les coordonnées polaires (r, θ) de foyer (A), de paramètre focal $(\mathcal{P})$, Alors que le paramètre e il représente l'excentricité. Les propriétés de cette conique dépendant des constantes $(\mathcal{P}, f, e)$, C'est un cercle si $e = 0$, une parabole si $e = 1$ et une hyperbole si $e > 1$, mais la plupart des objets de la mécanique céleste, et en particulier les astéroïdes dans notre Systèm

Solaire qui nous intéressent plus particulièrement dans cette ouvrage, sont sur une orbite correspondant en première approximation au cas $0 < e < 1$ qui correspond à une orbite elliptique. D'où l'origine de la deuxième loi de Kepler selon laquelle la plupart des corps du Système Solaire décrivent des orbites elliptiques dont le Soleil occupe un des foyers. L'angle f, c'est-à-dire l'angle polaire de B mesuré à partir de la direction du périastre (périhélie si A est le Soleil, périgée si A est la Terre), est appelé anomalie vraie. Le périastre correspond alors à $f = 0$; sa distance au foyer est donné par la relation :

$$\mathrm{r}_{min} = q = \frac{\mathcal{P}}{1+e}$$

Dans le cas elliptique, la distance entre les deux points A et B passe par un maximum au point appelé apoastre (aphélie si A est le Soleil, apogée si A est la terre) correspondant à $f = \pi$; nous avons alors :

$$\mathrm{r}_{max} = p = \frac{\mathcal{P}}{1-e}$$

Si on note le grand axe de l'orbite par $2a$, qui est la distance $\mathrm{r}_{min} + \mathrm{r}_{max}$, on obtient :

$$a = \frac{\mathcal{P}}{1-e^2} = \frac{C^2}{\mu(1-e^2)}$$

$$\mathrm{r}_{min} = a(1-e) \qquad \text{et} \qquad \mathrm{r}_{max} = a(1+e) \qquad (2.13)$$

Selon (2.12), on trouve :

$$\xi = -\frac{(1-e^2)\mu^2}{C^2} = -\frac{\mu}{2a} \qquad (2.14)$$

A l'aide de la relation (2.10), on peut exprimer le module de la vitesse en fonction du demi grand-axe :

$$v = \sqrt{\frac{2\mu}{r} + 2\xi} = \sqrt{\frac{2\mu}{r} - \frac{\mu}{a}} \qquad (2.15)$$

Cela nous permet de conclure que la vitesse est maximale au point du périastre et minimal à l'apoastre.

D'après la définition de la constante des aires $\mathcal{C}$, on a trouvé que, si B_1 et B_2 sont deux points infiniment voisins de la trajectoire, l'aire $\mathcal{A}$ de l'arc AB_1B_2 vérifie la relation :

$$\frac{d\mathcal{A}}{dt} = \frac{\mathcal{C}}{2}$$

Par intégration et dans le cas d'une trajectoire elliptique, on trouve (la surface d'une ellipse étant égale à $\pi a^2 \sqrt{1 - e^2}$)

$$\mathcal{A} = \frac{\mathcal{C}}{2}\mathcal{T} = \pi a^2 \mu \sqrt{1 - e^2}$$

où $\mathcal{T}$ est la période de révolution de B autour de A, et avec : $\mathcal{C}^2 = a\mu(1 - e^2)$ selon (2.13). Donc on trouve la relation suivante qui représente la **troisième loi de Kepler.**

$$\frac{a^3}{\mathcal{T}^2} = \frac{\mu}{4\pi^2} \qquad (2.16)$$

Ici on rappelle que μ représente la quantité $\mathcal{G}(m_A + m_B)$ telle que la constante $\mathcal{G} = 6.67384(80) \times 10^{-11} m^3/(kg.sec^2)$ est la constante de gravitation universelle. Dans notre Système Solaire, m_A représente la masse du Soleil et m_B représente la masse d'un corps tournant autour de ce dernier. Comme la masse m_B est négligeable par rapport à celle du Soleil, on peut considérer que $m_A + m_B \approx m_A$. De cette façon, on peut en déduire la masse du Soleil. De même pour la masse d'une planète dans notre Système Solaire, il suffit de trouver des satellites tournant autour de la planète et de considérer ce système (planète-satellite) comme un mini Système Solaire. La planète, dans ce cas, faisant l'office de masse centrale placée en A et le satellite considéré comme masse en orbite, placée en B. Pour mieux comprendre l'intérêt d'un tel raisonnement, on peut prendre l'exemple de Mars qui possède deux satellites naturels principaux connus : Phobos et Déimos. Selon NASA Solar System Exploration, Déimos se déplace sur une orbite relativement circulaire (0,0002 d'excentricité). Il tourne autour de Mars à une distance de 23458 km et avec une période T de 1.2624 jours. Donc on calcule la masse de Mars grâce à la formule (2.16). Ainsi, on trouve le rapport de la masse du Soleil a la masse de Mars est 3098682.89383. Cette valeur est très comparable avec celle définie par le tableau 3.1. Quand la planète ne possède pas de satellite, comme les cas de Mercure ou Vénus par exemple, on déduit la masse approximative soit en estimant la composition chimique de la planète et par conséquent sa densité et puis multipliant cette dernière par son volume selon la relation (3.1), soit en analysant les petites variations de trajectoire que les planètes exercent entre elles, ou la déviation qu'elles provoquent sur les orbites des sondes spatiales qui passent à proximité.

Maintenant, si on se réfère à la figure 2.4, on observe la trajectoire plane elliptique de B autour A, le centre de l'ellipse noté (O), son demi-grand axe (a) et son cercle tangent (Γ) de centre (O) et de rayon (a).

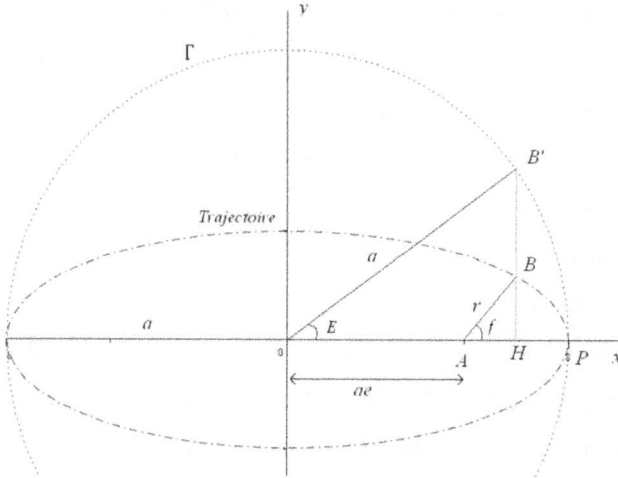

FIG. 2.4 – Orbite elliptique

Dans cette figure, on définit l'anomalie excentrique E. Donc on a :

$$r\cos f = AH \qquad a\cos E = OH$$
$$r\sin f = HB \qquad a\sin E = HB'$$

Selon les propriétés de l'ellipse, on a

$$ae = |\overrightarrow{OA}|, |\overrightarrow{HB}| = |\overrightarrow{HB'}|\sqrt{1-e^2}$$

Donc en utilisant la relation précédente on trouve

$$\begin{aligned} r\cos f &= a\cos E - ae \\ r\sin f &= a\sqrt{1-e^2}\sin E \end{aligned} \qquad (2.17)$$

La somme des carrés de ces dernières relations nous donne :

$$r = a(1 - e\cos E) \qquad (2.18)$$

En substituant (2.18) dans (2.17) on trouve

$$
\begin{aligned}
\cos f &= \frac{a(\cos E - e)}{r} = \frac{\cos E - e}{1 - e\cos E} \\
\sin f &= \frac{a\sqrt{1 - e^2}}{r}\sin E = \sqrt{1 - e^2}\,\frac{\sin E}{1 - e\cos E}
\end{aligned}
\qquad (2.19)
$$

La dernière relation nous a permis d'écrire :

$$\tan^2\left(\frac{f}{2}\right) = \frac{1 - \cos f}{1 + \cos f} = \left(\frac{1+e}{1-e}\right)\frac{1 - \cos E}{1 + \cos E} = \frac{1+e}{1-e}\tan^2\left(\frac{E}{2}\right) \Rightarrow$$

$$\tan\left(\frac{f}{2}\right) = \sqrt{\frac{1+e}{1-e}}\tan\left(\frac{E}{2}\right) \qquad (2.20)$$

Nous allons maintenant introduire ce qu'on appelle l'***anomalie moyenne***, noté (*M*). Elle est définie à l'aide du moyen mouvement $n = \frac{2\pi}{\mathcal{T}}$ de *B* en considérant t_0 l'instant du passage au périastre :

$$M = n(t - t_0) = \frac{2\pi}{\mathcal{T}}(t - t_0) \qquad (2.21)$$

Selon la Fig. 2.4 on écrit, à l'aide de symboles représentant les aires de secteurs circulaires ou triangulaires :

$$\overset{\triangledown}{APB'} = \overset{\triangle}{APB'} + \overset{\frown}{PB'} \Rightarrow$$

$$\frac{1}{2}a^2 M = \frac{1}{2}a(a-ae)\sin E + \left(\overset{\triangledown}{OPB'} - \overset{\triangle}{OPB'} \right)$$

$$= \frac{1}{2}a^2(1-e)\sin E + \left(\frac{1}{2}a^2 E - \frac{1}{2}a^2 \sin E \right) \Rightarrow$$

$$M = E - e\sin E \tag{2.22}$$

Cette équation est appelée *l'équation de Kepler*, une équation développable en séries de Fourier de M dont les coefficients sont des fonctions de l'excentricité (e) (Murray & Dermott, 1999)

$$E - M = e\sin E = \sum_{k=1}^{\infty} \frac{2}{k} J_k(ke)\sin kM \tag{2.23}$$

Ici $J_k(ke)$ présente la fonction de Bessel de première espèce d'ordre k, définie sous la forme

$$J_k(x) = \frac{1}{\pi} \int_0^{\pi} \cos(kt - x\sin t)dt$$

Cette fonction vérifie la relation de récurrence suivante :

$$J_k(x) = \frac{2(k-1)}{x} J_{k-1}(x) - J_{k-2}(x)$$

Pour bien comprendre, écrivons le développement des premiers termes de cette fonction de la de la manier suivants :

$$J_0(x) = 1 - \frac{1}{4}x^2 + \frac{1}{64}x^4 - \frac{1}{2304}x^6 + O(x^7)$$

$$J_1(x) = \frac{1}{2}x - \frac{1}{16}x^3 + \frac{1}{384}x^5 + O(x^7)$$

$$J_2(x) = \frac{1}{8}x^2 - \frac{1}{96}x^4 + \frac{1}{3072}x^6 + O(x^7)$$

$$J_3(x) = \frac{1}{48}x^3 - \frac{1}{768}x^5 + O(x^7)$$

$$J_4(x) = \frac{1}{384}x^4 - \frac{1}{7680}x^6 + O(x^7)$$

$$J_5(x) = \frac{1}{3840}x^5 + O(x^7)$$

On obtient alors le développement suivant de l'équation de Kepler :

$$
\begin{aligned}
E - M = {} & \left(e - \frac{1}{8}e^3 + \frac{1}{192}e^5 + ...\right)\sin M + \\
& \left(\frac{1}{2}e^2 - \frac{1}{6}e^4 + \frac{1}{48}e^6 + ...\right)\sin 2M + \\
& \left(\frac{3}{8}e^3 - \frac{27}{128}e^5 + ...\right)\sin 3M + \\
& \left(\frac{1}{3}e^4 - \frac{4}{15}e^6 + ...\right)\sin 4M + \\
& \left(\frac{125}{384}e^5 + ...\right)\sin 5M
\end{aligned}
\tag{2.24}
$$

L'équation de Kepler peut aussi être résolue numériquement à l'aide d'un algorithme de recherche d'un zéro d'une fonction de la forme $f(E) = M + e\sin E$ en notant ici $f : R \to R : x \longmapsto M + e\sin x$ qui est une fonction C^∞. Considérons la fonction $g : R \to R : x \longmapsto x - e\sin x \Rightarrow$

$g'(x) = 1 - e\cos x$. On rappelle que dans le cas d'une trajectoire de forme elliptique, on a $e < 1 \Rightarrow \forall x \in R : g'(x) > 0 \Rightarrow g'$ est une fonction continue et strictement croissante dans R; donc on peut vérifier facilement que g est une bijection, ce qui nous montre qu'il existe un réel unique ξ tel que $g(\xi) = M \Leftrightarrow f(\xi) = \xi$. Par conséquence on est assuré de l'existence et de l'unicité de la solution de l'équation de Kepler. Pour la trouver, on peut procéder par approximations successives, en posant comme première solution approchée $E_0 = M$. Ensuite, on substitue cette solution dans l'équation et on recommence le processus pour obtenir une suite de terme général $E_n = M + e\sin E_{n-1}$ de solutions approchées, qui converge vers la solution exacte jusqu'à ce que $|E_n - E_{n-1}| < \varepsilon$, où ε est la limite de précision que l'on s'est fixée.

2.3 Représentation standard d'une orbite dans l'espace

Nous avons montré que la vectrice position et la vectrice vitesse de B par rapport à A se situent toujours dans un plan perpendiculaire au moment cinétique de B dans le référentiel centré sur A, ca signifie que le mouvement de B est un mouvement plan. Alors que la trajectoire de B, il dépend de l'énergie (cercle, ellipse, parabole ou hyperbole). Dans notre System Solaire, les planètes et la grande majorité des autre corps décrivent des trajectoires elliptiques dont le Soleil occupe l'un des foyers. Cependant, les mouvements ne se limitent pas à un plan unique. Ainsi nous considérons maintenant la représentation en trois dimensions d'une orbite dans l'espace (voir fig. 2.5)

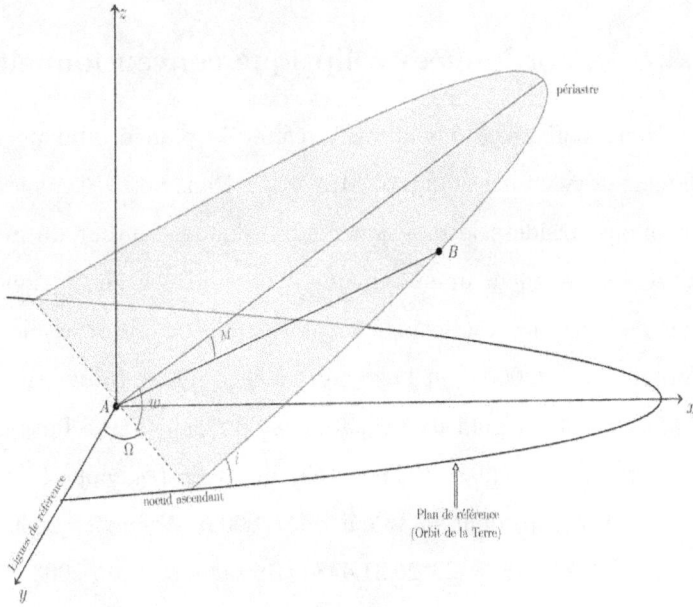

FIG. 2.5 – Positionnement d'une orbite elliptique dans l'espace

Bien que nous ayons déjà montré que le mouvement d'un corps céleste dans le cadre du problème à deux corps est un mouvement képlérien elliptique limité à un plan orbital fixe. La caractérisation du mouvement dans l'espace nous oblige à considérer un système de coordonnées cartésiennes de l'espace à trois dimensions, dont l'origine se situe au foyer attractif, tel que tout point arbitraire a un vecteur position $\overrightarrow{r} = x\,\overrightarrow{i} + y\,\overrightarrow{j} + z\,\overrightarrow{k}$ de norme r $= |\overrightarrow{r}|$. Ici l'axe $\overrightarrow{Ax}$ sera pris en coincidence sur le demi-grand axe de l'ellipse dans la direction de périastre. L'axe $\overrightarrow{Ay}$ sera perpendiculaire à $\overrightarrow{Ax}$ et se trouvera dans le plan orbital, $\overrightarrow{Az}$ complétant la triade

2.3.1 Coordonnées écliptique conventionnelles

Nous souhaitons maintenant référer le plan orbital de B à un système de référence standard (A,X,Y,Z). Dans notre Système Solaire, lorsqu'on considère le mouvement des planètes autour du Soleil, on utilise généralement un système de coordonnées héliocentriques où le plan de référence est le plan de l'orbite de la Terre à une époque d'origine $t_0 = J2000.0$, et l'axe de référence $\overrightarrow{AX}$ se trouve sur la ligne d'intersection du plan de l'équateur et du plan de l'écliptique de t_0 qui forme avec le plan de l'équateur un angle (ε_0) appelé **obliquité de l'écliptique**, dont la valeur en $J2000.0$ (1 janvier 2000 à 12h) est $\varepsilon_0 = 84381.448" = 23°26'21.448''$ (Bretagnon et al., 2003). Cet axe de référence se trouve ainsi dans la direction de l'équinoxe appelé point vernal. On peut alors passer du plan de l'équateur au plan de l'écliptique par une simple rotation autour de la direction de l'équinoxe vernal d'angle ε_0. Le plan de l'orbite (A,x,y) forme avec le plan de référence (A,X,Y) un angle appelé l'**inclinaison** (i) de l'orbite, il compris entre 0 et 180°. Si $i \leq 90°$ le mouvement est en sens direct ou *prograde*, et si $i \geq 90°$, le mouvement est en sens indirect ou *rétrograde*. La ligne d'intersection entre le plan de l'orbite et le plan (A,X,Y) est appelé la *ligne de nœuds*. Le point d'intersection des deux derniers plans pour lesquels la coordonnée Z de l'objet passe d'une valeur négative à une valeur positive est appelé le *nœud ascendant*. L'angle entre l'axe de référence (A,X) et la direction du nœud ascendant est appelée la ***longitude du nœud ascendant*** (Ω). L'angle entre cette dernière direction et la direction du périastre est appelé l'***argument de périastre*** (ω). Notons que lorsque $i \to 0°$ ou $i \to 180°$, le plan orbital se retrouve presque en coïncidence avec le plan de référence, et le nœud devient mal défini. En conséquence, Ω et ω sont alors eux-mêmes mal déterminés. Pour éviter ce problème, on utilise l'angle $\varpi = \Omega + \omega$ qui est appelé ***longitude du périastre***. De même, si e est presque nul, les angles w et ϖ, ainsi que les anomalies f, E et M sont aussi mal déterminés, Pour éviter cela, on peut utiliser les angles toujours bien définis : $\Theta = \varpi + f$ qui appelé ***longitude vraie***, $\varepsilon = \varpi + E$, appelé ***longitude excentrique*** et $\lambda = \varpi + M$ appelé ***longitude moyenne***.

2.3.2 Changement de repère

On utilise trois rotations successives pour exprimer les coordonnées (X, Y, Z) de B dans le système de coordonnées (A, x, y, z) :

(a) une rotation d'angle Ω autour de l'axe z de telle sorte que l'axe x coïncide avec la ligne des nœuds,

(b) une rotation d'angle i autour de l'axe nouvellement créé, de sorte que le plan de référence et le plan orbital soient confondus,

(c) une dernière rotation d'angle ω autour de l'axe Z.

On représente ces transformations par une forme matricielle :

$$
\begin{pmatrix} X \\ Y \\ Z \end{pmatrix} = \begin{pmatrix} \cos\Omega\cos\omega - \sin\Omega\sin\omega\cos i & -\cos\Omega\sin\omega - \sin\Omega\cos\omega\cos i & \sin i\sin\Omega \\ \sin\Omega\cos\omega + \cos\Omega\sin\omega\cos i & -\sin\Omega\sin\omega + \cos\Omega\cos\omega\cos i & -\sin i\cos\Omega \\ \sin\omega\sin i & \cos\omega\sin i & \cos i \end{pmatrix} \begin{pmatrix} x \\ y \\ z \end{pmatrix}
$$

Si nous nous limitons à des éléments orbitaux, nous avons

$$\begin{pmatrix} x \\ y \\ z \end{pmatrix} = \begin{pmatrix} r\cos f \\ r\sin f \\ 0 \end{pmatrix} \qquad \text{avec} \qquad r = a(1 - e\sin E) \Rightarrow$$

$$\begin{pmatrix} X \\ Y \\ Z \end{pmatrix} = r \begin{pmatrix} \cos\Omega\cos(\omega + f) - \sin\Omega\sin(\omega + f)\cos i \\ \sin\Omega\cos(\omega + f) + \cos\Omega\sin(\omega + f)\cos i \\ \sin(\omega + f)\sin i \end{pmatrix} \qquad (2.25)$$

En substituant l'équation (2.17) dans la dernière équation, on trouve

$$\begin{pmatrix} X \\ Y \\ Z \end{pmatrix} = \begin{pmatrix} a(\cos E - e)\Xi_1 + a\sqrt{1 - e^2}\,\Xi_2\sin E \\ a(\cos E - e)\Xi_3 + a\sqrt{1 - e^2}\,\Xi_4\sin E \\ a(\cos E - e)\Xi_5 + a\sqrt{1 - e^2}\,\Xi_6\sin E \end{pmatrix} \qquad (2.26)$$

De plus, selon (2.16), (2.21) et (2.22) on a

$$n = \dot{E} - \dot{E}e\cos E \Rightarrow$$

$$\dot{E} = \frac{n}{1 - e\cos E} = \frac{2\pi}{\mathcal{T}(1 - e\cos E)} = \frac{\sqrt{\frac{\mu}{a^3}}}{1 - e\cos E}$$

On obtient alors la vitesse de B par la dérivation de (2.26) :

$$\begin{pmatrix} \dot{X} \\ \dot{Y} \\ \dot{Z} \end{pmatrix} = \frac{-\sqrt{a\mu}}{1 - e\cos E} \begin{pmatrix} \Xi_1 \sin E + \sqrt{1 - e^2}\Xi_2 \cos E \\ \Xi_3 \sin E + \sqrt{1 - e^2}\Xi_4 \cos E \\ \Xi_5 \sin E - \sqrt{1 - e^2}\Xi_6 \cos E \end{pmatrix} \qquad (2.27)$$

telle que les coefficients $(\Xi_1, ... \Xi_6)$ donne par

$$\Xi_1 = \left(\cos\omega\cos\Omega - \sin\omega\sin\Omega\cos i \right)$$

$$\Xi_2 = \left(-\sin\omega\cos\Omega - \cos\omega\sin\Omega\cos i \right)$$

$$\Xi_3 = \left(\cos\omega\sin\Omega + \sin\omega\cos\Omega\cos i \right)$$

$$\Xi_4 = \left(-\sin\omega\sin\Omega + \cos\omega\cos\Omega\cos i \right)$$

$$\Xi_5 = \left(\sin\omega\sin i \right)$$

$$\Xi_6 = \left(\cos\omega\sin i \right)$$

2.3.3 Paramètres écliptiques

On a trouvé les équations (2.26) et (2.27) qui donnent le passage des paramètres képlériens aux paramètres cartésiens dans le repère écliptique. Et inversement, étant données les coordonnées cartésiennes (position (X, Y, Z) et vitesse $(\dot{X}, \dot{Y}, \dot{Z})$) de B, mesurées à un instant t_0 dans le repère écliptique, pour chercher les éléments de l'orbite képlérienne de chaque planète, on pourra se reporter aux solutions **VSOP82** (Variations Séculaires des Orbites Planétaires) (Bretagnon et al, 1982). Ces solutions proviennent d'une théorie analytique basée sur l'intégration des équations de Lagrange développées par rapport aux masses. Elles permettent d'obtenir les éléments équinoxiaux des planètes du Système Solaire $(a, \lambda, k, h, q$ et $p)$, dans le référentiel inertiel défini par l'équinoxe et l'écliptique dynamiques J2000.0, tels que (a) représente le demi-grand axe de la planète, (λ) sa longitude moyenne, $(k, h, q$ et $p)$ étant définis par :

$$
\begin{aligned}
k &= e\cos\varpi & h &= e\sin\varpi \\
q &= \sin\tfrac{i}{2}\cos\Omega & q &= \sin\tfrac{i}{2}\sin\Omega
\end{aligned}
\tag{2.28}
$$

Donc les éléments orbitaux peuvent être décrits par le formulaire

$$
\begin{aligned}
a &= \frac{1}{\dfrac{2}{r} - \dfrac{v^2}{\mu}} & e &= \sqrt{h^2 + k^2} \\
i &= 2\arcsin\left(\sqrt{q^2 + p^2}\right) & \Omega &= \arctan\left(\frac{p}{q}\right) \\
w &= \arctan\left(\frac{h}{k}\right)
\end{aligned}
\tag{2.29}
$$

Ici (e) représente l'excentricité, (i) l'inclinaison, (ω) l'argument du périastre, (ϖ) la longitude du périastre et (Ω) est la longitude du nœud ascendant sur l'orbite (voir fig. 2.5).

2.4 Variations des éléments d'orbite dans le mouvement perturbé

Dans le paragraphe précèdent, on a déterminé les éléments orbitaux d'un objet dans le cas d'une orbite képlérienne (orbite non perturbée), qu'il s'agisse d'une planète ou de tout corps céleste soumis à la seule attraction du Soleil, en négligeant l'existence des autres corps. Mais, en réalité, si on veut être rigoureux, on doit tenir compte toutes les attractions que les corps beaucoup moins massive que le Soleil exercent les uns sur les autres. Ces actions réciproques provoquent des variations très faibles de tous les éléments orbitaux. L'objectif ici est d'essayer de poser un cadre analytique simple applicable au problème des effets des astéroïdes sur les planètes telluriques dans le Système Solaire dans le cadre du problème de trois corps.

2.4.1 Les équations de Lagrange

Considérons un point P de masse m en mouvement autour d'une masse $M \gg m$ avec un potentiel gravitationnel de la forme $\dfrac{\mathcal{G}(M+m)}{r}$. Appelons $\overrightarrow{r}$ le vecteur position de P autour de M. On a déjà vu que ce mouvement est un mouvement keplerien et l'orbite est un cercle, une ellipse, une parabole ou une hyperbole selon l'énergie. On peut décrire ce mouvement en utilisant les six éléments orbitaux déjà présentés $(a, e, i, \Omega, w, \lambda)$ ou avec tout autre système de paramètres équivalent. Imaginons à présent qu'on ne se situe plus dans le cas képlérien mais dans un cas où un troisième corps lointain peu massif est pris en compte. Alors il faut ajouter au potentiel une composante $\mathcal{R}$ pour lui donner une expression totale : $\dfrac{\mathcal{G}(M+m)}{r} + \mathcal{R}$. Ainsi l'orbite dans ce cas devient perturbée, et le mouvement n'est plus tout-à-fait képlérien. Les éléments orbitaux correspondants seront des fonctions de temps (t) et l'accélération fournie sera $\overset{..}{\overrightarrow{r}} = \overrightarrow{grad}_{\overrightarrow{r}}\left(\dfrac{\mathcal{G}(M+m)}{r} + \mathcal{R}\right)$ Elle sera exprimée comme une somme de deux accélérations : la première est celle du mouvement keplerien et la seconde sera l'accélération non képlérienne de P qui génère des perturbations de l'orbite. Lorsque la fonction perturbatrice $\mathcal{R}$ est très petite en amplitude relative, la trajectoire s'éloignera très peu de la trajectoire du problème képlérien. Les études relatives à ce type de problème de trois corps donnent des résultats classiques de la mécanique analytique. Il est alors possible d'exprimer la fonction perturbatrice sous forme algébrique. Dans le cadre du problème keplerien perturbé qui nous intéresse, on déduit les variations des éléments orbitaux d'une planète intérieure perturbée par un corps extérieure (en fait un astéroïde) par les équations de Lagrange qui, selon Murray & Dermott. (1999) prennent la forme suivante :

$$\frac{da}{dt} = \frac{2}{na}\frac{\partial\mathcal{R}}{\partial\lambda}$$

$$\frac{de}{dt} = -\frac{\sqrt{1-e^2}}{na^2e}\left(1-\sqrt{1-e^2}\right)\frac{\partial\mathcal{R}}{\partial\lambda} - \frac{\sqrt{1-e^2}}{na^2e}\frac{\partial\mathcal{R}}{\partial\varpi}$$

$$\frac{di}{dt} = -\frac{1}{na^2\sqrt{1-e^2}}\left[\frac{1}{\sin i}\frac{\partial\mathcal{R}}{\partial\Omega} + \tan(\frac{i}{2})\left(\frac{\partial\mathcal{R}}{\partial\varpi} + \frac{\partial\mathcal{R}}{\partial\lambda}\right)\right]$$

$$\frac{d\Omega}{dt} = \frac{1}{na^2\sqrt{1-e^2}\sin i}\frac{\partial\mathcal{R}}{\partial i} \tag{2.30}$$

$$\frac{d\varpi}{dt} = \frac{\sqrt{1-e^2}}{na^2e}\frac{\partial\mathcal{R}}{\partial e} + \frac{\tan(\frac{i}{2})}{na^2\sqrt{1-e^2}}\frac{\partial\mathcal{R}}{\partial i}$$

$$\frac{d\lambda}{dt} = n - \frac{2}{na}\frac{\partial\mathcal{R}}{\partial a} + \sqrt{1-e^2}\left(\frac{1-\sqrt{1-e^2}}{na^2e}\right)\frac{\partial\mathcal{R}}{\partial e} + \frac{\tan(\frac{i}{2})}{na^2\sqrt{1-e^2}}\frac{\partial\mathcal{R}}{\partial i}$$

On note que ces équations sont non linéaires. De plus, si la fonction perturbatrice est constante, ce qui suppose que la force perturbatrice est nulle, on observe que les éléments orbitaux sont constants sauf λ : on se retrouve donc dans le cas du mouvement képlérien.

2.4.2 Caractérisation de l'influence gravitationnelle d'un astéroïde sur une planète

Dans ce qui suit, on se concentrera sur le cas général du problème de N corps. On définit la perturbation d'un élément orbital d'une planète p induite par un astéroïde p' comme la différence $\Delta X = \widetilde{X} - X$, où $\widetilde{X}$ représente l'élément orbital perturbé dans le cadre du problème de $N+1$ corps (avec l'astéroïde) et X représente ce même élément orbital perturbé dans le cadre du problème de N corps (sans l'astéroïde). On note la différence de fonction perturbatrice s'exerçant sur la planète selon les deux cas $\Delta \mathcal{R} = \widetilde{\mathcal{R}} - \mathcal{R}$. Donc, les dérivées de la perturbation induite par le corps supplémentaire sur les éléments orbitaux de la planète s'en déduisent selon (Kuchynka, 2010) :

$$\frac{d\Delta a}{dt} = \frac{2}{na}\frac{\partial \Delta \mathcal{R}}{\partial \lambda}$$

$$\frac{d\Delta e}{dt} = -\frac{\sqrt{1-e^2}}{na^2 e}\left(1-\sqrt{1-e^2}\right)\frac{\partial \Delta \mathcal{R}}{\partial \lambda} - \frac{\sqrt{1-e^2}}{na^2 e}\frac{\partial \Delta \mathcal{R}}{\partial \varpi}$$

$$\frac{d\Delta i}{dt} = -\frac{1}{na^2\sqrt{1-e^2}}\left[\frac{1}{\sin i}\frac{\partial \Delta \mathcal{R}}{\partial \Omega} + \tan(\frac{i}{2})\left(\frac{\partial \Delta \mathcal{R}}{\partial \varpi} + \frac{\partial \Delta \mathcal{R}}{\partial \lambda}\right)\right]$$

$$\frac{d\Delta \Omega}{dt} = \frac{1}{na^2\sqrt{1-e^2}\sin i}\frac{\partial \Delta \mathcal{R}}{\partial i} \qquad (2.31)$$

$$\frac{d\Delta \varpi}{dt} = \frac{\sqrt{1-e^2}}{na^2 e}\frac{\partial \Delta \mathcal{R}}{\partial e} + \frac{\tan(\frac{i}{2})}{na^2\sqrt{1-e^2}}\frac{\partial \Delta \mathcal{R}}{\partial i}$$

$$\frac{d\Delta \lambda}{dt} = \Delta n - \frac{2}{na}\frac{\partial \Delta \mathcal{R}}{\partial a} + \sqrt{1-e^2}\left(\frac{1-\sqrt{1-e^2}}{na^2 e}\right)\frac{\partial \Delta \mathcal{R}}{\partial e} + \frac{\tan(\frac{i}{2})}{na^2\sqrt{1-e^2}}\frac{\partial \Delta \mathcal{R}}{\partial i}$$

2.5 Problème des trois corps et calculs avec Maple

Notre but dans ce chapitre est de décrire des procédures et des instructions à l'aide d'un des logiciels de calcul formel comme Maple Software, développé par l'université de Waterloo en Ontario (Canada), permettant d'effectuer des développements analytiques de la fonction perturbatrice omniprésente dans la théorie des planètes. On appliquera ce logiciel au problème de trois corps consistant dans notre cas en une planète tellurique P_1 (Mercure, Venus, Mars ou bien la barycentre Terre-Lune) de masse m_1 en orbite autour du Soleil P_0 de masse m_0, perturbée par un troisième corps (astéroïde) P_2 de masse m_2 supposé en orbite képlérienne fixe autour de Soleil. Pour s'adapter au problème abordé, on suppose que, à chaque instant, l'orbite de P_2 (perturbateur) est extérieure à celle de P_1 (perturbé). En effet tous les astéroïdes que nous allons considérer appartiennent à la ceinture principale et leur orbite est donc extérieure à celle des quatre planètes telluriques.

Comme pour le problème de deux corps décrit en section 2.2, on pourrait croire qu'il est possible de décrire simplement l'évolution d'un système à trois corps, mais on sait que ce n'est pas du tout le cas. Si on considère un système de trois corps en interaction gravitationnelle les uns avec les autres, on constate que la connaissance de conditions initiales et les principes fondamentaux de la mécanique ne permettent pas d'aboutir à une solution analytique simple et exacte du problème qui se traduit par un système de 18 équations différentielles du premier ordre. Pour résoudre un tel système, il faudrait qu'on trouve autant d'intégrales indépendantes du système qui n'a pas de solution générale exacte. Il faut donc recourir à des méthodes approchées alternatives. Dans ce cadre deux approches sont utilisées :

- La méthode **d'analyse numérique** : elle permet une résolution numérique du problème à partir des conditions initiales. Elle sera pleinement utilisée dans le chapitre 5. Cette méthode décrit le mouvement des corps pour des intervalles de temps limités, alors qu'elle n'est pas satisfaisante pour des mathématiciens purs se consacrant aux solutions les plus générales possible.

- La méthode basée sur la **théorie des perturbations** : elle permet de prévoir mathématiquement les perturbations de l'orbite par des calculs analytiques approchés sous forme de développements en série. Elle consiste à résoudre exactement le problème en l'absence de perturbation (problème képlérien de deux corps) et à calculer la correction introduite par la perturbation du troisième corps que l'on considère comme petite. Il en résulte une expression de la solution sous la forme de série en puissances croissantes de petites quantités (excentricité, inclinaison). Cette méthode a été utilisée pour exprimer l'évolution des éléments orbitaux à l'aide de la fonction perturbatrice $\mathcal{R}$ décrite par (2.30).

On considère dans la suite les mouvements relatifs de P_1 et de P_2 par rapport à P_0 en posant $\overrightarrow{r_1} = \overrightarrow{P_0 P_1}$ ($r_1 = |\overrightarrow{P_0 P_1}|$) et $\overrightarrow{r_2} = \overrightarrow{P_0 p_2}$ ($r_2 = |\overrightarrow{P_0 P_2}|$) et en supposant qu'à tout moment $r_2 > r r_1$, ce qui traduit l'hypothèse précédente que l'orbite du corps perturbateur est extérieure à celle du corps perturbé. Les mouvements de P_1 et P_2 sont donc régis par :

$$\frac{d^2\overrightarrow{r_1}}{dt^2} = -G(m_0+m_1)\frac{\overrightarrow{r_1}}{r_1^3} + Gm_2\left(\frac{\overrightarrow{r_2}-\overrightarrow{r_1}}{|\overrightarrow{r_2}-\overrightarrow{r_2}|^3} - \frac{\overrightarrow{r_2}}{r_2^3}\right)$$

$$\frac{d^1\overrightarrow{r_2}}{dt^2} = -G(m_0+m_2)\frac{\overrightarrow{r_2}}{r_2^3} + Gm_1\left(\frac{\overrightarrow{r_1}-\overrightarrow{r_2}}{|\overrightarrow{r_1}-\overrightarrow{r_2}|^3} - \frac{\overrightarrow{r_1}}{r_1^3}\right)$$

$$(2.32)$$

Les dernières équations peuvent être écrites comme des gradients d'une fonction scalaire de la manière suivante :

$$\frac{d^2\overrightarrow{r_1}}{dt^2} = \overrightarrow{grad}_{\overrightarrow{r}}(U_1+\mathcal{R}_1) = \left(\frac{\partial}{\partial x}\overrightarrow{i} + \frac{\partial}{\partial y}\overrightarrow{j} + \frac{\partial}{\partial z}\overrightarrow{k}\right)(U_1+\mathcal{R}_1)$$

$$\frac{d^2\overrightarrow{r_2}}{dt^2} = \overrightarrow{grad}_{\overrightarrow{r}}(U_2+\mathcal{R}_2) = \left(\frac{\partial}{\partial x}\overrightarrow{i} + \frac{\partial}{\partial y}\overrightarrow{j} + \frac{\partial}{\partial z}\overrightarrow{k}\right)(U_2+\mathcal{R}_2)$$

$$(2.33)$$

U_1, U_2 sont composantes principales du potentiel total du au Soleil, et les termes $\mathcal{R}_1, \mathcal{R}_2$ sont les potentiels perturbateurs (de la planète intérieure pour $\mathcal{R}_1$ et de l'astéroïde extérieur pour $\mathcal{R}_2$). En fait, ces composantes peuvent être écrites de la manière suivante :

$$
\begin{aligned}
U_1 &= \frac{G(m_0+m_1)}{\overrightarrow{r_1}} \\[2mm]
U_2 &= \frac{G(m_0+m_2)}{\overrightarrow{r_2}} \\[2mm]
\mathcal{R}_1 &= \frac{Gm_2}{|\overrightarrow{r_2}} - \overrightarrow{r_1}| \ - \ Gm_2\frac{\overrightarrow{r_1}.\overrightarrow{r_2}}{r_2^3} \\[2mm]
\mathcal{R}_2 &= \frac{Gm_1}{|\overrightarrow{r_1}} - \overrightarrow{r_2}| \ - \ Gm_1\frac{\overrightarrow{r_1}.\overrightarrow{r_2}}{r_1^3}
\end{aligned}
$$

$$(2.34)$$

Notons que les fonctions perturbatrices $\mathcal{R}_1$ et $\mathcal{R}_2$ sont différentes suivant que l'on s'intéresse à une planète extérieure perturbée par un astéroïde intérieur ($\mathcal{R}_2$) ou inversement à une planète intérieure perturbée par un astéroïde extérieur ($\mathcal{R}_1$) qui représente notre problème.

De plus on peut étendre l'analyse ci-dessus à un nombre quelconque N de corps, de telle sorte que la fonction perturbatrice pour le $i^{\text{ème}}$ corps est donnée par la relation :

$$\mathcal{R}_i = \sum_{i \neq j}^{N} \mathcal{G}m_j \left(\frac{1}{|\overrightarrow{r_i} - \overrightarrow{r_j}|} - \frac{\overrightarrow{r_i}.\overrightarrow{r_j}}{r_j^3} \right) \qquad (2.35)$$

Dans ce qui suit au sein de ce chapitre, pour simplifier les notations et limiter l'usage des indices, on notera Δ la distance mutuelle entre la planète P_1 et l'astéroïde P_2 ($\Delta = |\overrightarrow{r_1} - \overrightarrow{r_2}|$) et ψ l'angle entre $\overrightarrow{r_1}$ et $\overrightarrow{r_2}$. De plus, comme on ne s'intéresse qu'aux perturbations causées sur P_1, $\mathcal{R}_1$ sera noté $\mathcal{R}$. Rappelons qu'on suppose que P_1 est le corps intérieur (planète perturbée) et P_2 le corps extérieur (astéroïde), c'est-à-dire que $r_1 < r_2$ et $a_1 < a_2$. Réécrivons alors la relation de la fonction perturbatrice avec ces nouvelles notations :

$$\mathcal{R} = \frac{\mathcal{G}m_2}{r_1 - r_2} - \mathcal{G}m_2 \frac{\overrightarrow{r_1}.\overrightarrow{r_2}}{r_2^3} = \frac{\mathcal{G}m_2}{\Delta} - \mathcal{G}m_2 \frac{r_1}{r_2^2} \cos\psi \qquad (2.36)$$

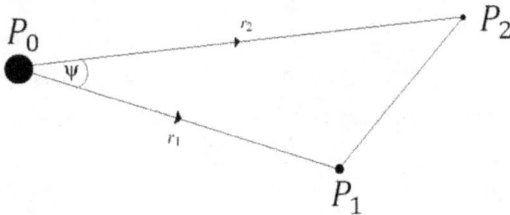

FIG. 2.6 – Les vecteurs position des masses m_1 et m_2 par rapport à une masse centrale m_0. L'angle entre les vecteurs position est ψ

La distance entre la planète et l'astéroïde est donnée par

$$\Delta = \sqrt{r_1^2 + r_2^2 - 2r_1 r_2 \cos\psi} = r_2 \sqrt{1 + \rho^2 - 2\rho\cos\psi}$$

Avec $\rho = \frac{r_1}{r_2} < 1$ Donc, l'inverse de la distance vaut

$$\frac{1}{\Delta} = \frac{1}{r_2}\left(1 + \rho^2 - 2\rho\cos\psi\right)^{-\frac{1}{2}} \tag{2.37}$$

Pour développer l'inverse de la distance, on propose deux méthodes classiques, celle des polynômes de Legendre et celle des coefficients de Laplace. Commençons par le développement de l'inverse de la distance avec les polynômes de Legendre :

$$P_n(x) = \frac{1}{2^n n!}\frac{\partial}{\partial x^n}\left(x^2 - 1\right)^n \tag{2.38}$$

On obtient pour les premiers termes

$$
\begin{aligned}
P_1(x) &= x \\
P_2(x) &= \frac{3}{2}x^2 - \frac{1}{2} \\
P_3(x) &= \frac{5}{2}x^3 - \frac{3}{2}x \\
P_4(x) &= \frac{35}{8}x^4 - \frac{15}{4}x^2 + \frac{3}{8} \\
P_5(x) &= \frac{63}{8}x^5 - \frac{35}{4}x^3 + \frac{15}{8}x
\end{aligned}
\tag{2.39}
$$

On développe alors l'équation (2.37) en série de Taylor par rapport à ρ comme la suite

$$
\begin{aligned}
\frac{r_2}{\Delta} = {} & 1 + \rho \cos \psi + \left(-\frac{1}{2} + \frac{3}{2} \cos^2 \psi \right) \rho^2 \\
& + \left(-\frac{3}{2} \cos \psi + \frac{5}{2} \cos^3 \psi \right) \rho^3 \\
& + \left(\frac{3}{8} - \frac{15}{4} \cos^2 \psi + \frac{35}{8} \cos^4 \psi \right) \rho^4 + O(\rho^5)
\end{aligned} \qquad (2.40)
$$

On peut faire apparaître les polynômes de Legendre $P_i(\cos \psi)$ de la manière suivant

$$
\frac{1}{\Delta} = \frac{1}{r_2} \sum_{i=0}^{\infty} \rho^i P_i(\cos \psi) = \sum_{i=0}^{\infty} \frac{r_1^i}{r_2^{i+1}} P_i(\cos \psi) \qquad (2.41)
$$

Si ρ est suffisamment petit, comme par exemple dans le cas de deux corps forts éloignés, ce développement converge très rapidement et il sera utilisable en ne se limitant qu'aux premiers termes. Au contraire, si ρ n'est pas très petit, le développement converge lentement et donc il vaut mieux calculer l'inverse de la distance par une autre façon comme celle du développement en coefficients de Laplace.

2.5.1 Cas où P_0, P_1 et P_2 sont coplanaires

Pour le moment on va limiter notre étude au cas simplifié où les trois corps sont coplanaires, c'est-à-dire les orbites sont dans le même plan. Alors on peut négliger les termes résultant de l'inclinaison. De plus, on peut exprimer l'angle ψ en fonction de l'anomalie vraie f et la longitude du périastre ϖ

$$\psi = \quad (f_1 + \varpi_1) - (f_2 + \varpi_2) \Rightarrow$$

$$\cos\psi = \quad \cos f_1 \cos\varpi_1 \cos f_2 \cos\varpi_2 - \cos f_1 \cos\varpi_1 \sin f_2 \sin\varpi_2$$

$$+ \quad \cos f_1 \sin\varpi_1 \sin f_2 \cos\varpi_2 + \cos f_1 \sin\varpi_1 \cos f_2 \sin\varpi_2$$

$$- \quad \sin f_1 \sin\varpi_1 \cos f_2 \cos\varpi_2 + \sin f_1 \sin\varpi_1 \sin f_2 \sin\varpi_2$$

$$+ \quad \sin f_1 \cos\varpi_1 \sin f_2 \cos\varpi_2 + \sin f_1 \cos\varpi_1 \cos f_2 \sin\varpi_2$$

$$(2.42)$$

Maintenant, en revenant à l'équation (2.41), on va exprimer les quantités de la forme $\dfrac{r_1^m}{r_2^{m+1}}$ en fonction des éléments osculateurs.

$$\frac{r_1^m}{r_2^{m+1}} = \alpha^m \frac{1}{a_2} \left(\frac{r_1}{a_1}\right)^m \left(\frac{a_2}{r_2}\right)^{m+1} \quad : \alpha = \frac{a_1}{a_2} \qquad (2.43)$$

Selon le développement de l'inverse de la distance et l'équation (2.43), on réécrit la fonction perturbatrice de la manière suivante :

$$\mathcal{R} = \mathcal{G}m_2 \left(\frac{1}{r_2} + \sum_{i=2}^{\infty} \alpha^i \frac{1}{a_2} \left(\frac{r_1}{a_1}\right)^i \left(\frac{a_2}{r_2}\right)^{i+1} P_i(\cos\psi) \right)$$

On remarque que nous pouvons négliger le terme indépendant de r_1 car nous sommes seulement intéressés par le gradient de $\mathcal{R}$ par rapport aux coordonnées de la planète intérieure P_1. Donc l'expression de $\mathcal{R}$ qui nous intéresse devient

$$\mathcal{R} = \mathcal{G}m_2 \sum_{i=2}^{\infty} \alpha^i \frac{1}{a_2} \left(\frac{r_1}{a_1}\right)^i \left(\frac{a_2}{r_2}\right)^{i+1} P_i(\cos\psi) \qquad (2.44)$$

L'équation (2.23) donne immédiatement

$$\frac{dE}{dM} = 1 + \sum_{k=1}^{\infty} 2J_k(ke)\cos kM$$

Selon les équations (2.22) et (2.18) on trouve

$$\frac{dM}{dE} = 1 - e\cos E = \frac{r}{a}$$

Donc on obtient finalement :

$$\frac{a}{r} = 1 + 2\sum_{k=1}^{\infty} J_k(ke)\cos kM \qquad (2.45)$$

$J_k(ke)$ représente ici la fonction de Bessel de première espèce d'ordre k, définie sous la forme

$$J_k(x) = \frac{1}{\pi}\int_0^{\pi} \cos(kt - x\sin t)dt$$

À l'aide de **MAPLE**, nous trouvons

$$\frac{r_1}{a_1} = 1 - \cos M_1 e_1 + \left(-\frac{1}{2}\cos 2M_1 + \frac{1}{2}\right)e_1^2 + \left(\frac{3}{8}\cos M_1 - \frac{3}{8}\cos 3M_1\right)e_1^3$$
$$+ \left(-\frac{1}{3}\cos 4M_1 + \frac{1}{3}\cos 2M_1\right)e_1^4 + O(e_1^5) \qquad (2.46)$$

$$\frac{a_2}{r_2} = 1 + \cos M_2 e_2 + \cos 2M_2 e_2^2 + \left(-\frac{1}{8}\cos M_2 + \frac{9}{8}\cos 3M_2\right)e_2^3$$
$$+ \left(\frac{4}{3}\cos 4M_2 - \frac{1}{3}\cos 2M_2\right)e_2^4 + O(e_2^5) \qquad (2.47)$$

Donc, les équations (2.46) et (2.47) permettent de construire tous les développements de $\frac{r_1^m}{r_2^{m+1}}$ selon l'équation 2.43 en faisant simplement des produits de polynômes pour $m = 0, 1, ...etc$

Revenons à l'expression de $\cos\psi$ dans l'équation (2.42). En utilisant les équations (2.19), (2.23) et (2.45) et en remarquant que

$$\cos E = \frac{dM}{e}\left(1 - \frac{r}{a}\right) \tag{2.48}$$

Donc, on trouve :

$$\cos f = \frac{a}{r}\left(\cos E - e\right) = \frac{a}{r}\left(\frac{1}{e} - \frac{r}{ea} - e\right) = \frac{1}{e}\left((1-e^2)\frac{a}{r} - 1\right) \Rightarrow$$

$$\cos f = -e + \frac{2(1-e^2)}{e}\sum_{k=1}^{\infty} J_k(ke)\cos kM \Rightarrow$$

$$\cos f = \cos M + \left(\cos 2M - 1\right)e + \frac{9}{8}\left(\cos 3M - \cos M\right)e^2$$

$$+ \frac{4}{3}\left(\cos 4M - \cos 2M\right)e^3$$

$$+ \left(\frac{25}{192}\cos M - \frac{225}{128}\cos 3M + \frac{625}{384}\cos 5M\right)e^4 + O(e^5)$$

De le même manière, on a :   (2.49)

$$\sin f = \frac{a}{|\vec{r}|}\sqrt{1-e^2}\sin E$$

$$= \left(1 + 2\sum_{k=1}^{\infty} J_k(ke)\cos kM\right)\frac{\sqrt{1-e^2}}{e}\sum_{k=1}^{\infty}\frac{2}{k}J_k(ke)\sin kM \Rightarrow$$

$$\sin f = \quad \sin M + (\sin 2M)e + \left(\frac{9}{8}\sin 3M - \frac{7}{8}\sin M\right)e^2$$

$$+ \quad \left(\frac{4}{3}\sin 4M - \frac{7}{6}\sin 2M\right)e^3$$

$$+ \quad \left(-\frac{207}{128}\sin 3M + \frac{17}{192}\sin M + \frac{625}{384}\sin 5M\right)e^4 + O(e^5)$$

$$(2.50)$$

En substituant $\sin f$ et $\cos f$ dans l'expression de $\cos\psi$, en prenant en compte le développement jusqu'au second degré par rapport à e_1 et e_2 puis en exprimant les angles en fonction de la longitude moyenne $\lambda = \varpi + M$ on trouve :

$$
\begin{aligned}
\cos\psi = \frac{1}{8}\Bigg[\; & 8\left(1 - e_1^2 - e_2^2\right)\cos(\lambda_1\lambda_2) - -8e_1\cos(\lambda_2 - \varpi_1) \\
& +8e_1\cos(2\lambda_1 - \lambda_2 - \varpi_1) - e_2^2\cos(\lambda_1 - 2\varpi_1 + \lambda_2) \\
& +9e_1^2\cos(3\lambda_1 - \lambda_2 - 2\varpi_1) + 8e_2\cos(\lambda_1 - 2\lambda_2 + \varpi_2) \\
& -e_1e_2^2\cos(2\lambda_1 + \lambda_2 - \varpi_1 - 2\varpi_2) + 9e_2^2\cos(\lambda_1 + 2\varpi_2 - 3\lambda_2) \\
& -e_2^2\cos(\lambda_1 - 2\varpi_2 + \lambda_2) + 8e_1e_2\cos(2\lambda_1 - 2\lambda_2 - \varpi_1 + \varpi_2) \\
& +8e_1e_2\cos(\varpi_1 - \varpi_2) - 8e_1e_2\cos(2\lambda_2 - \varpi_2 - \varpi_1) \\
& -8e_1e_2\cos(2\lambda_1 - \varpi_1 - \varpi_2) - 8e_1e_2^2\cos(2\lambda_1 - \lambda_2 - \varpi_1) \\
& -8e_2\cos(\lambda_1 - \varpi_2) + 9e_1e_2^2\cos(2\lambda_1 - 3\lambda_2 - \varpi_1 + 2\varpi_2) \\
& +e_1e_2^2\cos(\lambda_2 - 2\varpi_2 + \varpi_1) + 8e_1e_2^2\cos(\lambda_2 - \varpi_1) \\
& -9e_1e_2^2\cos(3\lambda_2 - 2\varpi_2 - \varpi_1)\Bigg] + O(e_1^3, e_2^3) \quad (2.51)
\end{aligned}
$$

Certaines propriétés de l'expression de cos ψ sont évidentes. Par exemple, la somme des coefficients des longitudes (λ et ϖ) à chaque argument de cosinus est égale à zéro. Pour avoir le développement de la fonction perturbatrice $\mathcal{R}$ on doit naturellement substituer les relations (2.46), (2.47) et (2.51) dans l'expression (2.44). Le résultat final est une série avec un nombre de termes tres important, ce qui rend la résolution difficile même en utilisant des méthodes et logiciels de calcul formels. Donc, on cherche à traiter cette série différemment. Compte tenu de l'importance de la fonction perturbatrice dans la dynamique du Système Solaire, plusieurs auteurs ont développé son développement en ordre élevé, comme Peirce (1849) qui est arrivé à une développement de sixième ordre en excentricités et inclinaisons, Le Verrier (1855) qui a publié un développement au septième ordre. Boquet (1889) a étendu l'expansion de Le Verrier au huitième ordre. D'autres développements ont été faites ultérieurement par Newcomb (1895), Brown & Shook (1933), Brouwer & Clemence (1961), etc ... Dans la suite on se reportera au développement en termes d'éléments orbitaux standards en utilisant la méthode mise au point par Petr Kuchynka dans sa thèse à l'IMCCE. La complexité du développement nous oblige à séparer l'expression de la fonction perturbatrice présentée par l'équation (2.52) en deux parties : l'une $\mathcal{R}_D$ dérive directement du terme principal (partie directe) tandis que l'autre, appelés partie indirecte $\mathcal{R}_I$, dépend du choix de l'origine du système de coordonnées. On a ainsi :

$$\mathcal{R} = \frac{\mathcal{G}m_2}{a_2}\mathcal{R}_D + \alpha\frac{\mathcal{G}m_2}{a_2}\mathcal{R}_I \tag{2.52}$$

$$\mathcal{R}_D = \frac{a_2}{\Delta}; \qquad \mathcal{R}_I = -\frac{a_2^2}{a_1}\frac{\vec{r_1}\,\vec{r_2}}{r_2^3} = -\left(\frac{r_1}{a_1}\right)\left(\frac{a_2}{r_2}\right)^2\cos\psi \tag{2.53}$$

Comme $\overrightarrow{r_1}\,\overrightarrow{r_2} = x_1 x_2 + y_1 y_2 + z_1 z_2 = r_1.r_2.\cos\psi \Rightarrow$

$$\cos\psi = \frac{x_1\,x_2}{r_1\,r_2} + \frac{y_1\,y_2}{r_1\,r_2} + \frac{z_1\,z_2}{r_1\,r_2} \tag{2.54}$$

2.5.2 Cas où P_0, P_1 et P_2 ne sont pas coplanaires

Dans le cas où les corps ne sont pas coplanaires, selon l'équation (2.25), en posant $s = \sin\frac{i}{2}$ et en utilisant les relations $\varpi = \Omega + w$ et $\lambda = \varpi + M$ notre procédure a été codée à l'aide de **MAPLE** pour calculer le développement à l'ordre 2 en excentricités. Nous avons trouvé l'expression de $\cos\psi$ suivante :

$$
\begin{aligned}
\cos\psi = \frac{1}{8} \Bigg[\; & 8\left(1 - e_1^2 - e_2^2 - s_1^2 - s_2^2\right)\cos(\lambda_1 - \lambda_2) - 8e_1\cos(\lambda_2 - \varpi_1) \\
& + 8e_1 e_2\cos(\varpi_1 - \varpi_2) - e_1^2\cos(\lambda_1 - 2\varpi_1 + \lambda_2) \\
& + 9e_1^2\cos(3\lambda_1 - \lambda_2 - 2\varpi_1) + 8e_2\cos(\lambda_1 + \varpi_2 - 2\lambda_2) \\
& - 8e_2\cos(\lambda_1 - \varpi_2) + 9e_2^2\cos(\lambda_1 + 2\varpi_2 - 3\lambda_2) \\
& - 16s_1 s_2 cos(\lambda_1 + \lambda_2 - \Omega_1 - \Omega_2) + 8s_1^2\cos(\lambda_1 - 2\Omega_1 + \lambda_2) \\
& + 8s_2^2\cos(\lambda_1 + \lambda_2 - 2\Omega_1) - e_2^2\cos(\lambda_1 - 2\varpi_2 + \lambda_2) \\
& - 8e_2\cos(\lambda_1 - \varpi_2) - 8e_1 e_2\cos(2\lambda_2 - \varpi_2 - \varpi_1) \\
& + 8e_1\cos(2\lambda_1 - \lambda_2 - \varpi_1) + 16s_1 s_2\cos(\lambda_1 - \lambda_2 - \Omega_1 + \Omega_2) \\
& + 8e_1 e_2\cos(2\lambda_1 - 2\lambda_2 - \varpi_1 + \varpi_2) - 8e_2 e_1\cos(2\lambda_1 - \varpi_1 - \varpi_2) \Bigg] \\
& + O(e_1, e_2, s_1, s_2)
\end{aligned}
$$

$$\tag{2.55}$$

Donc, à partir des équations (2.46), (2.47) et (2.55) nous obtenons, pour la partie indirecte :

$$
\begin{aligned}
\mathcal{R}_I = \frac{1}{8} \Big[\; & 4\big(-2 + e_1^2 + e_2^2 + 2s_1^2 + 2s_2^2\big)\cos(\lambda_1 - \lambda_2) \\
& -3e_1^2\cos(3\lambda_1 - \lambda_2 - 2\varpi_1) + 12e_1\cos(\lambda_2 - \varpi_1) \\
& +24e_1e_2\cos(2\lambda_2 - \varpi_2 - \varpi_1) - e_2^2\cos(\lambda_1 - 2\varpi_1 + \lambda_2) \\
& -e_2^2\cos(\lambda_1 - 2\varpi_2 + \lambda_2) - 27e_2^2\cos(\lambda_1 + 2\varpi_2 - 3\lambda_2) \\
& -8s_1^2\cos(\lambda_1 - 2\Omega_1 + \lambda_2) - 8s_2^2\cos(\lambda_1 + \lambda_2 - 2\Omega_2) \\
& -4e_1\cos(+2\lambda_1 - \lambda_2 - \varpi_1) - 8e_1e_2\cos(2\lambda_1 - 2\lambda_2 - \varpi_1 + \varpi_2) \\
& -16s_1s_2\cos(\lambda_1 - \lambda_2 - \Omega_1 + \Omega_2) - 16e_2\cos(\lambda_1 + \varpi_2 - 2\lambda_2) \\
& +16s_1s_2\cos(\lambda_1 + \lambda_2 - \Omega_1 - \Omega_2) \Big] + O(e_1, e_2, s_1, s_2)
\end{aligned}
$$

$$(2.56)$$

L'expression de la partie directe de la fonction perturbatrice est sensiblement plus compliquée à obtenir. On se reportera à la thèse de Petr Kuchynka (2010). Il s'agit de développer $\dfrac{a_2}{\Delta}$

$$
\frac{a_2}{\Delta} = \frac{a_2}{|\overrightarrow{r_2}|}\big(1 + \rho^2 - 2\rho\cos\psi\big)^{-\frac{1}{2}} = \frac{a_2}{|\overrightarrow{r_2}|}\big(A + V\big)^{-\frac{1}{2}} \qquad (2.57)
$$

avec

$$
\begin{aligned}
A &= 1 + \alpha^2 - 2\alpha\cos(\lambda_1 - \lambda_2) \\
V &= \alpha^2\left[\left(\frac{\rho}{\alpha}\right)^2 - 1\right] + 2\alpha\left(\cos(\lambda_1 - \lambda_2) - \frac{\rho}{\alpha}\cos\psi\right)
\end{aligned}
$$

Nous avons les inclinaisons et excentricités sont suffisamment faibles, ce qui permet de développer $\dfrac{a_2}{\Delta}$ en série de Taylor en puissances de V :

$$\mathcal{R}_D = \frac{1}{A^{\frac{1}{2}}} - \frac{1}{2A^{\frac{3}{2}}}V + \frac{3}{8A^{\frac{5}{2}}}V^2 - \frac{5}{16A^{\frac{7}{2}}}V^3 + \frac{35}{128A^{\frac{9}{2}}}V^4 + O(V^5)$$

Selon Laskar et al. (1995), le terme A^{-s} tel que s et un nombre demi-entier peut être développé en série de Fourier de la manière suivante :

$$A^{-s} = \frac{1}{2}\sum_{k=-\infty}^{\infty} b_s^{(k)}(\alpha)\exp\left[\sqrt{-1}k(\lambda_1 - \lambda_2)\right]$$

où $\alpha = \dfrac{a_1}{a_2}, b_s^{(k)}$ sont des coefficients de Laplace, qui sont définis par :

$$b_s^{(k)} = \int_0^\pi \frac{\cos(kt)dt}{\left(1 - 2\alpha\cos(t) + \alpha^2\right)^s}$$

Ces coefficients peuvent être définis sous forme de séries, $(k > 0)$:

$$b_s^{(k)} = \left[1 + \frac{s(s+k)}{(k+1)}\alpha^2 + \frac{s(s+1)(s+k)(s+k+1)}{2!(k+1)(k+2)}\alpha^4 + ...\right]\frac{s(s+1)...(s+k-1)}{k!}\alpha^k$$

Notons de plus que ces coefficients vérifient un certain nombre de relations de récurrence que l'on pourrait établir en faisant intervenir uniquement deux coefficients de référence.

$$
\begin{aligned}
b_{s+1}^{(k)}(\alpha) &= \frac{s+k}{s}\frac{1+\alpha^2}{\left(1-\alpha^2\right)^2}b_s^{(k)}(\alpha) - \frac{2(k-s+1)}{s}\frac{\alpha}{\left(1-\alpha^2\right)^2}b_s^{(k+1)}(\alpha) \\
b_{s+1}^{(k+1)}(\alpha) &= \frac{k}{k-s}\left(\alpha^2 - \frac{1}{\alpha}\right)b_{s+1}^{(k)}(\alpha) - \frac{k+s}{k-s}b_{s+1}^{(k-1)}(\alpha) \\
b_s^{(-k)}(\alpha) &= b_s^{(k)}(\alpha)
\end{aligned}
$$

La dérivée d'un coefficient de Laplace par rapport à α est :

$$\frac{db_{s+1}^{(k)}(\alpha)}{d\alpha} = s\left(b_{s+1}^{(k-1)} - 2\alpha b_{s+1}^{(k)} + b_{s+1}^{(k+1)}\right)$$

Finalement, la partie directe s'écrit selon (Kuchynka, 2010) :

$$
\begin{aligned}
\mathcal{R}_D = \ & \left(C_1^{(k)} + (e_1^2 + e_2^2)C_2^{(k)} + (s_1^2 + s_2^2)C_3^{(k)}\right)\cos\left(k\lambda_1 - k\lambda_1\right) \\
& + e_1 C_4^{(k)} \cos\left((1-k)\lambda_1 + k\lambda_2 - \varpi_1\right) \\
& + e_2 C_5^{(k)} \cos\left((1-k)\lambda_1 + k\lambda_2 - \varpi_2\right) \\
& + e_1 e_2 C_6^{(k)} \cos\left(k\lambda_1 - k\lambda_2 - \varpi_2 + \varpi_1\right) \\
& + e_1 e_2 C_7^{(k)} \cos\left((2-k)\lambda_1 + k\lambda_2 - \varpi_2 - \varpi_1\right) \\
& + e_1^2 C_8^{(k)} \cos\left((2-k)\lambda_1 + k\lambda_2 - 2\varpi_1\right) \\
& + e_2^2 C_9^{(k)} \cos\left((2-k)\lambda_1 + k\lambda_2 - 2\varpi_2\right) \\
& + s_1 s_2 C_{10}^{(k)} \cos\left(k\lambda_1 - k\lambda_2 + \Omega_1 - \Omega_2\right) \\
& + s_1 s_2 C_{11}^{(k)} \cos\left((2-k)\lambda_1 + k\lambda_2 - \Omega_1 - \Omega_2\right) \\
& + s_1^2 C_{12}^{(k)} \cos\left((2-k)\lambda_1 + k\lambda_2 - 2\Omega_1\right) \\
& + s_2^2 C_{12}^{(k)} \cos\left((2-k)\lambda_1 + k\lambda_2 - 2\Omega_2\right) \tag{2.58}
\end{aligned}
$$

Ici, les coefficients $C_i^{(k)}$ peuvent être exprimer en fonction de $b_{\frac{1}{2}}^{(k)}$, $b_{\frac{1}{2}}^{(k-1)}$, $b_{\frac{1}{2}}^{(k-2)}$, $b_{\frac{1}{2}}^{(k+1)}$, $b_{\frac{3}{2}}^{(k-1)}$ et $b_{\frac{3}{2}}^{(k+1)}$. Certainement, Il serait possible d'exprimer l'ensemble de $C_i^{(k)}$ en fonction uniquement de $b_{\frac{1}{2}}^{(k)}$ et $b_{\frac{1}{2}}^{(k+1)}$ ou de tout autre paire de coefficients de Laplace analogue

$$C_1^{(k)} = \frac{1}{2}b_{\frac{1}{2}}^{(k)}$$

$$C_2^{(k)} = \frac{-4k^2 + 2\alpha D + \alpha^2 D^2}{8}b_{\frac{1}{2}}^{(k)}$$

$$C_3^{(k)} = -\frac{\alpha}{4}b_{\frac{3}{2}}^{(k-1)} - \frac{\alpha}{4}b_{\frac{3}{2}}^{(k+1)}$$

$$C_4^{(k)} = \frac{-2k - \alpha D}{2}b_{\frac{1}{2}}^{(k)}$$

$$C_5^{(k)} = \frac{-1 + 2k + \alpha D}{2}b_{\frac{1}{2}}^{(k-1)}$$

$$C_6^{(k)} = \frac{2 + 6k + 4k^2 - 2\alpha D - \alpha^2 D^2}{4}b_{\frac{1}{2}}^{(k+1)}$$

$$C_7^{(k)} = \frac{-2 + 6k - 4k^2 + 2\alpha D - 4k\alpha D - \alpha^2 D^2}{4}b_{\frac{1}{2}}^{(k-1)}$$

$$C_8^{(k)} = \frac{-5k + 4k^2 - 2\alpha D + 4k\alpha D + \alpha^2 D^2}{8}b_{\frac{1}{2}}^{(k)}$$

$$C_9^{(k)} = \frac{2 - 7k + 4k^2 - 2\alpha D + 4k\alpha D + \alpha^2 D^2}{8}b_{\frac{1}{2}}^{(k-2)}$$

$$C_{10}^{(k)} = \alpha b_{\frac{3}{2}}^{(k+1)} \qquad\qquad C_{11}^{(k)} = -\alpha b_{\frac{3}{2}}^{(k-1)}$$

$$C_{12}^{(k)} = \frac{\alpha}{2}b_{\frac{3}{2}}^{(k-1)}$$

Nous concluons notre analyse dans cette section en remarquant que les équations (2.56) et (2.58) qui nous donnent l'expression du développement de la fonction perturbatrice à l'ordre 2 en excentricité, sont comparables à l'expression générale de ce développement à un ordre quelconque présentée selon Kuchynka (2010) comme le suite :

$$\mathcal{R} = C(\alpha)e_1^{(\eta_1+\eta_1')}s_1^{(\nu_1+\nu_1')}e_2^{(\eta_2+\eta_2')}s_2^{(\nu_2+\nu_2')}$$
$$\times \cos\left[k_1\lambda_1 - k_2\lambda_2 + (\eta_1-\eta_1')\varpi_1 + (\eta_2-\eta_2')\varpi_2 + (\nu_1-\nu_1')\Omega_1 + (\nu_2-\nu_2')\Omega_2\right]$$

2.6   Calculs analytique des perturbations des éléments orbitaux

Les développements de la partie directe $\mathcal{R}_D$ par l'intermédiaire de (2.58) et de la partie indirecte $\mathcal{R}_I$ par (2.56) contiennent un nombre infini d'arguments de cosinus, mais en pratique, et pour calculer les variations des éléments orbitaux de (P_1) induites par (P_2) d'après les équations de Lagrange (2.31), nous sommes uniquement intéressés par les termes les plus grands, en négligeant tous les autres. Ici, pour utiliser de manière adéquate la fonction perturbatrice, nous devons se rappeler tout d'abord comment se manifestent les arguments dans le cas képlérien : les paramètres a, e, i, ϖ, Ω et n sont pris comme des constantes. Par contre les longitudes moyennes varient linéairement avec le temps : $\lambda = nt + \lambda_0$ (λ_0 étant la valeur de la longitude moyenne à l'instant initial). Par conséquent, lorsque l'on considère le système perturbé, λ_1 et λ_2 varient rapidement, alors que tous les autres angles subissent des variations comparativement très lentes. Donc, tous les arguments qui n'impliquent pas les longitudes, sont lentement variables. Cela explique la présence de termes séculaires (longue période). On a déjà trouvé que chaque argument de cosinus contient une combinaison linéaire des angles $\lambda_1, \lambda_2, \varpi_1, \varpi_2, \Omega_1$ et Ω_2. Considérons un argument général de la forme $\varphi = j_1\lambda_1 + j_2\lambda_2 + j_3\varpi_1 + j_4\varpi_2 + j_5\Omega_1 + j_6\Omega_2$ avec $j_1\lambda_1 + j_2\lambda_2 = (j_1n_1 + j_2n_2)t + \text{etc.}$ Donc si $j_1n_1 + j_2n_2 \approx 0$, alors selon les équations (2.16) et la définition du moyen mouvement on a : $a_1^3 \approx \left(\frac{j_2}{j_1}\right)^2 a_2^3$; on classera le terme avec cet argument comme un terme de résonance dans l'expansion. Ainsi, tous les termes dont les arguments ne sont ni séculaires ni résonants seront considérés comme à courte période. Dans la pratique, notre approximation nous permet d'ignorer l'immense majorité des termes à courte période et à accepter que la dynamique soit dominée par les termes séculaires et résonants.

Ci-dessous nous fournissons les prédictions des effets de Cérès sur le demi-grand axe et l'excentricité de EMB et de Mars en tenant compte des termes séculaires, résonants et des termes à courte période tels que $k < 10$ dans le contexte du problème de trois-corps. On compare ces résultats avec les résultats des intégrations numériques par la méthode de Runge Kutta Nystrom (RKN) d'ordre 12 (voir chapitre 5). Ici, nos calculs sont établis à partir des équations de Lagrange (2.30, 2.31), où $\Delta\mathcal{R}$ est la fonction perturbatrice approchée à l'ordre 2 en excentricités. En supposant la perturbation du paramètre orbital X nulle à l'instant initial, on a :

$$\Delta X \ = \ \int_0^t \frac{d\Delta X}{dt}(\tau)d\tau$$

Nos résultants du calculs analytique et numérique des effets de Cérès induits sur le demi-grand axe et l'excentricité du barycentre Terre-Lune et de Mars sont présentés dans les figs. 2.7 à .2.10. On se place ici dans le repère héliocentrique écliptique J2000 sur l'ensemble de l'intervalle de temps qui s'étend sur 100 ans à partir du 26 septembre 2009. Comme expliqué précédemment, les calculs analytiques dans ce travaille basés sur le développement de la fonction perturbatrice à l'ordre 2 en excentricité ne sont valides que sur quelques années à partir de l'origine, alors que les développements à l'ordre supérieur à 2 sont trop volumineux pour être calculés par MAPLE dans le cadre de ce travaille. Cette approche de l'utilisation de la fonction perturbatrice nous motive pour réaliser des études numériques, lorsque nous allons au-delà de la simplicité du problème à trois corps, ce qui sera le sujet principal de cet ouvrage.

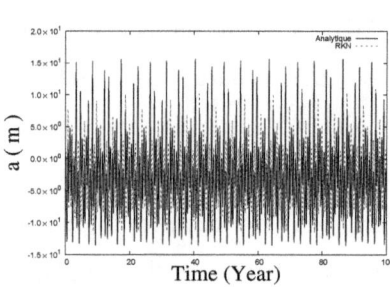

FIG. 2.7 – Prédictions analytiques (en noir) et numériques (tirets) pour les effets de Cérès sur le demi-grand axe de EMB

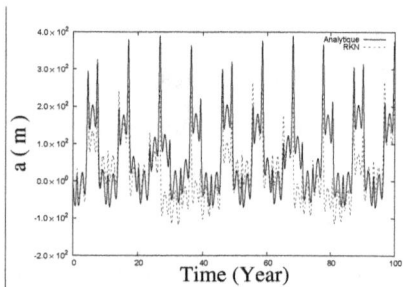

FIG. 2.8 – Prédictions analytiques (en noir) et numériques (tirets) pour les effets de Cérès sur le demi-grand axe de Mars

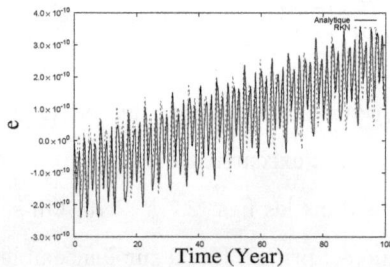

FIG. 2.9 – Prédictions analytiques (en noir) et numériques (tirets) pour les effets de Cérès sur l'excentricité de EMB

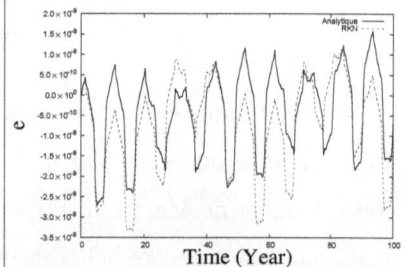

FIG. 2.10 – Prédictions analytiques (en noir) et numériques (tirets) pour les effets de Cérès sur ll'excentricité de Mars

Masses et orbites

Comme nous l'avons déjà mentionné auparavant, le principal travail dans le cadre de cet ouvrage consiste à décrire les effets individuels des astéroïdes présents dans notre Système Solaire, et en particulier dans la ceinture principale, sur les orbites des planètes telluriques. Dans ce chapitre, on effectuera une description rapide de la méthodologie utilisée pour rassembler un certain nombre de données utilisables par la suite, en particulier celles concernant les masses des planètes et des astéroïdes, ainsi que celles concernant les orbites des corps de notre Système Solaire.

3.1 Masses des planètes

La détermination de la masse d'une planète dans notre Système Solaire, qui est un paramètre ajusté au cours de la construction des éphémérides, est relativement aisée : elle s'effectue en connaissant les caractéristiques du mouvement d'un satellite en révolution autour d'elle, si la planète possède un ou plusieurs satellites naturels. Dans ce cas, on déduit la masse de la planète en fonction de la vitesse du satellite et de sa distance à la planète (voir chapitre 2). A l'ère moderne la méthode peut être appliquée avec encore plus de précision en étudiant les orbites des sondes spatiales. On peut aussi estimer la masse d'une planète par les perturbations exercées sur les orbites des objets célestes voisins mais les résultats sont généralement peu précis. En pratique, les deux méthodes sont utilisées. Dans le cas précis des éphémérides, ces dernières sont ajustées de manière à donner le meilleur accord entre les positions déduites du modèle et les positions observées.

Le Tableau 3.1 donne les valeurs actuelles des masses totales des planètes principales (en incluant les éventuels satellites), rapportées à celle du Soleil, ce dernier représentant 99.86 % de la masse totale du Système Solaire. Les valeurs sont données pour le système (UAI76), le système (IERS92) et les éphémérides DE421 (Williams et al., 2009). Notons que le système de masse (IERS «International Earth Rotation Service», 1992) est celui utilisé dans la théorie planétaires VSOP2000 (Moisson et Bretagnon, 2001), et que la petitesse de masses relatives des satellites par rapport aux planètes explique que le mouvement observé du barycentre d'une planète et ses satellites soit assez voisin d'un mouvement képlérien héliocentrique.

TAB. 3.1 – Rapport de la masse du Soleil aux masses des planètes principales dans les systèmes UAI 1976, IERS 1992 et DE421 (Williams et al., 2009)

planète	UAI 1976	IERS 1992	DE421
Mercure	6023600.00	6023600.00	6023597.400017
Vénus	408523.50	408523.71	408523.718655
Terre+Lune	328900.50	328900.56	328900.559150
Mars	3098710.00	3098708.00	3098703.590267
Jupiter + satellites	1047.36	1047.35	1047.348625
Saturne + satellites	3498.50	3497.90	3497.901768
Uranus + satellites	22869.00	22902.94	22902.981613
Neptune + satellites	19314.00	19412.24	19412.237346
Pluton + Charon	3000000.00	135000000.00	135836683.767599

3.2   Masses des astéroïdes

Nous retenons que la connaissance des masses précises pour les astéroïdes permettra d'accroître la précision des éphémérides de notre Système Solaire. Aujourd'hui, on a le facteur limitatif de la qualité des éphémérides n'est pas la modélisation dynamique de la perturbation globale induite par la ceinture principale des astéroïdes ou l'ajustement des observations, mais bel et bien l'incertitude des masses astéroïdales, qui perturbent de manière significative le mouvement des planètes. Actuellement, on remarque que les masses des astéroïdes sont, pour une grande majorité, très mal déterminées. Dans la suite, nous passons en revue une partie des données accumulées sur les astéroïdes, en expliquant plusieurs méthodes de détermination (de manière directe ou indirecte) des masses, plus spécifiquement celles de nature dynamique et celles de nature astrophysique. Ainsi, nous essaierons de construire un tableau des données disponibles publiquement dans notre base des données ASETEP (Asteroid Effects on the TErrestrial Planets), en rassemblant les diverses sources sur les masses et les autres paramètres physiques de l'un ensemble des astéroïdes répertoriés dans plusieurs databases. En particulier nous essaierons de rassembler pour chaque astéroïde l'albédo, la magnitude absolue, le diamètre, la densité, la classe taxonomique, ainsi que les paramètres orbitaux. Cela a déjà été fait par Kuchynka (2010) en attribuant à chaque objet d'un ensemble de 219 017 astéroïdes une masse estimée à partir du diamètre et d'une densité fixée à une valeur de 2.5. Notre travail ici sera sensiblement différent puisque on a changé la valeur de la densité en fonction de la classe taxonomique de chaque objet.

3.2.1   Méthode dynamique

On peut espérer déduire avec très bonne précision la masse d'un astéroïde relativement massif (perturbateur) à partir des analyses des perturbations gravitationnelles qu'il inflige au mouvement d'un autre corps (objet test) au cours de rencontres proches entre les deux astres. En effet, en général, les perturbations induites par les astéroïdes sont trop faibles pour être mesurables, sauf lors d'une rencontre proche qui est un phénomène relativement rare. Par exemple, on peut citer le cas de l'astéroïde (197 Arete) qui s'approche de (4 Vesta) à 0,04 UA tous les 18 ans (la période orbitale d'Arete est presque 5/4 celui de Vesta). Pratiquement, une telle méthode n'a pu être appliquée qu'à un nombre très limité d'astéroïdes. Ainsi, la méthode de détermination de masse par une rencontre proche (signature gravitationnelle), ne dépend pas d'une quelconque hypothèse sur la structure interne de l'astéroïde, sa composition minéralogique ou encore sa densité moyenne. En fait, la précision de cette méthode dépend, en particulier, de la configuration géométrique (distance minimale, vitesse relative, résonance orbital .... etc.), mais aussi de la précision des observations des positions utilisées et de leurs erreurs systématiques possibles, du nombre d'observations et de leur distribution, enfin de l'exactitude du modèle de mouvement adopté. Pour plus de détails sur cette méthode, on se reportera à la thèse de Serge Mouret à l'IMCCE (2007). Selon Hilton (2002), Hertz (1966) a fait la première détermination de la masse de l'astéroïde Vesta en analysant sa perturbation sur 197 Arete, les rencontres suivantes ayant vu augmenter la taille de cette perturbation, rendant la masse de Vesta plus facile à déterminer. Entre 1966 et 1989, les masses de trois autres astéroïdes ont été déterminés : 1 Cérès (Schubart, 1971 ; Schubart, 1974 ; Landgraff, 1988), 2 Pallas (Schubart, 1974 ; Schubart, 1975), et 10 Hygiea (Scholl et al., 1989). Toutes ces masses ont été déterminées en utilisant des perturbations inter-astéroïdes.

Dans Standish et al. (1989) on trouve la première détermination de masse astéroïdale à partir d'une perturbation induite par l'astéroïde sur l'orbite de Mars. Dans cette étude, les auteurs donnent les masses des trois gros astéroïdes (Cérès, Pallas, Vesta) en utilisant l'ensemble des données de «Viking Lander», avec une dispersion de 7m sur la période 1976-1980 et 12m de 1980 à 1981. Les perturbations sur l'orbite de Mars ont été discutées par Williams (1984) et Bretagnon (1984). Les sondes spatiales peuvent également jouer le rôle d'objets tests dans la détermination de masse. Ainsi Yeomans et al. (1997) décrit la première détermination de masse d'un astéroïde, en l'occurrence 253 Mathilde, par l'observation de sa perturbation sur la sonde NEAR (Near Earth Asteroid Rendezvous). Cette sonde avait été lancée le 17 février 1996 par la NASA (National Aeronautics and Space Administration), afin d'étudier en détail l'un des plus gros astéroïdes géocroiseurs 433 Eros.

D'ailleurs, la présence des satellites naturels d'astéroïdes est une des meilleures occasions d'obtenir des informations précises sur les propriétés intrinsèques de ces derniers, en particulier la masse, par simple application de la troisième loi de Kepler. En 1993, la sonde américaine Galileo développée par la NASA pour étudier Jupiter et ses satellites, a effectué la toute première détection d'un compagnon d'astéroïde, à savoir Dactyl, qui est le satellite de (243 Ida). Puis est apparu le premier système d'astéroïdes binaires observé depuis la Terre, celui de (45 Eugenia) avec son petit satellite "Petit Prince" (Merline et al., 2002). Néanmoins, l'intérêt de l'étude des systèmes binaires réside dans la possibilité de connaître la masse totale $(M + m)$ du système par la troisième loi de Kepler (voir chapitre 2) en connaissant le demi-grand axe et la période orbitale. Ceci peut dans les meilleurs cas être connu par l'optique adaptative (OA) ou bien par imagerie radar. Cette méthode est souvent beaucoup plus précise que la méthode dynamique déjà exposée ci-dessus, basée sur l'analyse des perturbations pendant les rencontres proches, mais elle est limitée aux astéroïdes pour lesquels une ou plusieurs "lunes" peuvent être observées.

Un autre moyen efficace pour déterminer les masses des astéroïdes est l'ajustement des éphémérides planétaires à une série d'observations extrêmement précises. Cette procédure est basée sur la détermination des valeurs optimales des paramètres et conditions initiales pour que les différences entre les positions délivrées par les éphémérides planétaires et celles issues des observations (O-C) soient minimales. La méthode d'ajustement par moindres carrés est généralement utilisée et permet une bonne estimation des paramètres initiaux (voir Sec. 5). Fienga et al. (2009) ont ainsi déterminé les masses de 34 astéroïdes en utilisant l'ajustement de INPOP08 aux l'ensembles des données spatiales de Mars Express (MEX) et Venus Express (VEX) qui sont les premières missions européennes vers Mars et Venus fournies par l'European Space Agency (ESA), ainsi que de Cassini (réalisée en collaboration par JPL et ESA). L'avantage de cette méthode de détermination est que toutes les masses des astéroïdes sont ajustées simultanément et non une par une. Par contre l'ajustement des masses dans les éphémérides n'est susceptible de fournir des valeurs précises que pour les quelques plus grands perturbateurs dont Cérès, Pallas et Vesta (Kuchynka, 2010).

Dans la suite de ce travail, nous limitons dans un premier temps notre étude aux perturbations produites par les astéroïdes relativement massifs présentés dans Tableau.3.2.

TAB. 3.2 – Récentes déterminations des masses d'astéroïdes

	Name	M $[M_\odot]$	ΔM [%]	Méthode de détermination	Authors
1	Ceres	0.472×10^{-09}	0.127	perturb. sur Mars	Pitjeva et al. (2009)
2	Pallas	0.103×10^{-09}	0.682	perturb. sur Mars	Pitjeva et al. (2009)
3	Juno	0.750×10^{-11}	20.000	ajust. INPOP08 aux obs.	Fienga et al. (2009)
4	Vesta	0.134×10^{-09}	0.223	perturb. sur Mars	Pitjeva et al. (2009)
6	Hebe	0.759×10^{-11}	18.709	perturb. sur un astéroïde	Baer et al. (2008 a)
7	Iris	0.500×10^{-11}	8.621	ajust. INPOP08 aux obs.	Fienga et al. (2009)
8	Flora	0.426×10^{-11}	10.563	perturb. sur un astéroïde	Baer et al. (2008 b)
9	Metis	0.103×10^{-10}	23.301	perturb. sur un astéroïde	Baer et al. (2008 a)
10	Hygiea	0.454×10^{-10}	3.304	perturb. sur un astéroïde	Baer et al. (2008 a)
11	Parthenope	0.316×10^{-11}	1.899	perturb. sur un astéroïde	Baer et al. (2008 a)
13	Egeria	0.820×10^{-11}	19.512	perturb. sur un astéroïde	Baer et al. (2008 b)
14	Irene	0.413×10^{-11}	17.676	perturb. sur un astéroïde	Baer et al. (2008 b)
15	Eunomia	0.168×10^{-10}	4.762	perturb. sur un astéroïde	Baer et al. (2008 a)
16	Psyche	0.129×10^{-10}	13.178	perturb. sur un astéroïde	Baer et al. (2008 a)
17	Thetis	0.617×10^{-12}	10.373	perturb. sur un astéroïde	Baer et al. (2008 a)
18	Melpomene	0.151×10^{-11}	33.775	perturb. sur un astéroïde	Baer et al. (2008 b)
19	Fortuna	0.541×10^{-11}	14.048	perturb. sur un astéroïde	Baer et al. (2008 a)
20	Massalia	0.242×10^{-11}	16.942	perturb. sur un astéroïde	Bange (1998)
21	Lutetia	0.129×10^{-11}	9.302	perturb. sur un astéroïde	Baer et al. (2008 b)
22	Kalliope	0.407×10^{-11}	2.457	binaires systèmes	Marchis et al. (2008 b)
24	Themis	0.567×10^{-11}	37.919	perturb. sur un astéroïde	Baer et al. (2008 a)
28	Bellona	0.700×10^{-11}	28.571	ajust. des éph. aux obs.	Ivantsov (2008)
29	Amphitrite	0.100×10^{-10}	35.000	perturb. sur un astéroïde	Baer et al. (2008 a)
31	Euphrosyne	0.313×10^{-11}	18.850	perturb. sur un astéroïde	Baer et al. (2008 b)
45	Eugenia	0.900×10^{-11}	33.333	ajust. des éph. aux obs.	Ivantsov (2008)
46	Hestia	0.109×10^{-10}	62.385	perturb. sur un astéroïde	Bange (1998)
47	Aglaja	0.109×10^{-11}	39.450	perturb. sur un astéroïde	Baer et al. (2008 b)
48	Doris	0.610×10^{-11}	49.180	perturb. sur un astéroïde	Kochetova (2004)
49	Pales	0.135×10^{-11}	18.519	perturb. sur un astéroïde	Baer et al. (2008 a)
52	Europa	0.976×10^{-11}	22.643	perturb. sur un astéroïde	Baer et al. (2008 a)
65	Cybele	0.759×10^{-11}	23.979	perturb. sur un astéroïde	Baer et al. (2008 a)
87	Sylvia	0.743×10^{-11}	0.404	perturb. sur un astéroïde	Baer et al. (2008 a)
88	Thisbe	0.572×10^{-11}	29.196	perturb. sur un astéroïde	Baer et al. (2008 a)
90	Antiope	0.414×10^{-12}	1.208	perturb. sur un astéroïde	Baer et al. (2008 a)

continué sur la page suivante

107	Camilla	0.563×10^{-11}	2.664	binaires systèmes	Marchis et al. (2008 b)
111	Ate	0.840×10^{-10}	22.619	ajust. des éph. aux obs.	Ivantsov (2008)
121	Hermione	0.272×10^{-11}	5.515	binaires systèmes	Marchis et al. (2005)
130	Elektra	0.332×10^{-11}	6.024	binaires systèmes	Marchis et al. (2008 a)
165	Loreley	0.160×10^{-10}	62.500	perturb. sur un astéroïde	Aslan et al. (2007)
189	Phthia	0.187×10^{-13}	34.225	perturb. sur un astéroïde	Baer et al. (2008 a)
243	Ida	0.192×10^{-13}	4.688	perturb. sur un astéroïde	Baer et al. (2008 a)
253	Mathilde	0.519×10^{-13}	4.239	perturb. sur un astéroïde	Yeomans et al. (1997)
283	Emma	0.694×10^{-12}	2.162	binaires systèmes	Marchis et al. (2008 a)

3.2.2 Méthode astrophysique

Comme nous l'avons déjà mentionné précédemment, le nombre des masses d'astéroïdes déterminées par la méthode dynamique est très limité. Donc, en général, les masses doivent être estimées par un autre moyen. La méthode astrophysique est une méthode de détermination des masses de manière très approximative à partir du diamètre D et de la densité ρ des astéroïdes selon la relation de base suivante (M la masse de l'astéroïde) :

$$M = \frac{\rho \pi}{6} D^3 \tag{3.1}$$

Les données sur la taille de l'astéroïde (son diamètre) ainsi que sa classification taxonomique, sont basées sur l'analyse des propriétés du rayonnement réfléchi par les couches de surface de l'astéroïde et sa comparaison avec des études des météorites en laboratoire. Cette méthode est appliquée en admettant un certain nombre d'hypothèses simplificatrices : le corps a une forme sphérique, il a une structure homogène, l'astéroïde est seul, et non multiple ... etc. Un avantage de cette méthode astrophysique est la possibilité d'estimer les masses d'un très grand nombre d'astéroïdes indépendamment du fait qu'ils aient ou non des rencontres proches avec d'autres corps. L'objectif de ce qui suit est de présenter une brève discussion sur les bases des données utilisées pour la détermination astrophysique des valeurs des masses des astéroïdes nécessaire à l'estimation de leurs effets individuels sur les mouvements planétaires.

Diamètres des astéroïdes

A cause des irrégularités de forme des astéroïdes qui peuvent être proches d'une sphère ou au contraire très insolites, ressemblant souvent à une cacahuète ou un patatoïde, leur capacité à réfléchir la lumière n'est pas uniforme. L'observation des variations de leur brillance avec le temps, dues à la rotation sur eux-mêmes, ce qu'on appelle la *courbe de lumière*, peu permettre de déduire, dans le meilleur des cas, leur période de rotation, leur forme et l'inclinaison de leur axe de rotation. Cependant, la mesure précise de la taille et de la forme d'un astéroïde est une des tâches les plus difficiles pour les astronomes. Tedesco (1994) a expliqué en détails plusieurs techniques pour déterminer les diamètres des astéroïdes parmi lesquelles on trouve l'occultation stellaire et la radiométrie. Cette dernière est la seule méthode capable de fournir des résultats pour un nombre important d'astéroïdes.

L'observation de l'occultation d'une étoile par les astéroïdes est une technique efficace permettant de fournir avec une très bonne précision les diamètres de ces petit corps. La méthode d'occultation consiste à observer le passage d'un astéroïde devant une étoile, si possible, en un grand nombre d'endroits à la surface de la Terre. La mesure de l'intervalle de temps pendant lequel l'étoile est occultée donne la longueur de la corde parcourue par l'astéroïde pendant l'occultation pour un observateur donné. La mesure directe de la dimension physique de l'astéroïde se fait en analysant le profil matérialisé par l'ensemble des cordes issues des observations. Un nombre important de cordes permet donc de déduire un profil précis de l'astéroïde et par conséquent d'estimer sa forme et donc son diamètre. La précision de cette méthode dépend de la vitesse apparente de l'astéroïde, de la précision temporelle de l'observation, de la disparition et de la réapparition de l'étoile. On a pu utiliser le grand potentiel qualitatif de la technique d'occultation pour mesurer les dimensions d'un astéroïde en 1978 lorsque Pallas a occulté SAO85009 (Wasserman et al., 1979). Cette occultation a été observée sur sept sites, ce qui a permis de déterminer la dimension du profil apparent de Pallas avec une incertitude de moins de 2%. Pour plus de détails sur cette technique, on pourra se référer à Millis et al. (1989). Si l'astéroïde était sphérique, une occultation simple bien observée conduirait à un diamètre très précis. En fait la plupart des astéroïdes sont significativement non sphériques, donc une observation d'occultation ne peut donner un résultat qu'avec une certaine incertitude. Ce type d'occultations peut être utilisé pour estimer la forme tridimensionnelle de l'astéroïde assimilable généralement à une forme d'ellipsoïde de demi-grands axes a; b; c (Kuchynka, 2010, Tedesco, 1994). En notant D le diamètre de l'astéroïde, on a

$$D = 2\sqrt[3]{abc} \qquad (3.2)$$

En fait, la plupart des diamètres des astéroïdes ont été déterminés par la méthode radiométrique qui utilise le fait que le rayonnement thermique émis par un astéroïde doit être égal au rayonnement solaire qu'il reçoit diminué de celui qu'il absorbe. Pour un astéroïde à une distance héliocentrique donnée, la quantité d'énergie absorbée dépend de la taille de l'astéroïde et de son albédo (A). Ce dernier correspond à la fraction d'énergie solaire qui est réfléchie vers l'espace, sa valeur étant comprise entre 0 (pitch black) et 1 (perfect reflector). Il s'agit d'un paramètre physique fondamental lié à la composition de la surface. La précision de détermination du diamètre dérivée de cette méthode dépend de l'hypothèse de calcul de l'énergie thermique émise, c'est à dire du modèle thermique expliqué en détail dans Tedesco (1994). D'après ce dernier, le diamètre d'un astéroïde (exprimé en kilomètres) est relié à son albédo et sa magnitude absolue H qui, par définition, correspond à la magnitude apparente de l'astéroïde en supposant que celui-ci placé à 1 UA (Unité Astronomique) du Soleil at à 1 UA de l'observateur et qu'il est observé avec un angle de phase de zéro degré. Selon la relation décrite dans (Tedesco et al., 1995)

$$\log_{10}(D) = 3.1236 - 0.2H - 0.5\log_{10}(A) \tag{3.3}$$

La méthode radiométrique constitue ainsi une technique puissante pour la détermination des diamètres et des albédos des astéroïdes. Elle est basée sur l'hypothèse d'astéroïdes sphériques, non tournant et en équilibre thermique instantané avec le rayonnement solaire (Lebofsky et al., 1989), cette méthode a notamment été appliquée à un grand nombre d'astéroïdes en utilisant les données d'observations infrarouges obtenues par le satellite IRAS (Infrared Astronomy Satellite), qui a sondé environ 96% du ciel entre janvier et Novembre 1983, en utilisant quatre longueurs d'ondes différentes (12 µm, 25 µm, 60 µm, 100 µm). La mission IRAS, les instruments, les observations et le traitement des données sont décrits en détail dans le IRAS Explanatory Supplement[1]. En utilisant des éléments orbitaux pour 26 791 astéroïdes connus, les concepteurs du «Supplemental IRAS Minor Planet Survey» (SIMPS)[2] ont pu déterminer les diamètres et les albédos de 2 228 astéroïdes associés aux sources IRAS, soit une augmentation de 432 (24%) sur le catalogue IMPS (IRAS Minor Planet Survey). L'organisation de ce dernier et son utilisation sont bien expliquées dans Tedesco et al. (1992). Pour plus de détails sur les données de SIMPS on se reportera à Tedesco et al. (2002 a).

Des diamètres supplémentaires ont été mesurés à partir des données d'observation du satellite MSX (Midcourse Space Experiment), qui a été lancé en 1996 et a effectué des observations dans une gamme de longueurs d'onde du mi-infrarouge (110 nm à 28 µm) jusqu'à l'UV (ultraviolet). Pendant les 10 mois d'observation infrarouge, MSX a couvert environ 10% du ciel, et dans cette période, comme pour IRAS, plusieurs astéroïdes ont été observés par hasard. Un catalogue de sortie MIMPS [3] (MSX Infrared Minor Planet Survey) a bien sûr été établi, similaire au MIMPS, avec 920 observations de 168 astéroïdes différents pour la seule mission MSX, dont 30 n'ont pas été observés par IRAS (Tedesco et al., 2002 b).

---

[1] http://lambda.gsfc.nasa.gov/product/iras/docs/exp.sup/toc.html
[2] http://sbn.psi.edu/pds/resource/imps.html
[3] http://sbn.psi.edu/pds/resource/mimps.html

Selon le JPL Small-Body Database Search Engine (SBDSE)[4] et en utilisant sa génération de table des paramètres orbitaux et physiques pour tous les astéroïdes et les comètes, une recherche que nous avons effectuée, datée du 9 juin 2012, recense environ 587 305 astéroïdes, dont 331 470 sont numérotés et seulement 2 481 astéroïdes avec des diamètres bien déterminés. On constate que le seul paramètre bien déterminé pour presque tous les astéroïdes est la magnitude absolue (H) qui peut être utilisée pour obtenir une estimation approximative de la taille des objets. Cependant, un certain nombre d'astéroïdes ont d'autres paramètres déterminés, comme l'albédo géométrique, le type taxonomique spectral ...etc. Donc, pour résumer, on dispose de 2 228 diamètres attribués par les données SIMPS, 30 par celles de MSX et 2 481 par SBDSE qui représente la source principale ici pour la construction du tableau des masses des astéroïdes dans notre base de données ASETEP[5] que l'on décrira par la suite. Pour les astéroïdes restants, quand les classes taxonomiques sont valables, on applique la formule de l'équation 3.3 en choisissant les valeurs des albédos dans le tableau 3.3 mentionnés dans (Warner et al., 2009) et adaptées aux groupes taxonomiques détaillés dans le sous chapitre suivant. Il faut bien mentionner que, pour tous les astéroïdes dont l'albédo n'est pas connu, on a fixé une valeur moyenne de 0.178.

---

[4]http://ssd.jpl.nasa.gov/sbdb_query.cgi
[5]http://hpiers.obspm.fr/icrs-pc/

TAB. 3.3 – les albédos adaptés au groupe taxinomique SMASSII

albédo faible		albédo intermédiaire		albédo élevé	
classes	albédo	classes	albédo	classes	albédo
B,C	0.057 ± 0.020	X, Xc	0.174 ± 0.040	Ld	0.203 ± 0.073
Cb	0.059 ± 0.027	Xe	0.150 ± 0.041	O	0.457 ± 0.062
Cg	0.076 ± 0.034	Xk	0.173 ± 0.041	V	0.441 ± 0.026
Ch	0.056 ± 0.012	Q	0.151 ± 0.056		
Cgh	0.057 ± 0.020	S, A, K, L, R	0.203 ± 0.073		
D	0.049 ± 0.011	Sa	0.176 ± 0.042		
T	0.056 ± 0.013	Sk	0.208 ± 0.037		
		Sl	0.215 ± 0.052		
		Sq	0.267 ± 0.085		
		Sr	0.331 ± 0.081		

Note; Pour estimer l'incertitude d'estimation des diamètres, on suppose qu'on a l'albédo

$$\mathbb{A} = \mathbb{A}_0 \mp \Delta \mathbb{A} \Rightarrow \mathbb{A}_0 - \Delta \mathbb{A} \leq \mathbb{A} \leq \mathbb{A}_0 + \Delta \mathbb{A}$$

On déduit de l'équation (3.3) que

$$D = \frac{1329}{\sqrt{\mathbb{A}}} 10^{-0.2H} \Rightarrow$$

$$\frac{1329}{\sqrt{\mathbb{A}_0 + \Delta \mathbb{A}}} 10^{-0.2H} \leq D \leq \frac{1329}{\sqrt{\mathbb{A}_0 - \Delta \mathbb{A}}} 10^{-0.2H}$$

La distribution d'erreurs d'estimation des diamètres fournis par SBDSE est tracée sur la Fig. 3.1. Elle donne une bonne idée de l'état de nos connaissances des diamètres d'astéroïdes et de la limitation actuelle de ces estimations.

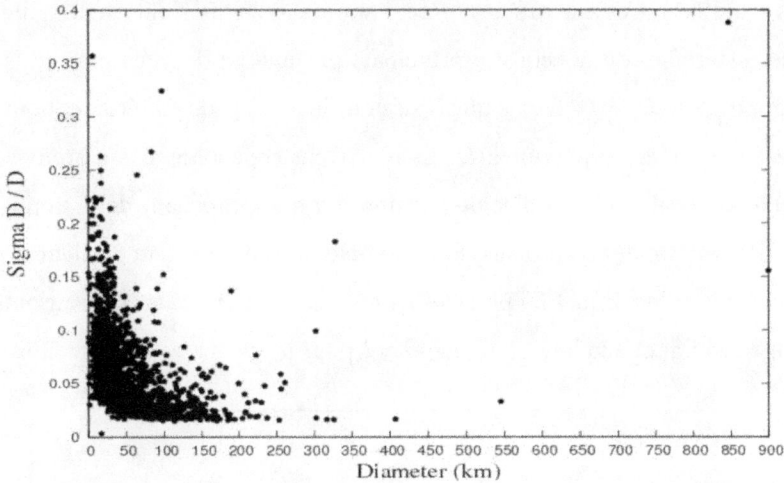

FIG. 3.1 – Distribution d'erreurs d'estimation des diamètres par SBDSE

Selon la dernière base de données (SBDSE), on peut remarquer que l'incertitude sur les diamètres des astéroïdes tourne typiquement autour de 5%, et qu'il y a 30 objets connus de plus de 200 km de diamètre, 229 avec un diamètre supérieur à 100 km. Par contre, la plupart des astéroïdes ont des diamètres plus petits que 100 km. Comme on doit logiquement s'y attendre, on remarque que le nombre d'astéroïdes croit proportionnellement à leur petitesse. La distribution de taille des astéroïdes peut être représentée graphiquement en traçant le nombre d'astéroïdes en fonction du diamètre (supérieur à une certaine valeur). Avec les données correspondantes aux astéroïdes dont les diamètres varient entre 20 et 240 km, on montre grossièrement dans la figure 3.2 une régression au sixième ordre. Pour plus de détails sur la relation entre les tailles des astéroïdes et leur nombre, on se reportera à Cellino et al. (1991). Ces auteurs ont tenté d'approcher la distribution de taille des astéroïdes de la ceinture principale par une loi de puissance de la forme : $N(>D) = D^{-\delta}$ telle que N désigne le nombre des astéroïdes dont le diamètre est supérieur à D. Ils n'arrivent cependant pas à trouver une seule valeur de l'indice de distribution δ s'approchant de la population entière des astéroïdes. Par exemple, ils ont trouvé une valeur de cet indice d'environ 1.36 pour les astéroïdes dont les diamètres varient entre 44 km et 136 km, alors que $\delta \approx 2$ pour les plus grands astéroïdes.

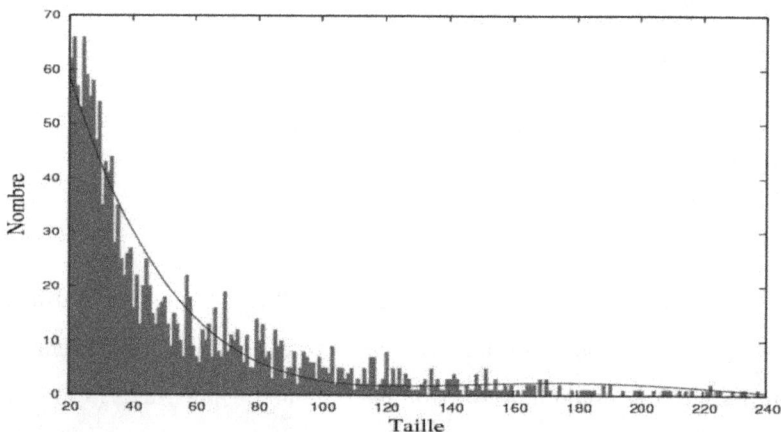

FIG. 3.2 – Nombre des astéroïdes en fonction leurs tailles

Densité des astéroïdes

Comme la diamètre, la densité des astéroïdes est rarement connue : il y a très peu de données concernant ce paramètre, exprimé en unité de masse par unité de volume. Un astéroïde composé de pur fer-nickel, par exemple, aurait une densité d'environ $(7.3 - 7.7)$ g/cm^3 (Britt et al., 2002). On se réfère en général à une densité de grains, qui est la masse d'un objet divisé par le volume occupé par seulement les grains minéraux ; par conséquence, si on trouvait un astéroïde avec une telle densité $(7.3 - 7.7)$ on pourrait dire qu'il serait constitué de fer métallique. Bien sûr, les choses ne sont pas si simples. Un astéroïde en général possède des espaces vides appelés pores qui permettent de réduire la densité en proportion des espaces interstitiels. La valeur de densité obtenue au retour de missions spatiales est la densité apparente ou la masse volumique apparente, qui est la masse d'un objet divisé par le volume, y compris le volume de ses pores. A ce titre, on appelle porosité le ratio entre la densité de grains et la densité apparente. Cette porosité peut être une composante majeure du volume des astéroïdes. En plus, l'approche taxonomique de la densité d'un astéroïde est très importante à mentionner. Le pourcentage de lumière réfléchie par un astéroïde, caractérisé par l'albédo, est un paramètre très important qui permet d'affiner la composition chimique. L'albédo et la spectroscopie appliqués à l'observation des objets permettent de classer les astéroïdes en classes taxonomiques. Les taxonomies les plus largement répandues sont celles de Tholen et de SMASSII (second catalogue du *"Small Main-belt Asteroid Spectroscopic Survey"*).

La **taxonomie de Tholen** est un système de classification proposé en 1984 par l'astronome américain David J. Tholen (de l'*Institute for Astronomy* de l'université d'Hawaï). Cette classification dépend de la longueur d'onde prédominante du spectre réfléchi par l'astéroïde, et de l'albédo de l'objet (Tholen, 1989). Selon Bus et al. (2002) cette classification basée sur les données recueillies au cours de la mission ECAS (Eight Color Asteroid Survey) dans les années 1980, recense

14 types d'astéroïdes. L'immense majorité tombe dans trois groupes principaux : S, C, et X. Alors que la majorité des astéroïdes du groupe S présentent un albédo moyen. Le groupe C contient des astéroïdes sombres, et includ plusieurs sous-groupes, dont le B, F, G et C. Le groupe X d'astéroïdes contient également plusieurs sous-groupes : E, M, et P. Par ailleurs, il y a six petits groupes plus rares : A, D, T, Q, R, et V.

La **taxonomie SMASSII** est un système de classification plus récent et plus large, introduit par les astronomes américains Schelte J.Bus et Richard P. Binzel en 2002, basé sur les données du projet SMASS (Small Main-belt Asteroid Spectroscopic Survey) qui a été initié en 1990 avec l'objectif principal d'obtenir des spectres optiques pour un nombre substantiel de petits corps de la ceinture principale d'astéroïdes. pratiquement, le système SMASS conserve généralement une classification semblable à la taxonomie de Tholen, la différence principale entre les deux taxonomies étant que le système SMASS est indépendant de l'albédo de l'objet. Les astéroïdes selon la classification SMASS ont été triés dans les 26 classes taxonomiques ci-dessous, en notant que la majorité des astéroïdes classés tombent dans trois grandes catégories, appelées **complexes**, C, S et X, chacune de ces catégories incluant plusieurs sous-groupes. En plus elle introduit cinq complexes supplémentaires qui ne tombent pas sous les trois principaux. Ce sont : T (17 astéroïdes), D (10 astéroïdes), Ld (13 astéroïdes), O (6 astéroïdes) et V (45 astéroïdes) (Bus et al., 2002). Les statistiques ont été réalisées sur la base de données SBDSE qui contient 1561 astéroïdes à classer selon la classification de SMASSII.

- Le complexe C : C'est un complexe d'albédo faible équivalent aux catégories B, C, D, F, G et le catégories T de la classification de Tholen. L'ensemble de ce groupe contient les types : B (64 astéroïdes), C (149 astéroïdes), mais inclut également les types Cb (35 astéroïdes), Cg (10 astéroïdes), Ch (37 astéroïdes) et le type Cgh (15 astéroïdes)

- Le complexe S : Ce complexe est équivalent à la catégorie S de Tholen, il comprend les types : A (17 astéroïdes), K (35 astéroïdes), L (39 astéroïdes), Q (18 astéroïdes), R (5 astéroïdes), S (447 astéroïdes), en plus les types suivantes : Sa (36 astéroïdes), Sk (22 astéroïdes), Sl (56 astéroïdes), Sq (96 astéroïdes) et Sr (25 astéroïdes)

- Le complexe X : Les astéroïdes de cette catégorie comprennet le type : X (125 astéroïdes), et les types : Xc (65 astéroïdes), Xe (30 astéroïdes) et Xk (45 astéroïdes)

3.2.3 Re-calcul des masses astéroïdales

La densité moyenne des astéroïdes proposée pour calculer les masses selon l'équation (3.1) déterminée par (Kuchynka, 2010) dans le but d'estimer les masses des 219 017 astéroïdes modélisés par un anneau dans les calculs des éphémérides INPOP vaut 2.5 g cm^{-3}. C'est une valeur légèrement supérieure aux valeurs obtenues par Fienga et al. (2009) en ajustant INPOP08 aux observations, soit 1.54 ∓ 0.07 pour la classe taxinomique C (carbonaceous), 1.94 ∓ 0.14 pour la classe S (silicate) et 4.32 ∓ 0.37 pour la classe M (métallique). Néanmoins, l'approximation de Kuchynka ne paraît pas assez précise pour nos calculs afin de déterminer les effets individuels des astéroïdes. C'est la raison pour laquelle nous limitons notre étude dans cette couvrage à 43 astéroïdes dont les masses sont relativement bien déterminées. Elles sont présentées avec leurs masses dans le Tableau 3.2.

Néanmoins, dans ce qui suit juste après et à titre informatif, nous avons entrepris de recalculer les masses d'un grand nombre d'astéroïdes d'une manière plus fine qu'en attribuant une densité constante, à savoir à partir de l'estimation de densité correspondante à chacune des classes taxonomiques qui sont utilisées avec les diamètres du paragraphe précédent. Selon Carry (2012), la plupart des astéroïdes dans le complexe C ont des caractéristiques allant de celle du très poreux astéroïde 253 Mathilde (dont la classe taxinomique est Cb et la densité 1.32 ∓ 0.20) à celui plus dense de 2 Pallas (dont la classe taxinomique est B et la densité 2.86 ∓ 0.32). Bien que la densité des astéroïdes du complexe S varient dans un intervalle étroit, ce type d'astéroïdes est fait de roches ignées, c'est à dire ayant connu une phase de température élevée, et ont été partiellement ou entièrement fondus. Donc ils ont des densités plus élevées que les densités du complexe C, alors que les astéroïdes de type A ont des densités estimées à 3.7 ± 1.4. En ce qui concerne le complexe X, Carry (2012) a montré que les deux classes Xc et Xk ont des densités supérieures à 4, alors que les densités des classes X et Xe sont plus faibles, à environ $1,8$ et $2,6$ respectivement. Pour les restes des astéroïdes, on adoptera l'estimation de Kuchynka (2010) pour les densités, c'est-à-dire 2.5 g cm^{-3}. Dans le tableau 3.4 on présent les densités estimé par Carry (2012) pour chaque classe taxonomique

TAB. 3.4 – Les densités estimé pour chaque classe taxonomique

C-complexe		S-complexe		X-complexe		complexes supplémentaires	
B	2.38∓0.45	A	3.73∓1.40	X	1.85∓0.81	T	2.5
C	1.33∓0.58	K	3.54∓0.21	Xc	4.86∓0.81	D	2.5
Cb	1.25∓0.21	L	3.22∓0.97	Xe	2.60∓0.20	Ld	2.5
Cg	0.96∓0.27	Q	2.5	Xk	4.22∓0.65	O	2.5
Ch	1.41∓0.29	R	2.23∓1.02			V	1.93∓1.07
Cgh	3.48∓1.06	S	2.72∓0.54				
		Sa	1.07∓0.25				
		Sk	2.5				
		Sl	2.5				
		Sq	3.43∓0.20				

On a rassemblé tous les résultats de notre calcul des masses des astéroïdes dans un tableau de données comme le tableau 3.5 nommé **ASETEP_data** disponible dans notre base de données ASETEP en format **pdf** avec 8 607 pages et 71.8 mégaoctets de taille. Notre tableau contient 582 354 lignes correspondant au nombre d'astéroïdes et 9 colonnes. Dans la suite on donne une brève description de chaque colonne.

Asteroid   Le nom de l'astéroïde qui commence par l'ordre de la découverte suivie par la désignation de l'objet, qui peut être un personnage de la mythologie comme dans le cas de (2 Pallas, 18 Melpomene, 39 Laetitia ...), un nom de ville ancienne (20 Massalia, 138 Tolosa ...), un prénom ou diminutif (45 Eugenia, 533 Sara, 1127 Mimi ...), le nom du découvreur ou bien Un sujet auquel le découvreur est attaché

H	La magnitude absolue de l'astéroïde fournie par SBDSE, soit la magnitude apparente de l'astéroïde placé à 1 UA du Soleil, 1 UA de l'observateur et observé avec un angle de phase zéro.
A	L'albédo qui est le ratio de la lumière réfléchie par un corps à la lumière reçue par lui. Les valeurs de l'albédo vont de 0 (pitch black) à 1 (perfect reflector). Les albedos adaptés aux groupes taxinomiques sont mentionné dans le tableau 3.3
D	Le diamètre de l'astéroïde, dont 2 481 sont fournis par SBDSE et le reste des valeurs sont obtenus en appliquant la formule 3.3
ΔD	L'incertitude de diamètre fourni par SBDSE
ρ	L'estimation de la densité des astéroïdes correspondant à chaque classe taxinomique selon le tableau 3.4
M	L'estimation des masses des astéroïdes en $M_\odot$ (masse du Solail) en appliquant la formule de l'équation 3.1
SMASSII	La taxonomie de SMASSII de 1660 astéroïdes (SBDSE)
Tholon	La taxonomie de Tholen de 980 astéroïdes (SBDSE)

TAB. 3.5 – Masses des astéroïdes

	Asteroid	H	A	D (KM)	ΔD	ρ gcm^{-3}	M $M_{\star}$	SMASSII	Tholon
1	Ceres	3.34	0.090	952.40	0.00	1.33	0.3025×10^{-9}	C	G
2	Pallas	4.13	0.159	545.00	18.00	2.38	0.1014×10^{-9}	B	B
3	Juno	5.33	0.238	233.92	11.20	2.50	0.8424×10^{-11}	Sk	S
4	Vesta	3.20	0.423	530.00	0.00	1.93	0.7564×10^{-10}	V	V
5	Astraea	6.85	0.227	119.07	6.50	2.72	0.1209×10^{-11}	S	S
6	Hebe	5.71	0.268	185.18	2.90	2.72	0.4547×10^{-11}	S	S
7	Iris	5.51	0.277	199.83	10.00	2.72	0.5714×10^{-11}	S	S
8	Flora	6.49	0.243	135.89	2.30	2.50	0.1651×10^{-11}	-	S
9	Metis	6.28	0.118	190.00	0.00	2.50	0.4514×10^{-11}	-	S
10	Hygiea	5.43	0.072	407.12	6.80	1.33	0.2363×10^{-10}	C	C
11	Parthenope	6.55	0.180	153.33	3.10	2.50	0.2372×10^{-11}	Sk	S
12	Victoria	7.24	0.176	112.77	3.10	3.22	0.1216×10^{-11}	L	S
13	Egeria	6.74	0.083	207.64	8.30	1.41	0.3323×10^{-11}	Ch	G
14	Irene	6.30	0.159	152.00	0.00	2.72	0.2515×10^{-11}	S	S
15	Eunomia	5.28	0.209	255.33	15.00	2.72	0.1192×10^{-10}	S	S
16	Psyche	5.90	0.120	253.16	4.00	1.85	0.7902×10^{-11}	X	M
17	Thetis	7.76	0.172	90.04	3.70	2.50	0.4804×10^{-12}	Sl	S
18	Melpomene	6.51	0.223	140.57	2.80	2.72	0.1989×10^{-11}	S	S
19	Fortuna	7.13	0.037	200.00	0.00	1.41	0.2969×10^{-11}	Ch	G
20	Massalia	6.50	0.210	145.50	9.30	2.72	0.2206×10^{-11}	S	S
21	Lutetia	7.35	0.221	95.76	4.10	4.22	0.9755×10^{-12}	Xk	M
22	Kalliope	6.45	0.142	181.00	4.60	1.85	0.2888×10^{-11}	X	M
23	Thalia	6.95	0.254	107.53	2.20	2.72	0.8903×10^{-12}	S	S
24	Themis	7.08	0.067	198.00	0.00	2.38	0.4863×10^{-11}	B	C
25	Phocaea	7.83	0.231	75.13	3.60	2.72	0.3036×10^{-12}	S	S
26	Proserpina	7.50	0.197	94.80	1.70	2.72	0.6100×10^{-12}	S	S
27	Euterpe	7.00	0.162	96.00	0.00	2.72	0.6335×10^{-12}	S	S
28	Bellona	7.09	0.176	120.90	3.40	2.72	0.1265×10^{-11}	S	S
29	Amphitrite	5.85	0.179	212.22	6.80	2.72	0.6844×10^{-11}	S	S
30	Urania	7.53	0.171	100.15	2.40	2.50	0.6611×10^{-12}	Sl	S
31	Euphrosyne	6.74	0.054	255.90	11.50	1.25	0.5514×10^{-11}	Cb	C
32	Pomona	7.56	0.256	80.76	1.60	2.72	0.3772×10^{-12}	S	S
33	Polyhymnia	8.55	(0.267)	(50.15)	(8.53)	3.43	0.1139×10^{-12}	Sq	S
34	Circe	8.51	0.054	113.54	3.30	1.41	0.5433×10^{-12}	Ch	C
35	Leukothea	8.50	0.066	103.11	2.70	1.33	0.3838×10^{-12}	C	C
36	Atalante	8.46	0.065	105.61	4.00	2.50	0.7752×10^{-12}	-	C
37	Fides	7.29	0.183	108.35	1.90	2.72	0.9108×10^{-12}	S	S
38	Leda	8.32	0.062	115.93	2.10	3.48	0.1427×10^{-11}	Cgh	C
39	Laetitia	6.10	0.287	149.52	8.60	2.72	0.2393×10^{-11}	S	S
40	Harmonia	7.00	0.242	107.62	6.20	2.72	0.8925×10^{-12}	S	S
41	Daphne	7.12	0.083	174.00	11.70	1.41	0.1955×10^{-11}	Ch	C
42	Isis	7.53	0.171	100.20	3.40	3.22	0.8528×10^{-12}	L	S
43	Ariadne	7.93	0.274	65.88	2.50	2.50	0.1882×10^{-12}	Sk	S
44	Nysa	7.03	0.546	70.64	4.00	4.86	0.4510×10^{-12}	Xc	E
45	Eugenia	7.46	0.040	214.63	4.20	1.33	0.3462×10^{-11}	C	FC
46	Hestia	8.36	0.052	124.14	3.60	4.86	0.2448×10^{-11}	Xc	P
47	Aglaja	7.84	0.080	126.96	7.70	2.38	0.1282×10^{-11}	B	C
48	Doris	6.90	0.062	221.80	7.50	1.41	0.4050×10^{-11}	Ch	CG
49	Pales	7.80	0.060	149.80	3.80	1.41	0.1248×10^{-11}	Ch	CG

Ce scénario de détermination des masses est encore inhabituel. Selon notre estimation, la masse totale de tous les astéroïdes, malgré leur grand nombre, est inférieure à celle de la Lune (avec un rapport d'environ 0.005), 98 % de ces masses variant entre 10^{-26} et 10^{-17} $M_{\leftmoon}$. La figure 3.3 présente les données sur les masses sous la forme d'une distribution discrète. On peut approcher cett distribution par une fonction logarithmique du forme $a + b\log(t)$.

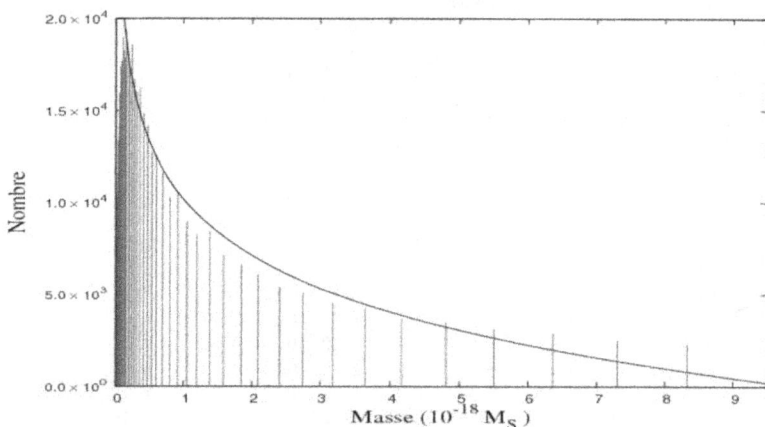

FIG. 3.3 – Nombre d'astéroïdes en fonction de leurs masses

La figure 3.4 présente la comparaison en échelle logarithmique entre notre estimation et l'estimation de Kuchynka (2010) pour tous les astéroïdes en commun entre les deux études. On peut noter aisément que la répartition de masses est loin d'être équivalente, et que pour la grande majorité des objets, notre estimation est plus élevée que celle de Kuchynka. Il serait d'ailleurs intéressant au vu de ce résultat de réévaluer la masse de l'anneau d'astéroïdes dont l'effet est évalué lors des récentes éphémérides (Folkner., 2010, Fienga et al., 2010).

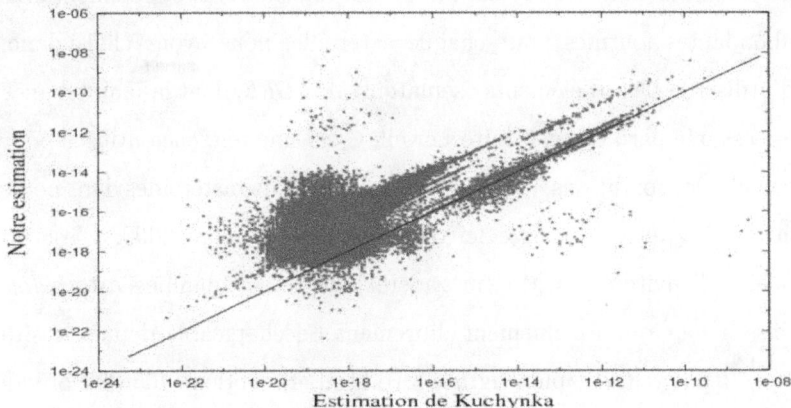

FIG. 3.4 – Comparaison entre notre estimation et l'estimation de Kuchynka pour les masses des astéroïdes communs (M exprimé en $M_\odot$)

3.3 Orbites des astéroïdes

Les éléments orbitaux des astéroïdes que nous allons étudier sont accessibles depuis plusieurs catalogues d'orbites des objets mineurs du Système Solaire, comme la base des données *MPCORB* qui effectue une mise à jour régulière et est pris en charge par le Minor Planet Center (MPC)[6]. En utilisant un fichier d'environ 113 Mo décompressé, cette base de données contient, à la date du 12 juin 2012, un total de 586 710 astéroïdes. Le fichier est librement téléchargeable (compressé ou non) sur le site du MPC. On peut aussi utiliser la base des données des éléments propres des astéroïdes *ASDYS* (ASteroids DYnamic Site) disponible à partir du site   http://hamilton.dm.unipi.it/astdys/   de l'Université de Pise-Italie (Knezevic et al,. 2003). Toutefois, en raison

---

[6]http://minorplanetcenter.net/iau/mpc.html

de son utilisation très répandue et des informations supplémentaires abondantes fournies pour chaque astéroïde, nous avons choisi,donc, d'utiliser la base d'éléments osculateurs *ASTORB*, dont la maintenance est assurée par l'Observatoire Lowell. C'est une référence utilisée pour calculer les conditions initiales du mouvement des astéroïdes dans notre étude. La version utilisée ici date du 26 septembre 2009. C'est un fichier d'environ 119 Mo (mégaoctet) de taille, nommée *astorb.dat*, mise à jour quotidiennement, librement téléchargeable depuis le site ftp://ftp.lowell.edu/pub/elgb/astorb.html. Il contient 465 992 objets dont 221 945 astéroïdes numérotés. Les paramètres orbitaux contenus dans ces bases des données astéroïdales sont issus de mesures astrométriques de qualité variable. L'orbite qui en résulte n'est pas forcément optimale, mais il s'agit de l'une des meilleures prédictions existantes et prenant compte les perturbations dues à toutes les grandes planètes de Mercure à Pluton, la Terre et la Lune étant pris séparément. Cérès (supposé de masse $5,0 \times 10^{-10} M_{\odot}$), Pallas ($1,1 \times 10^{-10} M_{\odot}$), et Vesta ($1,4 \times 10^{-10} M_{\odot}$) ont été aussi inclues. Les positions des planètes ont été tirées des éphémérides planétaires DE403. Les effets relativistes n'ont pas été inclus. Les éléments orbitaux fournis par ASTORB sont basés sur les données du Minor Planet Center (MPC), et calculés à la date de publication du fichier (*astorb.dat*), dans le repère héliocentrique écliptique J2000.

Les éphémérides et leur incertitude

4.1 Présentation des éphémérides

Nous avons déjà vu au premier chapitre que la représentation des éphémérides qui traduisent le mouvement des objets du Système Solaire dans les annuaires ou les almanachs a évolué au cours du temps. La toute première forme sous laquelle les éphémérides fournissent des informations sur les coordonnées des astres est celle des éphémérides tabulées qui apparaissent sous la forme de tables horaires de positions (journalières, mensuelles ou bien annuelles) à partir desquelles on peut interpoler les valeurs au sein d'un intervalle donné. L'avantage de cette technique est sa facilité d'utilisation lorsqu'on n'a besoin que d'une faible précision : on procède par simple lecture directe. Cela, largement suffit pour repérer un objet dans le ciel. Mais lorsqu'on recherche une grande précision, on doit diminuer l'intervalle tabulaire, ce qui conduit à augmenter considérablement le volume de stockage pour les données publiées. C'est pourquoi ce type de représentation n'est pas efficace à utiliser pour les calculs scientifiques précis. Ainsi d'autres solutions doivent être trouvées.

Au début des années 1980, avec le développement et l'usage très répandu de la micro-informatique, la présentation des coordonnées sous forme de tables a été remplacée par une représentation sous forme de fonctions d'approximation valables sur des grands intervalles de temps pour faciliter l'interpolation numérique qui permet l'accès aux coordonnées pour une date arbitraire. Le but est d'obtenir une grande précision avec un volume minimum de données. Autrement dit en appelant fonction $f(t)$ l'éphéméride dont une table numérique fournit les valeurs : f_0, f_1, f_2, ... pour des dates particulières t_0, t_1, t_2, ... la technique consiste en une interpolation optimisée de $f(t)$ pour des dates intermédiaires autres que celles ci-dessus qui figurent dans la table de l'éphéméride.

Selon la Connaissance des Temps (2010) deux types de fonctions d'approximation sont utilisés pour construire des éphémérides de haute précision. D'une part les polynômes de Tchebychev qui sont très bien adaptés à la représentation des coordonnées du Soleil, de la Lune et des planètes. D'autre part les fonctions mixtes qui sont bien adaptées aux satellites naturels des planètes ayant un mouvement rapide. Pour plus de détails sur les techniques d'interpolation d'une éphéméride, on se reportera à Simon et al. (1998).

4.2 Les éphémérides semi-analytiques

Les éphémérides annuelles du Soleil, de la Lune et des planètes publiées dans la Connaissance des Temps sont calculées depuis 1984 à partir de théories planétaires semi-analytiques : les expressions ici ne consistent pas en des développements purement analytiques, mais introduisent des valeurs numériques pour tous les constantes orbitales. Elaborées au Bureau des Longitudes, elles utilisent les valeurs des masses (UAI 76) du Tableau 1.1. Leurs constantes d'intégration ont été obtenues par l'ajustement à l'intégration numérique du JPL, DE200. Dans la suite nous décrivons les trois théories semi-analytiques :

- VSOP82 : pour le Soleil, les planètes de Mercure à Mars
- VSOP82 et TOP82 : pour les planètes de Jupiter à Neptune
- ELP 2000-82 :pour la Lune

4.2.1 VSOP82 (*Variations Sculaires des Orbites Plantaires*)

Il s'agit d'une théorie semi-analytique élaborée par Bretagnon (1982) qui donne des positions précises sur des intervalles de temps de l'ordre de plusieurs milliers d'années pour les planètes telluriques, de l'ordre de 1000 ans pour les grosses planètes. Elle décrit les perturbations sous une forme classique de séries de Poisson des longitudes moyennes. Une version plus récente, VSOP87 (Bretagnon et al, 1988), calcule les positions des planètes en coordonnées rectangulaires, en plus de leurs éléments orbitaux à un instant donné. La théorie est basée sur l'intégration des équations de Lagrange suivant des développements limités par rapport aux masses. La théorie prend en compte tous les perturbations développées jusqu'au troisième ordre des masses pour l'ensemble des planètes inférieures (Mercure, Vénus, la Terre et Mars), et complétée pour les quatre grosses planètes (Jupiter, Saturne, Uranus et Neptune) par des perturbations jusqu'au sixième ordre obtenues par une méthode itérative. Elle comprend également les perturbations de la Lune sur le barycentre Terre-Lune et sur les autres planètes, ainsi que les perturbations relativistes (en coordonnées isotropiques).

Dans la version VSOP2002, Fienga et Simon (2005) ont effectué (15) itérations supplémentaires avec une précision numérique 10 fois meilleure que celle dans la version VSOP2000 (Moisson et Bretagnon, 2001). Cette solution est ajustée à l'intégration numérique du JPL, DE403 (Standish et al., 1995), sur l'époque [1890, 2000]. La version VSOP2004 a été construite en ajoutant les perturbations de Pluton sur les planètes extérieures prise de la solution TOP, et en calculant les perturbations provoquées par le J2 solaire sur les planètes intérieures, ainsi que les perturbations sur toutes les planètes induites par 300 astéroïdes de la ceinture principale. Finalement, la solution est ajustée à DE405 (Standish, 1998) sur l'époque [1890, 2000]. La théorie utilise les éléments elliptiques a, λ, k, h, q et p des planètes du Système Solaire exprimées dans le référentiel inertiel défini par l'équinoxe et l'écliptique dynamiques J2000.0. On appelant a le demi-grand axe de la planète, λ sa longitude moyenne, les variables k, h, q et p sont définies par la relation 2.28

4.2.2 TOP82 (*Theory of Outer Planets*)

TOP est une théorie précise du mouvement des quatre grosses planètes Jupiter, Saturne, Uranus et Neptune et aussi de Pluton sur plusieurs milliers d'années. Construite par Simon (1983), la théorie utilise les variables elliptiques suivantes : $a, \lambda, e, \varpi, \gamma = \sin(\frac{i}{2}), \Omega$. Elle est constituée du calcul des perturbations jusqu'à l'ordre trois des masses pour les quatre grosses planètes par la méthode d'accroissement ordre par ordre par rapport au masses, elle est complétée par des termes développés jusqu'à l'ordre sept des masses pour le couple Jupiter−Saturne en utilisant une méthode itérative basée sur une analyse harmonique expliquée en détail dans Simon et al. (1982). La théorie contient aussi les perturbations dues aux planètes telluriques issues de VSOP82 et les effets relativistes.

4.2.3 ELP 2000-82 (*Ephmride Lunaire Parisienne*)

ELP est une théorie lunaire développé par Michelle Chapront-Touzé, Jean Chapront, et d'autres collègues du Bureau des Longitudes dans les années 1970 à 1990 (Chapront-Touzé et al., 1983). Elle contient tous les effets sensibles agissant sur le mouvement orbital de la Lune. Le Problème Principal est le mouvement de la Lune autour de la Terre dans le cadre du problème de trois corps avec le Soleil comme astre perturbateur. Il a été résolu dans Chapront-Touzé. (1980), en y ajoutant les perturbations suivantes :

- Les perturbations dues à l'action directe des planètes du Système Solaire sur la Lune, aussi bien qu'à leur action indirecte, à savoir celles induites par les perturbations du mouvement du centre de gravité du système Terre-Lune (Chapront-Touzé et al., 1980)

- Les perturbations dues aux harmoniques en J2 et J3 du potentiel terrestre (Chapront-Touzé, 1982)

- Les perturbations dues à tous les harmoniques jusqu'au troisième degré du potentiel lunaire à laquelle s'ajoute une perturbation due aux harmoniques de degré 4 dans la partie séculaire de la longitude moyenne (Chapront-Touzé., 1983)

- Les perturbations induites par la rotation du repère de référence, elles sont mentionnées en Chapront-Touzé et al., (1980)

- Les perturbations relativistes qui s'accorde à la première approximation post-newtonienne, en coordonnées barycentriques et en métrique isotropique selon Lestrade et al., (1982)

- Les Forces de marées dans le modèle de Williams et al. (1978)

Cette théorie initiale a été suivie de la version ELP 2000-85 de Chapront-Touze & Chapront (1988) qui a étendu la période de validité à plusieurs milliers d'années. La toute dernière version ELP/MPP02 (Chapront & Francou, 2003), les constantes utilisées dans cette version ont été ajustées à l'intégration numérique DE406, sa validité sur une longue période [-3000, 3000], elle prend en compte les expressions des perturbations planétaires construites par Bidart. (2001).

4.3   Les éphémérides numériques

Comme le montrent Newhall et al. (1983), la précision accrue des observations des corps du système solaire résultant de l'amélioration des mesures angulaires en optique, qui constituaient la seule méthode connue jusqu'au 1964 pour observer les positions de ces corps, a été considérablement améliorée par l'apparition des techniques spatiales. C'est le cas en particulier des observations de distances (mesures radar depuis 1964, tirs laser sur la Lune depuis 1969, liaisons sur Mars depuis Viking en 1976). Cela explique la nécessité de développer des série des éphémérides associées aux intégrations numériques mieux adaptées à la prise en compte de tous les effets dynamiques détectés. Dans la suite, nous nous penchons sur deux types d'éphémérides numériques, qui sont DE (Development Ephemeris) et INPOP (Intégration Numérique Planétaire de l'Observatoire de Paris).

4.3.1 DE (Development Ephemeris)

Newhall et al., (1983) décrivent en détail la première éphéméride numérique précise ajustée aux observations. Elle est appelée DE102 (Development Ephemeris no. 102), elle initie une série de solutions développées par le JPL depuis les années 1960 jusqu'à aujourd'hui. Sur une période d'intégration qui s'étend de 1411 avant JC à 3002 après JC, la solution donne les coordonnées rectangulaires barycentriques ou héliocentriques du Soleil, des 8 planètes, de la Lune et aussi de Pluton, dans l'ancien système de référence FK4 (pour époque origine 1950) qui utilise les équations du mouvement dans le cadre d'une approximation PPN avec les perturbations gravitationnelles des astéroïdes jugés les plus influents sur la distance Terre-Mars, à savoir 1 Cérès, 2 Pallas, 4 Vesta, 7 Iris, et 324 Bamberga. Les effets de la figure de la Terre et de la Lune, ainsi que les marées solides et la libration de la Lune sont incluses dans cette version d'éphéméride.

Une nouvelle version DE118 a ensuite été construite sur le même modèle dynamique que DE102, réajustée sur de nouvelles observations. Une simple rotation de l'équateur moyen 1950 à l'équateur moyen J2000 donne la version DE200 (Standish., 1982). Celle-ci a été améliorée en 1995, avec la version DE403 (Standish et al., 1995), qui tient compte des perturbations de 300 astéroïdes au lieu de 5, en affinant le modèle de marées solides sur la Terre, et en considérant la Lune comme déformable. En ajoutant l'aplatissement du Soleil, on arrive à la solution DE405 (Standish, 1998) qui couvre une période de 600 ans entre 1600 et 2200. Pour cette version de la solution, la partie principale des équations du mouvement utilisée pour l'intégration numérique par la méthode d'Adams est la même que celle décrite par Newhall et al. (1983). Les perturbations provenant des 300 astéroïdes qui affectent sensiblement les éphémérides sont modélisées telles que les orbites des plus gros astéroïdes (Cérès, Pallas et Vesta) ont été intégrées en tenant compte de leurs propres interactions gravitationnelles et de celles avec le Soleil, les planètes et la Lune. Par contre les orbites des autres astéroïdes ont été intégrées en tenant compte des forces gravitationnelles du Soleil, des planètes, de la Lune mais aussi des plus gros astéroïdes.

Le modèle dynamique de DE405 contient les 300 astéroïdes qui interagissent les uns avec les autres. La masse de chaque astéroïde a été calculée à partir de la formule $\mathcal{G}M = 6.27 \times 10^{20} D^3 \rho$ telle que ρ est la densité de l'astéroïde considéré, D son diamètre estimé, et $\mathcal{G}$ ici représente la constante de la gravitation universelle. En fait, les masses de Cérès, Pallas et Vesta issues de DE405 exprimées en masse solaire, sont respectivement de $4.7 \times 10^{-10}, 1.0 \times 10^{-10}$ et 1.3×10^{-10}. Cette version d'éphéméride sera utilisée plus tard dans la section 6 dans un but de comparaison avec INPOP08.

A partir de la version DE414 (Konopliv et al., 2006) le modèle dynamique est amélioré en tenant compte des perturbations induites par la ceinture d'astéroïdes représentées par un anneau afin de tenir compte de l'effet global de tous les astéroïdes en dehors des plus gros. Le successeur de cette dernière version est DE418 (Folkner et al., 2007) qui a été créé spécialement pour être utilisé dans le cadre du projet de la NASA New Horizons vers Pluton. L'estimation des masses des astéroïdes y a été faite différemment que pour le modèle dynamique DE414 qui contient les masses des 67 astéroïdes les plus significatifs, estimées avec des contraintes basées sur la connaissance des diamètres et des densités probables. Dans la version DE418 le nombre d'astéroïdes considérés a été réduit à 12 objets. Ce changement de méthode d'estimation se traduira par une amélioration de la prévision orbitale. Une version plus récente DE421 (Folkner et al., 2008) conserve le même modèle dynamique que DE418 mais elle est ajustée sur un nombre accru de données. Enfin, la dernière version d'éphéméride de JPL est DE423, disponible sur le site ftp://ssd.jpl.nasa.gov/pub/eph/planets/ et décrite dans Folkner (2010). Les différentes versions disponibles des solutions du JPL sont expliquées brièvement dans le site de JPL[1]

4.3.2 INPOP (*Intgration Numrique Plantaire de l'Observatoire de Paris*)

Pendant encore de nombreuses années, les éphémérides planétaires précises DE, qui ont été construites au JPL, ont été la seule source d'éphémérides numériques facilement accessibles. on a déjà mentionné que l'IMCCE a développé depuis le début des années 1980 certaines solutions analytiques pour le mouvement des planètes dont la meilleure précision intrinsèque est d'environ de 100 m sur 30 ans sur la distance

---

[1]http://iau-comm4.jpl.nasa.gov/README

héliocentrique de Mars, alors qu'on a la précision moyenne des données des missions spatiales comme Viking (NASA 1976), Pathfinder (NASA 1996) et Mars Global Surveyor (NASA 1996) sur le même intervalle de temps est de l'ordre de quelques mètres (Fienga et al., 2008). Donc, ces solutions analytiques ne sont pas assez précises pour être utilisées dans les analyses et suivis des données de missions spatiales en orbite autour des planètes du Système Solaire.

Par conséquent, une version préliminaire de la première solution européenne numérique du mouvement des planètes et de la Lune ainsi que de la rotation de la Terre, nommée INPOP (Intégrateur Numérique Planétaire de l'Observatoire de Paris), a été mise en place par l'IMCCE en 2003, comparée avec les dernières solutions du JPL de l'époque et ajustée aux observations les plus précises disponibles, généralement suivant un algorithme classique par moindres carrés. Sur cette lancée, la première solution planétaire numérique de très haute précision et de grande stabilité a été obtenue en 2006 avec la version INPOP06 (Fienga et al., 2008), publiée sous forme d'un logiciel sur CDROM ou téléchargeable sur le site http://www.imcce.fr/inpop/indexinpop06.php, ou bien sous forme d'éphémérides calculables en ligne sur le site officiel de l'IMCCE. Le modèle dynamique de cette version et egalement son ajustement sont assez proches de celui des éphémérides du JPL DE405, en tenant compte des interactions mutuelles newtoniennes (Soleil, 8 planètes, Lune, Pluton, 300 astéroïdes) ainsi que quelque corrections relativistes pour les corps du Système Solaire. Il s'agit d'un modèle dynamique très complet, mais également très coûteux en temps de calcul, ce qui a conduit à négliger les corrections relativistes des 300 astéroïdes et leurs perturbations mutuelles sauf pour les 5 astéroïdes jugés les plus perturbateurs (1 Cérès, 2 Pallas, 4 Vesta, 7 Iris et 324 Bamberga). En ce qui concerne le reste des astéroïdes, ils sont répartis à chaque instant sur un anneau circulaire solide placé à 2.8 UA du barycentre du Système Solaire et de masse de $0.34 \pm 0.15 \times 10^{-10} M_\odot$.

A la suite de cette première version, l'IMCCE a établi la version 08 (INPOP08) (Fienga et al., 2009) complètement indépendante du JPL, diffusée sur le site http://www.imcce.fr/inpop/indexinpop08a.php. Ses paramètres sont ajustés à l'ensemble des observations planétaires et aux données Lunar Laser Ranging (LLR). La prise en compte des astéroïdes dans le modèle dynamique d'INPOP06 a été modifiée pour INPOP08 en ajoutant aux 300 astéroïdes déjà intégrés les 3 astéroïdes dont les effets sur la distance Terre-Mars est de plus de 30 mètres (60 Echo, 585 Bilkis et 516 Amherstia), et en répartissant les astéroïdes restant sur un anneau centré sur le Soleil et considéré comme un corps non ponctuel en rotation sur lui-même, placé à 3.14 UA du barycentre du Système Solaire et de masse de $1 \pm 0.3 \times 10^{-10} M_\odot$ (Kuchynka et al., 2009).

Enfin, INPOP10 (Fienga et al., 2010) est la plus récente version de INPOP. Dans cette version aucune modification majeure n'a été apportée dans le modèle dynamique d'INPOP08. Pour une description détaillée sur les modèles dynamiques des différentes versions d'INPOP et les différences avec les éphémérides du JPL (DE), on pourra se reporter à la thèse de Hervé Manche (2011), Fienga et al. (2008) et aussi Fienga et al. (2009).

4.4 Incertitudes des éphémérides

On a déjà mentionné que les précisions des éphémérides peuvent être classées en deux types : précision externe liée à la qualité des observations utilisées pour l'ajustement du modèle, et précision interne liée au modèle dynamique qui modélise le mouvement des corps. En général, deux méthodes sont utilisées pour estimer cette précision.

La première est la méthode de comparaisons aux observations : on utilise pour cette méthode des observations qui ne sont pas utilisées dans l'ajustement du modèle, ou des observations situées en dehors de l'intervalle de temps de l'ajustement. Ce type de comparaisons permet de déterminer la qualité des ajustements. Un bon exemple de ce type de comparaisons est bien présenté dans Fienga et al. (2011)

La deuxième méthode est celle des comparaisons entre les différentes éphémérides. Elle demande une bonne connaissance des éphémérides comparées (leur modelé dynamique, les données utilisées pour leur ajustement et les paramètres ajustés). Elle donne une indication de la précision interne des éphémérides planétaires. Le tableau 4.1 donne les différences maximales entre deux types des éphémérides (INPOP08 et DE405) sur 100 ans à partir de septembre 2009 sur les éléments orbitaux pour chacune des planètes telluriques : Mercure, Venus, EMB (Barycentre Terre-Lune) et Mars, ainsi que sur la distance entre EMB et le planète tellurique. Les différences pour EMB et Mars sont bien présentées dans les Figures 4.1 et 4.2. Une analyse plus complète de ce type de comparaisons est présentée dans Fienga et al. (2011)

TAB. 4.1 – Différences maximales entre INPOP08 et DE405 sur 100 ans à partir de 26 Septembre 2009

	a (m)	e $\times 10^{-9}$	i $\times 10^{-3}$ (")	$\Omega \times 10^{-1}$ (")	$\varpi \times 10^{-2}$ (")	$\lambda \times 10^{-1}$ (")	DIST $\times 10^{4}$ (m)
Mercure	0.890	0.534	8.765	0.132	0.390	0.172	0.460
Venus	3.254	0.501	1.492	0.349	1.049	0.034	0.162
EMB	10.336	0.140	1.961	245.065	0.150	0.063	-
Mars	115.403	1.361	0.683	0.549	0.434	0.044	0.693

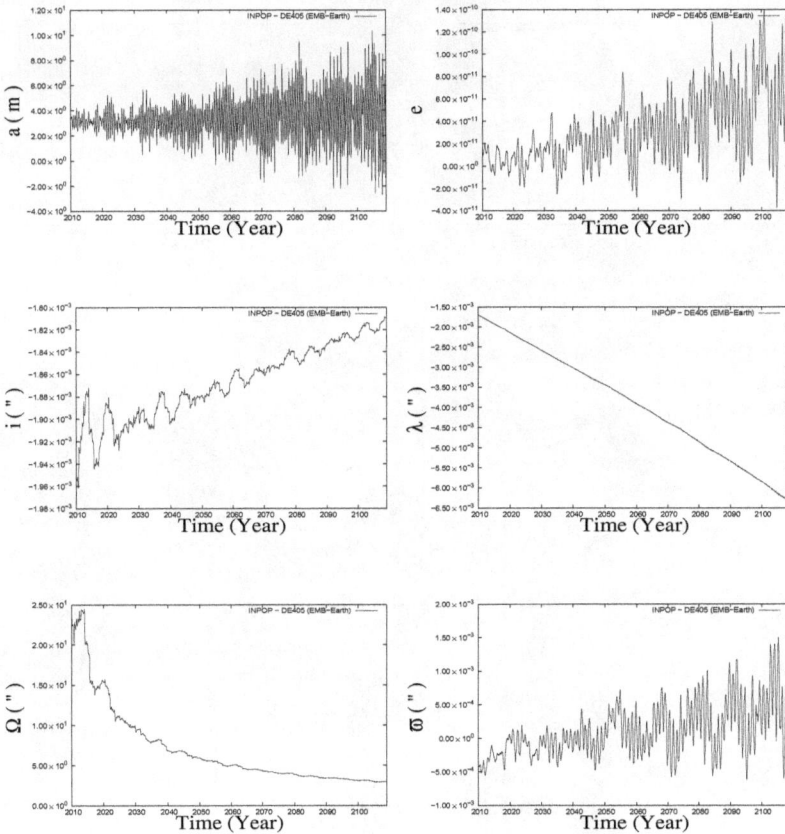

FIG. 4.1 – Différences entre INPOP08 et DE405 sur les éléments orbitaux du EMB au bout de 100 ans à partir de 2009

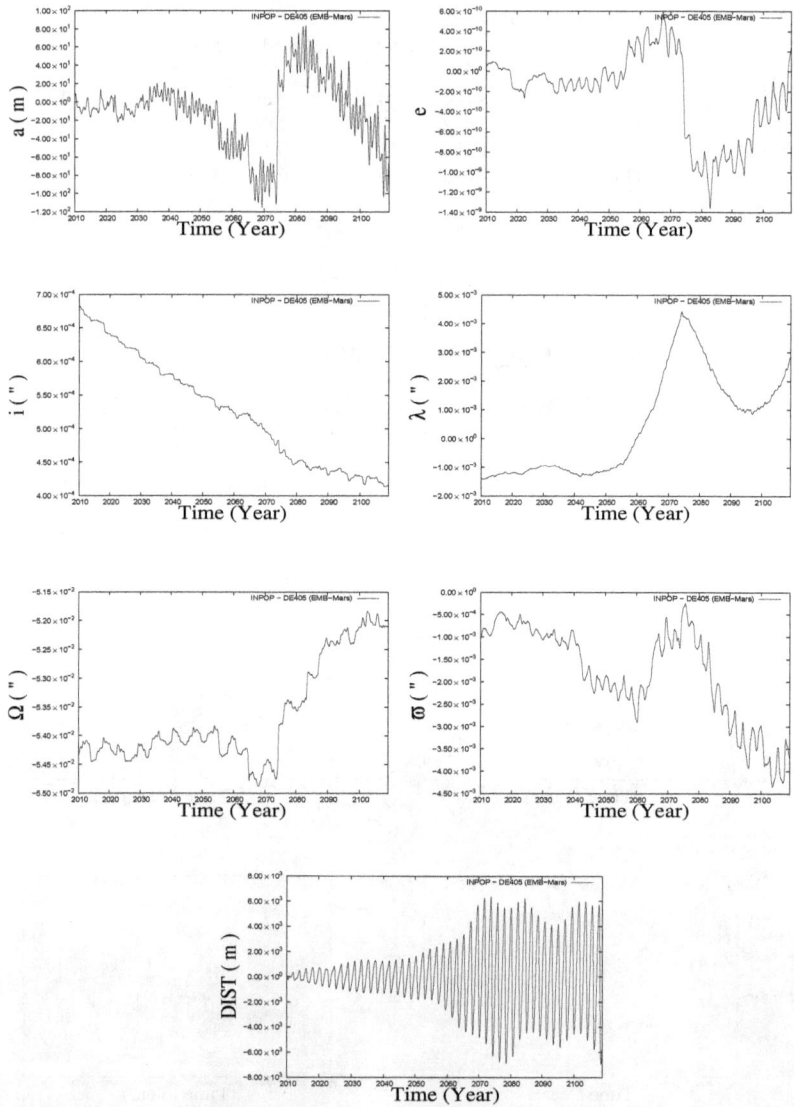

FIG. 4.2 – Différences entre INPOP08 et DE405 sur les éléments orbitaux de Mars au bout de 100 ans à partir de 2009

Métrologie d'étude

Les différences entre INPOP08 et DE405 qui apparaissent dans le chapitre précèdent sont probablement dues à plusieurs facteurs liés au modèle pris en compte dans les éphémérides. Dans la suite de cette étude, notre but sera de mettre en lumière l'un des facteurs les plus problématiques, à savoir l'incertitude de masse des astéroïdes inclus dans le modèle. Pour cela nous allons réaliser une étude systématique détaillée concentrée spécifiquement sur les perturbations induites par les plus gros astéroïdes connus de la ceinture principale sur les orbites des planètes telluriques (Mercure, Venus, EMB qui est le Earth-Moon barycenter et Mars), qui sont gravitationnellement bien plus affectées par les perturbations astéroïdales que les planètes géantes. Pour réaliser cette objectif, notre méthodologie consiste en plusieurs étapes :

- Nous procédons en premier lieu à l'intégration numérique du mouvement des planètes avec ou sans l'astéroïde perturbateur dont nous voulons connaître l'effet. Nous utilisons pour cela la méthode d'intégration de Runge-Kutta Nyström à l'ordre 12(10) à courtes périodes (100 ans) et plus longues périodes (1000 ans).

- Le signal résiduel caractérisant l'effet spécifique de l'astéroïde considéré est alors obtenu par simple soustraction des deux signaux obtenus (avec ou sans l'astéroïde).

- Nous entreprenons alors l'étude du signal résiduel à l'aide d'une analyse en fréquence, tout en utilisant une outils de calcul formel (TRIP), permettant de localiser les oscillations sinusoïdales les plus importantes.

- Enfin nous réalisons l'ajustement du signal résiduel par un jeu de sinusoïdes, en utilisant l'algorithme des moindres carrés selon une équation du type

$$
\begin{aligned}
F(t) \;=\; & a_o + a_1 t + a_2 t^2 + \\
& \sum_{i=1}^{N} \left[A_i \sin(f_i t) + B_i \cos(f_i t) + C_i t \sin(f_i t) + D_i t \cos(f_i t) \right]
\end{aligned}
$$

$$(5.1)$$

Avant de donner nos résultats dans le chapitre 6, nous explicitons dans ce chapitre les trois étapes algorithmiques de notre étude et les outils correspondant : intégration numérique par la méthode de $RKN12(10)$, analyse en fréquence et méthode des moindres carrés.

5.1 La méthode d'intégration numérique de Runge Kutta Nyström $RKN12(10)$

5.1.1 Les méthodes de Runge-Kutta

Dans ce travail consistant à calculer l'influence des astéroïdes sur les orbites de planètes, nous nous proposons d'utiliser un intégrateur numérique explicite de type Runge Kutta pour intégrer les équations du mouvement des planètes. La technique sous-jacente s'inspire de la méthode d'Euler d'approximations successives utilisée pour résoudre sa fameuse équation, Cette technique repose sur le principe de l'itération : une première estimation de la solution est utilisée pour calculer une seconde estimation plus précise et ainsi de suite. Pour expliquer plus précisément le détail du principe de notre intégration numérique, on se référera par exemple aux notes de cours d'analyse numérique élémentaire concernant les équations algébriques aux équations différentielles de l'université de Bourgogne 2002[1] en considérant le problème de type *problème de Cauchy* suivant

$$\begin{cases} y'(t) = f\big(t, y(t)\big) \\ \quad y(t_0) = y_0 \end{cases} \qquad t \in \big[t_0, t_0 + T\big]$$

Il s'agit d'un problème constitué d'une équation différentielle dont on recherche une solution vérifiant une certaine condition initiale. L'idée de la méthode de Runge Kutta d'ordre q quelconque est de calculer par récurrence les points (t_n, y_n) en introduisant les q points intermédiaires $\big(t_{(n,i)}, y_{(n,i)}\big)$ dans chaque intervalle de la subdivision $\big[t_n, t_{n+1}\big]$, ceci de la façon suivante : soit $c_i \in \big[0, 1\big]$ on pose $t_{(n,i)} = t_n + c_i h_n$ où $1 \le i \le q$ on a

$$y(t_{(n,i)}) = y(t_n) + \int_{t_n}^{t_{(n,i)}} f\big(t, y(t)\big) dt = y(t_n) + h_n \int_0^{c_i} f\big(t_n + \tau h_n, y(t_n + \tau h_n)\big) d\tau$$

De même on écrit :

$$y(t_{n+1}) = y(t_n) + h_n \int_0^1 f\big(t_n + \tau h_n, y(t_n + \tau h_n)\big) d\tau$$

---

[1]http ://monge.u-bourgogne.fr/ebusvelle/ANcours.pdf

Pour approximer l'intégrale on se donne les $q \times q + q \times 1 = (q+1)q$ paramètres a_{ij} et b_i tels que

$$\int_0^{c_i} g(\tau)d\tau \simeq \sum_{j=1}^q a_{i,j}g(c_j)$$

$$\int_0^1 g(\tau)d\tau \simeq \sum_{i=1}^q b_i g(c_i)$$

Soit $g(\tau) = f\big(t_n + \tau h_n, y(t_n + \tau h_n)\big)$ on obtient les approximations

$$y\big(t_{(n,i)}\big) \simeq y\big(t_n\big) + h_n \sum_{j=1}^q a_{i,j}f\left(t_{(n,j)}, y(t_{(n,j)})\right)$$

$$y\big(t_{n+1}\big) \simeq y\big(t_n\big) + h_n \sum_{i=1}^q b_i f\left(t_{(n,i)}, y(t_{(n,i)})\right)$$

Cette méthode est parfaitement caractérisée par les paramètres a_{ij}, b_i et c_i que l'on a coutume de représenter sous un tableau de la forme :

$$
\begin{array}{c|cccc}
c_1 & a_{11} & a_{12} & \cdots & a_{1q} \\
c_2 & a_{21} & a_{22} & \cdots & a_{2q} \\
\cdot & \cdot & \cdot & \cdots & \cdot \\
\cdot & \cdot & \cdot & \cdots & \cdot \\
\cdot & \cdot & \cdot & \cdots & \cdot \\
c_q & a_{q1} & a_{q2} & \cdots & a_{qq} \\
\hline
 & b_1 & b_2 & \cdots & b_q
\end{array}
$$

Ainsi, on peut représenter sous forme explicative très simple la méthode de Runge-Kutta d'ordre 4 classique, habituellement utilisée pour obtenir la solution numérique d'une équation différentielle. Elle est décrite par le tableau suivant :

$$
\begin{array}{c|cccc}
0 & 0 & 0 & 0 & 0 \\
\frac{1}{2} & \frac{1}{2} & 0 & 0 & 0 \\
\frac{1}{2} & 0 & \frac{1}{2} & 0 & 0 \\
1 & 0 & 0 & 1 & 0 \\
\hline
 & \frac{1}{6} & \frac{2}{6} & \frac{2}{6} & \frac{1}{6}
\end{array}
$$

qui correspond aux équations

$$
y(t_{n+1}) \simeq y(t_n) + h_n \left[\frac{1}{6} f\left(t_n, y(t_{(n,1)})\right) + \frac{2}{6} f\left(t_n + \frac{h_n}{2}, y(t_{(n,2)})\right) \right.
$$
$$
\left. + \frac{2}{6} f\left(t_n + \frac{h_n}{2}, y(t_{(n,3)})\right) + \frac{1}{6} f\left(t_{n+1}, y(t_{(n,4)})\right) \right]
$$

telle que

$$
y(t_{(n,1)}) = f\left(t_n, y(t_n)\right)
$$
$$
y(t_{(n,2)}) = f\left(t_n, y(t_n)\right) + \frac{h_n}{2} f\left(t_n, y(t_{(n,1)})\right)
$$
$$
y(t_{(n,3)}) = f\left(t_n, y(t_n)\right) + \frac{h_n}{2} f\left(t_n + \frac{h_n}{2}, y(t_{(n,2)})\right)
$$
$$
y(t_{(n,4)}) = f\left(t_n, y(t_n)\right) + h_n f\left(t_n + \frac{h_n}{2}, y(t_{(n,3)})\right)
$$

5.1.2 Application aux équations différentielles de deuxième ordre

Dans le cadre de ce travail, nous ne considèrerons que le cas d'une équation différentielle du second ordre représentant l'équation d'un mouvement planétaire, sous forme de problème de Cauchy. Soit donc une équation différentielle de la forme suivante :

$$
\left.\begin{array}{rcl}
y'' & = & f\big(t, y(t)\big) \\
y(t_0) & = & y_0 \\
y'(t_0) & = & y_0'
\end{array}\right\} \quad \text{avec} \quad t \in [t_0, t_0 + T]
$$

Des théorèmes mathématiques assurent l'existence et l'unicité de la solution à ce type de problème. Néanmoins, la solution ne pouvant être exprimée analytiquement (lorsque le nombre de corps est supérieur à 3), on doit donc chercher à déterminer la fonction $y(t)$ numériquement. Dans notre cas il s'agit d'appliquer la méthode de Runge Kutta au problème équivalent suivant :

$$
\begin{array}{rcl}
y'(t) & = & \acute{y}(t) \\
\big(y'(t)\big)' & = & f\big(t, y(t)\big)
\end{array}
$$

Où on applique pour chaque équation différentielle du premier ordre la même méthode Runge-Kutta pour avoir l'approximation générale suivante (Tsitouras., 1999)

$$k'_i = f\left(t_n + c_i h_n, y_n + c_i h_n y'_n + h_n^2 \sum_{j=1}^{i-1} d'_{ij} k'_j\right)$$

$$y_{n+1} = y_n + h_n y'_n + h_n^2 \sum_{i=1}^{q} b'_i k'_i$$

$$y'_{n+1} = y'_n + h_n \sum_{i=1}^{q} b'_i k'_i$$

5.1.3 La méthode de Runge-Kutta-Nyström

Dans notre application aux planètes du Systeme Solaire, nous allons utiliser la méthode dite Runge-Kutta-Nyström emboitée *RKN*12(10) pour intégrer les équations différentielles du mouvement planétaire. Elle impose 17 évaluations de fonction par étape, pour déterminer les positions de chaque planète. Comme cela est expliqué dans Dormand et al. (1987) la méthode de Runge-Kutta-Nyström *RKNq(p)* $(q > p)$ se compose d'un intégrateur numérique qui exploite deux méthodes de Runge-Kutta, l'une d'ordre p et l'autre d'ordre q, définies par les formules de récurrence suivantes :

$$\hat{y}_{n+1} = \hat{y}_n + h_n \hat{y}'_n + h_n^2 \sum_{i=1}^{s} \hat{b}_i g_i \qquad \hat{y}'_{n+1} = \hat{y}'_n + h_n \sum_{i=1}^{s} \hat{b}'_i g_i \qquad \text{RKN(q)}$$

$$y_{n+1} = \hat{y}_n + h_n \hat{y}'_n + h_n^2 \sum_{i=1}^{s} b_i g_i \qquad y'_{n+1} = \hat{y}'_n + h_n \sum_{i=1}^{s} b'_i g_i \qquad \text{RKN(p)}$$

Telle que

$$g_i = f\left(t_n + c_i h_n, \hat{y}_n + c_i h_n \hat{y}'_n + h_n^2 \sum_{j=1}^{i-1} a_{ij} g_j\right) \quad (i = 1,2,3,...,s)$$

$$c_i^2 = 2 \sum_{j=1}^{i-1} a_{ij}$$

En fait, en utilisant les valeurs approchées de $\hat{y}$ et de $\hat{y}'$ de l'ordre (q), la méthode $RKN(p)$ permet de calculer la solution approchée recherchée pour les équations des mouvements. L'application de cette méthode peut se faire en adoptant un pas (h_n) constant de longueur d'un centième de jour, de telle sorte que les erreurs globales ne dépassent pas une certaine valeur fixée à l'avance, comme l'exemple ici, pour un processus avec $q = 8$ et $p = 6$, Une valeur convenable de s à utiliser est $s = 9$. On présente dans le tableau 5.1 les paramètres qui caractérisent la méthode RKN8(6)9.

TAB. 5.1 – RKN8(6)9

c_i	a_{ij}								$\hat{b}$	$\hat{b}'$	b	b'
0									$\frac{223}{7938}$	$\frac{223}{7938}$	$\frac{7987313}{109941300}$	$\frac{7987313}{109941300}$
$\frac{1}{20}$	$\frac{1}{800}$								0	0	0	0
$\frac{1}{10}$	$\frac{1}{600}$	$\frac{1}{300}$							$\frac{1175}{8064}$	$\frac{5875}{36288}$	$\frac{1610737}{44674560}$	$\frac{1610737}{40207104}$
$\frac{3}{10}$	$\frac{9}{200}$	$\frac{-9}{100}$	$\frac{9}{100}$						$\frac{925}{6048}$	$\frac{4625}{21168}$	$\frac{10023263}{33505920}$	$\frac{1023263}{23454144}$
$\frac{1}{2}$	$\frac{-66701}{197352}$	$\frac{28325}{32892}$	$\frac{-2665}{5482}$	$\frac{2170}{24669}$					$\frac{41}{448}$	$\frac{41}{224}$	$\frac{-497221}{12409600}$	$\frac{497221}{6204800}$
$\frac{7}{10}$	$\frac{227015747}{304251000}$	$\frac{-54897451}{304425100}$	$\frac{12942349}{10141700}$	$\frac{-9499}{304251}$	$\frac{539}{9250}$				$\frac{925}{14110}$	$\frac{4625}{21168}$	$\frac{10023263}{78180480}$	$\frac{10023263}{23454144}$
$\frac{9}{10}$	$\frac{-1131891597}{901789000}$	$\frac{-41964921}{12882700}$	$\frac{-6663147}{3320675}$	$\frac{270954}{644135}$	$\frac{-108}{5875}$	$\frac{114}{1645}$			$\frac{1175}{72576}$	$\frac{5875}{36288}$	$\frac{1610737}{402071040}$	$\frac{1610737}{402071040}$
1	$\frac{13836959}{3667458}$	$\frac{-17731450}{1833729}$	$\frac{1063919505}{156478208}$	$\frac{-33213845}{39119552}$	$\frac{13335}{28544}$	$\frac{-705}{14272}$	$\frac{1645}{57088}$		0	$\frac{223}{7938}$	0	$\frac{-4251941}{54970650}$
1	$\frac{223}{7938}$	0	$\frac{1175}{8064}$	$\frac{925}{6048}$	$\frac{41}{448}$	$\frac{925}{14112}$	$\frac{1174}{72576}$	0	0	0	0	$\frac{3}{20}$

En revenant à notre méthode d'intégration $RKN12(10)$, on a choisi $s = 17$ dans le programme utilisé. Notons que, dan le tableau 5.2 ci-dessous, on a considéré des valeurs approchées des coefficients avec seulement 4 décimales alors que dans le programme on considère ces valeurs avec 30 décimales :

TAB. 5.2 – RKN12(10)17 (c_i, $\hat{b}$, $\hat{b}'$, b, b' et a_{ij})

c_i	$\hat{b}$	$\hat{b}'$	b	b'
0.0000	0.0121	0.0121	0.0170	0.0170
0.0200	0.0000	0.0000	0.0000	0.0000
0.0400	0.0000	0.0000	0.0000	0.0000
0.1000	0.0000	0.0000	0.0000	0.0000
0.1333	0.0000	0.0000	0.0000	0.0000
0.1600	0.0000	0.0000	0.0000	0.0000
0.0500	0.0863	0.0908	0.0723	0.0761
0.2000	0.2525	0.3157	0.3720	0.4650
0.2500	-0.1974	-0.2632	-0.4018	-0.5358
0.3333	0.2032	0.3048	0.3355	0.5032
0.5000	-0.0208	-0.0416	-0.1313	-0.2626
0.5556	0.1097	0.2468	0.1894	0.4262
0.7500	0.0381	0.1523	0.0268	0.1074
0.8571	0.0116	0.0814	0.0163	0.1141
0.9452	0.0047	0.0850	0.0038	0.0694
1.0000	0.0000	-0.0092	0.0000	0.0200
1.0000	0.0000	0.0250	0.0121	0.0170

a_{ij}

0.0000	0.0000	0.0000	0.0000	0.0000	0.0000	0.0000	0.0000	0.0000	0.0000	0.0000	0.0000	0.0000	0.0000	0.0000	0.0000
0.0002	0.0000	0.0000	0.0000	0.0000	0.0000	0.0000	0.0000	0.0000	0.0000	0.0000	0.0000	0.0000	0.0000	0.0000	0.0000
0.0003	0.0005	0.0000	0.0000	0.0000	0.0000	0.0000	0.0000	0.0000	0.0000	0.0000	0.0000	0.0000	0.0000	0.0000	0.0000
0.0029	-0.0042	0.0063	0.0000	0.0000	0.0000	0.0000	0.0000	0.0000	0.0000	0.0000	0.0000	0.0000	0.0000	0.0000	0.0000
0.0016	0.0000	0.0055	0.0018	0.0000	0.0000	0.0000	0.0000	0.0000	0.0000	0.0000	0.0000	0.0000	0.0000	0.0000	0.0000
0.0019	0.0000	0.0072	0.0029	0.0008	0.0000	0.0000	0.0000	0.0000	0.0000	0.0000	0.0000	0.0000	0.0000	0.0000	0.0000
0.0006	0.0000	0.0009	-0.0004	0.0003	-0.0001	0.0000	0.0000	0.0000	0.0000	0.0000	0.0000	0.0000	0.0000	0.0000	0.0000
0.0031	0.0000	0.0000	0.0018	0.0027	0.0016	0.0109	0.0000	0.0000	0.0000	0.0000	0.0000	0.0000	0.0000	0.0000	0.0000
0.0037	0.0000	0.0040	0.0032	0.0082	-0.0013	0.0098	0.0038	0.0000	0.0000	0.0000	0.0000	0.0000	0.0000	0.0000	0.0000
0.0037	0.0000	0.0051	0.0012	-0.0211	0.0601	0.0201	-0.0284	0.0149	0.0000	0.0000	0.0000	0.0000	0.0000	0.0000	0.0000
0.0351	0.0000	-0.0086	-0.0058	1.9456	-3.4351	-0.1093	2.3496	-0.7560	0.1095	0.0000	0.0000	0.0000	0.0000	0.0000	0.0000
0.0205	0.0000	-0.0073	-0.0021	0.9276	-1.6523	-0.0211	1.2065	-0.4137	0.0908	0.0054	0.0000	0.0000	0.0000	0.0000	0.0000
-0.1432	0.0000	0.0125	0.0068	-4.7996	5.6986	0.7553	-0.1276	-1.9606	0.9186	-0.2388	0.1591	0.0000	0.0000	0.0000	0.0000
0.8045	0.0000	-0.0167	-0.0214	16.8272	-11.1728	-3.3772	-15.2433	17.1798	-5.4377	1.3879	-0.5926	0.0296	0.0000	0.0000	0.0000
-0.9133	0.0000	0.0024	0.0177	-14.8516	2.1590	3.9979	28.4342	-25.2594	7.7339	-1.8913	1.0015	0.0046	0.0112	0.0000	0.0000
-0.2752	0.0000	0.0366	0.0098	-12.2931	14.2072	1.5866	2.4578	-8.9352	4.3737	-1.8347	1.1592	-0.0173	0.0193	0.0052	0.0000
1.3076	0.0000	0.0174	-0.0185	14.8115	9.3832	-5.2284	-48.9513	38.2971	-10.5874	2.4332	-1.0453	0.0718	0.0022	0.0070	0.0000

Pour plus de détails sur la construction des algorithmes RKN et leurs paramètres associés, on se référera à Darmand et Prince. (1978), Dormand et al. (1987) et Brankin et al. (1989).

Donc, pour résumer, nous utiliserons la Méthode de Runge-Kutta-Nyström au douzième ordre avec un pas constant de longueur 1/100ème de jour pour déterminer les coordonnées et les vitesses rectangulaires de chaque planète (par rapport à l'écliptique et l'équinoxe J2000.0). Ces dernières seront directement converties en éléments osculateurs, On applique cette méthode sur le problème classique de dix corps (le

Soleil et les huit planètes avec Pluton), puis avec la seule addition de l'astéroïde perturbant (Cérès, Pallas, vesta, ... etc.). Une simple soustraction des deux signaux correspondants d'un paramètre orbital donné de la planète amène une détermination claire et directe de l'effet de l'astéroïde sur ce paramètre.

5.2 Analyse en fréquence et principe de TRIP

Pour notre analyse en fréquence, nous avons utilisé des outils de calcul formel TRIP[2] (Gastineau et Laskar., 2012), développé à l'IMCCE afin de déterminer les fréquences les plus importantes qui caractérisent les variations des éléments orbitaux des planètes telluriques dûes aux perturbations par un astéroïde. Pour expliquer le principe de cette utilisation, on commence par un exemple élémentaire adapté à notre travail : on suppose les courbes A et B caractérisées chacune par une composante périodique de fréquence différente mais d'amplitude du même ordre de grandeur. Soit par exemple $A = 0.9\cos(0.5\pi\ t)$ et soit $B = 0.3\sin(20\pi\ t)$. Considérons maintenant la courbe $C = A - B$ qui résulte de la combinaison des composantes (Fig. 5.1). On va effectuer l'analyse en fréquence des données du signal C en espérant de trouver les périodes et les amplitudes complexes en recherchant une approximation sous la forme $\sum_{l=1}^{N} a_l e^{i(f_l t)}$

---

[2]http://www.imcce.fr/Equipes/ASD/trip/trip.php

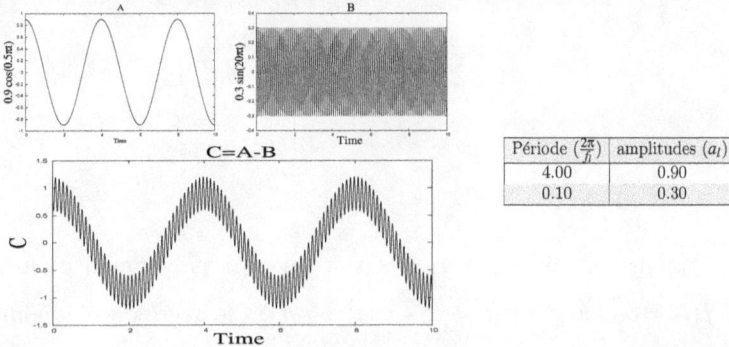

Période $(\frac{2\pi}{f_l})$	amplitudes (a_l)
4.00	0.90
0.10	0.30

FIG. 5.1 – Exemple élémentaire pour expliquer le principe de TRIP

5.3 Ajustement par moindres carrés

On cherche maintenant à caractériser et mettre en évidence le lien, s'il existe, entre $C(t)$ qui représente dans la suite de ce travail l'effet d'un astéroïde sur le paramètre orbital d'une planète, et t. Le problème consiste donc concrètement à déterminer l'équation d'une courbe qui passe le plus près possible de l'ensemble de points caractérisant l'effet en question. L'objet de cette partie est donc de détailler quelque peu la méthode utilisée pour obtenir une fonction dont la représentation graphique décrive au mieux le nuage de points $y_i = C(t_i)$. On parle alors d'un ajustement au sens des moindres carrés. Il consiste à trouver la fonction f du modèle retenu de façon pertinente. Dans un premier temps on introduit dans le modèle des fonctions (sinusoïdale, affine, polynômiale, exponentielle,...) correspondant au phénomène étudié en minimisant la somme des carrés des écarts entre les valeurs y_i et les valeurs $f(t_i)$ données par le modèle. Autrement dit, la fonction f doit minimiser l'expression

$$\sum_{i=1}^{n} \left[y_i - f\left(t_i\right) \right]^2$$

Imaginons, par exemple, que f soit de type polynômial c'est-à-dire : $f(t) = \alpha_0 + \alpha_1 t + \alpha_2 t^2 + ... + \alpha_p t^p$ où p est le degré du polynôme d'ajustement et α_k sont les coefficients recherchés (k variant entre 0 et p). Il s'agit encore de minimiser la quantité :

$$\Delta = \sum_{i=1}^{n} \left[y_i - \sum_{k=1}^{p} \alpha_k t^k \right]^2 .$$

On peut vérifier que la fonction $\Delta(\alpha_0, \alpha_1, ..., \alpha_p)$ admet un minimum unique au point $(\alpha_0, \alpha_1, ..., \alpha_p)$, lequel est déterminé en annulant toutes les dérivées partielles de Δ :

$$\frac{\partial \Delta}{\partial \alpha_k} = \sum_{i=1}^{n} \left[-2 y_i t_i^k + 2 t_i^k f(t_i) \right] = 0 \Rightarrow \sum_{i=1}^{n} t_i^k f(t_i) = \sum_{i=1}^{n} y_i t_i^k .$$

En posant $S_k = \sum_{i=1}^{n} t_i^k$ et $W_k = \sum_{i=1}^{n} y_i t_i^k$ on obtient alors un système de $p+1$ équations :

$$
\begin{array}{lllllllll}
k=0 & \Rightarrow & \alpha_0\, n & + & \alpha_1\, S_1 & + & \alpha_2\, S_2 & + ... + & \alpha_p\, S_p & = W_0 \\
k=1 & \Rightarrow & \alpha_0\, S_1 & + & \alpha_1\, S_2 & + & \alpha_2\, S_3 & + ... + & \alpha_p\, S_{p+1} & = W_1 \\
... & & & & & & & & & \\
... & & & & & & & & & \\
k & \Rightarrow & \alpha_0\, S_{k-1} & + & \alpha_1\, S_k & + & \alpha_2\, S_{k+1} & + ... + & \alpha_p\, S_{p+k-1} & = W_{k-1} \\
p+1 & \Rightarrow & \alpha_0\, S_p & + & \alpha_1\, S_{p+1} & + & \alpha_2\, S_{p+2} & + ... + & \alpha_p\, S_{2p} & = W_p .
\end{array}
$$

Matriciellement, on a :

$$\underbrace{\begin{pmatrix} n & S_1 & S_1 & \cdots & S_p \\ S_1 & S_2 & S_3 & \cdots & S_{p+1} \\ \vdots & \vdots & \ddots & & \vdots \\ S_p & S_{p+1} & S_{p+2} & \cdots & S_{2p} \end{pmatrix}}_{\mathcal{S}} \underbrace{\begin{pmatrix} \alpha_0 \\ \alpha_1 \\ \vdots \\ \alpha_p \end{pmatrix}}_{\mathcal{A}} = \underbrace{\begin{pmatrix} W_0 \\ W_1 \\ \vdots \\ W_p \end{pmatrix}}_{\mathcal{W}} \Rightarrow \mathcal{A} = \mathcal{S}^{-1} \mathcal{W}.$$

Nous avons utilisé cette méthode pour effectuer une régression quadratique sur le signal afin d'en caractériser les termes constant, linéaire, et quadratique pour, en fin de compte, n'en garder que les parties périodiques. Il s'agit d'un ajustement polynomial de dégré 2. Ensuite, après avoir obtenu les fréquences du signal par notre analyse en fréquence expliquée précédemment, on applique la méthode des moindres carrés permettant l'ajustement des données par une fonction théorique combinant les termes de Fourier et Poisson sous la forme :

$$F(t) = \sum_{i=1}^{N} \underbrace{A_i \sin(f_i t) + B_i \cos(f_i t)}_{\text{Fourier}} + \underbrace{C_i t \sin(f_i t) + D_i t \cos(f_i t)}_{\text{Poisson}} \tag{5.2}$$

L'application de notre méthodologie de travail à notre exemple de base (la courbe C) proposée ci-dessus a permis de décomposer le signal en une somme de termes de Fourier et de Poisson après avoir repéré les deux sinusoïdes. Les coefficients des termes de Fourier et de Poisson pour les sinusoïdes déterminées ainsi sont présentés dans le tableau 5.3 permettant d'ajuster parfaitement le signal. Néanmoins, quelques oscillations nettes apparaissent encore dans les résidus. Le signal, l'ajustement et les résidus sont représentés respectivement en tireté, pointillés et noir dans la figure 5.2.

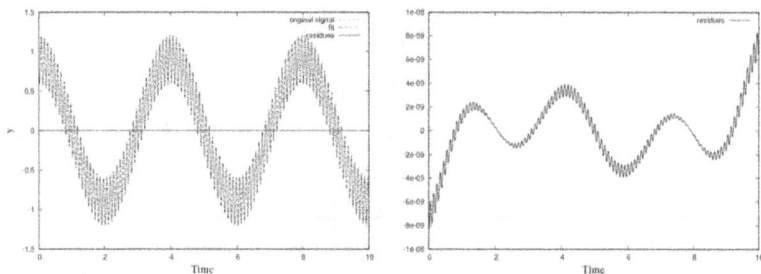

FIG. 5.2 – Exemple de notre ajustement. Signal initial (tireté),courbe d'ajustement (pointillés) et résidus d'ajustement (noir)

TAB. 5.3 – Terme de Fourier et de Poisson

BIAS : 0.00; LINEAR : 0.00; T^2 : 0.00						
Period (d)	Period (y)	SIN	COS	T SIN	T COS	Amplitude
1460.98	4.0	-1.42×10^{-9}	0.9	2.9×10^{-5}	-4.5×10^{-9}	0.9
36.53	0.1	-0.30	1.1×10^{-9}	6.7×10^{-13}	8.5×10^{-9}	0.3
Dispersion		Before= 0.669		After=2.48×10^{-9}		
Amplitude		Before=2.4		After=1.7×10^{-08}		

6

Résultats numérique et la base ASETEP

Ce chapitre présente un panorama de quelques-uns de nos résultats à propos des perturbations induites par les astéroïdes sur le mouvement des planètes telluriques, obtenus avec la méthodologie présentée dans le chapitre précédent. Il nous permet notamment de présenter notre posture épistémologique vis-à-vis des influences individuelles des 43 astéroïdes du tableau 3.2 sur les six éléments orbitaux de chacune des quatre planètes telluriques. En plus nous évaluons ces mêmes effets sur les paramètres de positionnement que sont la distance (appelée *DIST*) entre le barycentre Terre-Lune et une planète tellurique donnée, ainsi que l'orientation de cette planète par rapport à ce même barycentre par l'intermédiaire de ses coordonnées équatoriales (α et δ).

Nous avons obtenu un total de $(43 \times 6 \times 4) + (43 \times 3 \times 3) = 1419$ courbes, qui sont rassemblées avec leurs tableaux des composantes associées ($a_1, a_2, a_3, A_i, B_i, C_i, D_i$) de l'équation (5.1), dans une base de données appelée ASETEP (ASteroid Effects on the TErrestrial Planets). Cette base de données fournit également d'autres types d'informations

123

expliqués en détails ci-dessous. Notons qu'elle est accessible librement en ligne sur le site web de ICRS-PC (International Celestial Reference System Product Center), via http://hpiers.obspm.fr/icrs-pc/, depuis 2011 (Aljbaae & Souchay., 2012).

La présentation des résultats recueillis par notre étude commence par des tableaux concernant les astéroïdes dont nous étudions les effets : nous donnons les résultats de leurs effets individuels sur les paramètres suivants : a, $a_0 \times e$ (où la constante a_0 représente le demi-grand axe à J2000.0), i, Ω, ϖ, λ, α, δ, et $DIST$. Les résultats sont les variations crête à crête des paramètres pour un période de 1000 ans.

Puis, nous présentons un test de comparaison entre tous les effets combinés et la somme des effets individuels pour notre échantillon d'astéroïdes afin de vérifier la possibilité de négliger toutes les petites variations de trajectoire dues aux effets gravitationnels réciproques des astéroïdes entre eux.

Ensuite, nous étudions les effets provoqués par l'incertitude de masse concernant chaque astéroïde, sur chaque paramètre, dans le but d'essayer de retirer les astéroïdes les plus problématiques : cette étude constituera le noyau d'une étude prospective indiquant les moyens d'améliorer l'estimation des masses par une méthode s'appuyant sur les rencontres proches avec des astéroïdes test. Nous comparerons aussi chacun de ces effets (effets de l'incertitude de masse astéroïdale) avec les différences pour chaque paramètre calculé obtenues à partir de deux types d'éphémérides : INPOP08 et DE405.

Enfin, pour confirmer la validité de nos évaluations, nous allons montrer un accord remarquable entre nos résultats numériques et les composantes sinusoïdales (fréquence, amplitude) qui caractérisent les signaux représentant les effets de Cérès, Pallas et Vesta sur le demi-grand axe (a) et la longitude moyenne (λ) de Mars, qui sont les seuls paramètres étudiés par l'étude semi-analytique réalisée par S. Mouret et ses collègue (2009).

En guise de conclusion, nous montrerons de manière systématique les influences des actions gravitationnelles de chaque astéroïde étudié sur les paramètres orbitaux de Mars et d'EMB puis sur les paramètres de positionnement de Mars, en utilisant la méthodologie décrite dans le chapitre précédent. Dans ce but, nous présenterons ci-après, de manière exhaustive, les tableaux des coefficients de Fourier et de Poisson ainsi que les courbes correspondantes, avec notre ajustement et les faibles résidus obtenus après avoir soustrait au signal les sinusoïdes issues de nos analyses en fréquences.

6.1 Effets induits par chacun des astéroïdes

Les courbes tracées dans les Figs. 6.1 et 6.2 ci-dessous présentent les effets de Cérès, Pallas et Vesta sur les neuf paramètres étudiés de Mars et les six paramètres étudiés d'EMB. On remarque que, contrairement à ce qui se passe pour Δa, $\Delta \alpha$, $\Delta \delta$ et $\Delta DIST$, les effets à longue période pour les autres paramètres sont dominés par des expressions linéaires ou quadratiques qui apparaissent clairement, en particulier pour Δi, $\Delta \Omega$ et $\Delta \lambda$.

On remarque également que l'effet de Vesta sur certains éléments orbitaux peut être plus fort que l'effet de Cérès comme c'est le cas pour a, e, $\Delta\Omega$, $\Delta\lambda$, $\Delta\alpha$, $\Delta\delta$ et $\Delta DIST$ de Mars, ainsi que pour $\Delta\Omega$ et $\Delta\lambda$ de EMB, bien que la masse de Vesta soit sensiblement plus petite que celle de Cérès (le rapport de masse est d'environ 3.5). Pour les trois astéroïdes étudiés ici, on a effectué les études sur 1000 ans alors qu'on a tracé les courbes sur 100 ans pour la clarté de la présentation.

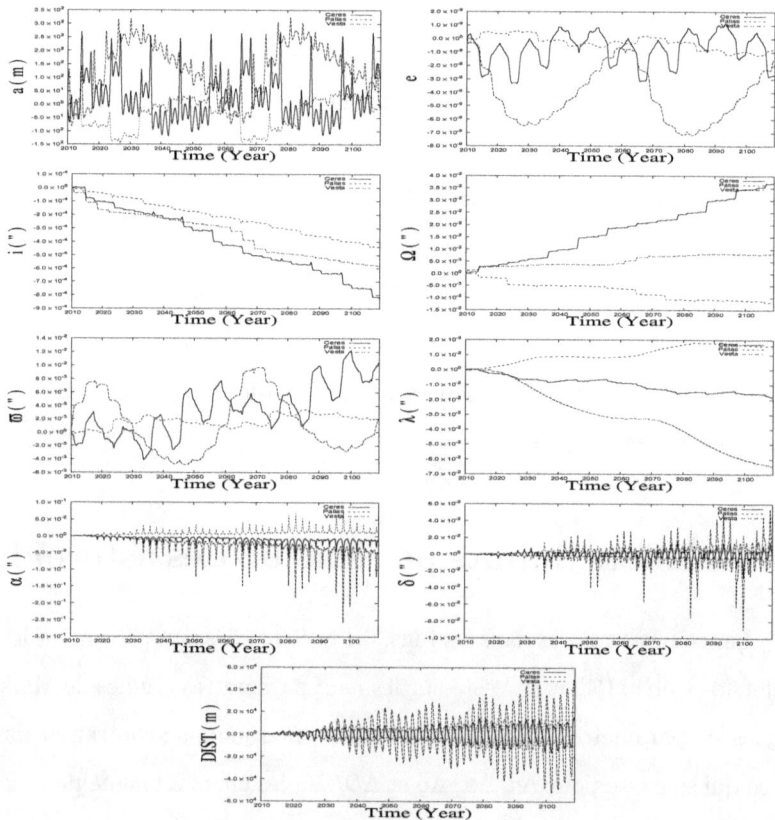

FIG. 6.1 – Les effets de Cérès, Pallas et Vesta sur Mars

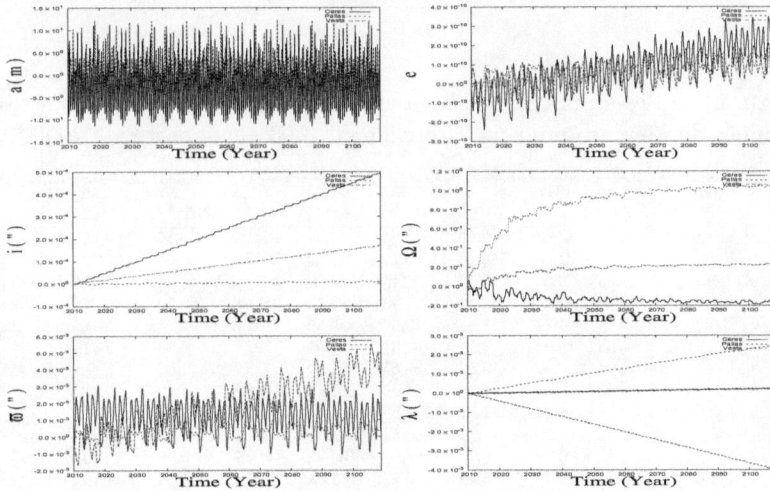

FIG. 6.2 – Les effets de Cérès, Pallas et Vesta sur EMB

Dans les tableaux 6.1, 6.2, 6.3 et 6.4 nous fournissons toutes les amplitudes crête-à-crête des effets de chacun des 43 astéroïdes étudiés sur chaque élément orbital de Mercure, Venus, EMB et de Mars respectivement, mais aussi sur les trois paramètres fondamentaux qui sont la distance ($DIST$) et l'orientation (α, δ) du vecteur reliant EMB à chacune des autres planètes telluriques. Ceci est fait pour un intervalle de 1000 ans à partir du 26 septembre 2009. Les amplitudes dans ces tableaux sont données en tenant compte du signal total, à savoir non seulement les composantes périodiques, mais aussi les effets linéaires et quadratiques. Par ailleurs, afin de comparer les amplitudes des effets sur les demi-grands axes aux effets sur les excentricités pour chaque planète étudiée, on a multiplié Δe par la valeur nominale a_0 du demi-grand axe.

TAB. 6.1 – Les amplitudes crête-à-crête des variations des paramètres étudiés de Mercure pour un intervalle de 1000 ans à partir de 2009.81

| | asteroide | Δa | $\Delta e \times a$ | Δi | $\Delta \Omega$ | $\Delta \varpi$ | $\Delta \lambda$ | $\Delta \alpha$ | $\Delta \delta$ | $\Delta DIST$ |
		m	m	$\times 10^{-6}''$	$\times 10^{-6}''$	$\times 10^{-6}''$	$\times 10^{-6}''$	$\times 10^{-3}''$	$\times 10^{-3}''$	$\times 10^{3} m$
1	Ceres	1.03	17.04	506.49	1525.64	5274.31	1031.9	5.57	3.30	1.913
2	Pallas	0.24	21.63	546.18	3524.19	680.52	2027.0	51.04	33.12	16.821
3	Juno	0.03	0.23	23.73	194.16	53.39	1045.6	11.63	7.81	4.122
4	Vesta	0.44	1.70	312.32	1284.46	2605.14	9801.0	69.50	46.34	20.852
6	Hebe	0.04	1.71	38.62	149.07	85.20	742.5	4.97	3.18	1.513
7	Iris	0.05	0.28	3.14	164.64	78.61	1821.7	4.00	2.41	0.930
8	Flora	0.04	0.61	10.83	69.55	81.99	1386.4	1.60	0.48	0.933
9	Metis	0.03	0.10	7.00	53.99	161.18	1166.2	1.42	0.47	0.783
10	Hygiea	0.05	1.11	12.77	512.88	391.01	1769.9	7.66	5.07	2.140
11	Parthenope	0.02	0.20	5.39	50.54	51.11	965.9	1.95	1.24	0.420
13	Egeria	0.03	0.87	7.07	161.93	104.72	559.9	0.56	0.23	0.326
14	Irene	0.04	0.47	6.18	2.02	61.84	2266.5	1.78	1.19	1.019
15	Eunomia	0.05	1.76	38.71	391.94	218.77	398.3	3.43	2.11	1.167
16	Psyche	0.04	0.39	9.40	146.21	111.99	868.4	15.75	10.37	5.453
17	Thetis	0.02	0.02	1.28	9.53	10.57	1164.3	1.15	0.39	0.696
18	Melpomene	0.02	0.28	6.57	45.89	22.05	776.7	2.95	2.01	1.158
19	Fortuna	0.03	0.30	2.34	119.34	79.66	99.1	4.62	2.98	1.572
20	Massalia	0.02	0.28	0.76	48.93	36.88	163.0	1.83	1.24	0.620
21	Lutetia	0.02	0.19	0.91	16.06	22.95	380.7	0.26	0.15	0.159
22	Kalliope	0.02	0.06	2.04	34.98	37.15	904.4	0.99	0.67	0.281
24	Themis	0.04	0.33	0.39	43.22	44.34	2114.3	1.78	0.96	1.081
28	Bellona	0.03	0.61	15.83	93.61	61.36	745.1	1.10	0.72	0.287
29	Amphitrite	0.03	0.38	13.42	69.47	135.37	275.2	1.43	0.91	0.552
31	Euphrosyne	0.02	0.35	5.12	60.57	13.99	107.3	0.10	0.06	0.047
45	Eugenia	0.03	0.46	16.17	134.06	102.25	1300.4	1.05	0.60	0.641
46	Hestia	0.06	0.99	8.99	226.89	156.69	2138.4	19.52	12.71	6.063
47	Aglaja	0.02	0.08	0.77	6.26	11.70	333.5	0.39	0.15	0.155
48	Doris	0.02	0.33	5.80	81.63	39.98	1628.6	1.44	0.70	0.873
49	Pales	0.03	0.04	0.35	16.04	9.94	566.6	0.78	0.50	0.251
52	Europa	0.03	0.30	11.91	65.36	66.70	1956.6	2.74	1.70	0.442
65	Cybele	0.02	0.07	4.20	52.78	46.19	221.9	0.90	0.59	0.355
87	Sylvia	0.03	0.17	1.92	18.84	41.51	869.5	1.13	0.72	0.348
88	Thisbe	0.03	0.29	3.08	107.78	73.90	517.6	4.09	2.68	1.469
90	Antiope	0.03	0.03	0.08	2.63	3.28	544.5	0.39	0.13	0.239
107	Camilla	0.02	0.24	6.23	53.85	24.30	708.4	0.66	0.45	0.269
111	Ate	0.20	4.33	93.16	1380.84	1113.27	1479.4	54.48	35.26	18.010
121	Hermione	0.02	0.09	0.57	0.22	15.04	342.4	1.00	0.63	0.255
130	Elektra	0.02	0.50	11.28	34.22	10.62	593.5	1.27	0.80	0.279
165	Loreley	0.04	0.82	22.57	186.96	138.39	1484.6	2.87	1.97	1.466
189	Phthia	0.02	0.02	0.02	0.57	0.25	792.7	1.11	0.62	0.626
243	Ida	0.02	0.01	0.01	0.24	0.35	1287.1	1.65	0.93	0.986
253	Mathilde	0.01	0.01	0.10	1.38	0.62	456.9	0.49	0.17	0.292
283	Emma	0.01	0.04	0.73	8.36	5.92	591.4	0.83	0.52	0.491

TAB. 6.2 – Les amplitudes crête-à-crête des variations des paramètres étudiés de Venus pour un intervalle de 1000 ans à partir de 2009.81 JD

	asteroide	Δa	$\Delta e \times a$	Δi	$\Delta \Omega$	$\Delta \varpi$	$\Delta \lambda$	$\Delta \alpha$	$\Delta \delta$	$\Delta DIST$
		m	m	$\times 10^{-6\,\prime\prime}$	$\times 10^{-6\,\prime\prime}$	$\times 10^{-6\,\prime\prime}$	$\times 10^{-6\,\prime\prime}$	$\times 10^{-3\,\prime\prime}$	$\times 10^{-3\,\prime\prime}$	$\times 10^{3}\,m$
1	Ceres	8.87	104.44	48.04	31824.58	36061.15	70697.1	242.58	153.35	77.550
2	Pallas	3.62	42.98	1518.87	4481.16	2990.96	13040.6	143.28	113.25	42.321
3	Juno	0.52	12.10	67.55	237.56	844.49	749.8	25.23	18.45	6.999
4	Vesta	5.44	113.26	411.52	6658.59	35311.33	16328.4	213.32	153.64	61.860
6	Hebe	0.36	12.58	87.16	486.58	2490.32	662.9	9.19	6.10	2.309
7	Iris	0.58	15.23	1.46	778.01	1738.25	3190.7	19.07	14.19	6.049
8	Flora	0.23	10.60	18.08	143.25	567.06	1067.7	3.00	1.79	0.979
9	Metis	0.29	10.44	8.03	336.94	2196.53	174.6	1.06	0.91	0.244
10	Hygiea	0.66	14.61	16.99	2080.63	4350.36	1846.3	24.54	17.54	7.118
11	Parthenope	0.13	0.87	9.43	12.09	1109.28	555.2	3.81	2.58	0.877
13	Egeria	0.24	0.50	53.47	939.04	928.80	2454.4	7.61	4.36	2.401
14	Irene	0.18	4.53	2.95	292.02	649.13	210.2	4.23	3.09	1.120
15	Eunomia	0.44	17.32	69.85	2515.55	1056.32	2316.5	2.60	1.96	0.759
16	Psyche	0.68	8.15	18.97	245.12	1104.04	647.7	32.72	23.62	8.963
17	Thetis	0.03	0.53	2.20	4.26	214.40	83.8	0.64	0.41	0.147
18	Melpomene	0.19	4.18	16.55	5.99	669.95	832.9	7.59	5.65	2.282
19	Fortuna	0.20	8.58	6.15	369.17	512.98	1946.5	3.63	2.31	0.462
20	Massalia	0.18	1.71	1.58	146.46	923.53	881.7	6.42	4.69	1.969
21	Lutetia	0.09	0.94	0.24	7.79	692.55	295.9	0.83	0.49	0.270
22	Kalliope	0.11	1.64	6.39	315.61	171.88	98.9	3.02	2.30	0.813
24	Themis	0.14	1.46	0.59	110.14	457.94	793.1	0.92	0.71	0.156
28	Bellona	0.27	0.90	34.00	52.26	1521.36	1362.8	7.35	5.46	2.319
29	Amphitrite	0.22	5.02	43.10	337.81	252.46	1806.8	3.94	1.90	1.247
31	Euphrosyne	0.10	0.90	21.76	238.44	141.32	516.3	1.62	0.88	0.508
45	Eugenia	0.17	4.21	33.42	75.52	850.14	667.1	1.40	0.68	0.388
46	Hestia	0.65	13.46	21.36	588.88	3725.68	168.0	43.07	30.44	11.516
47	Aglaja	0.09	0.21	2.61	23.40	250.51	277.6	1.04	0.72	0.339
48	Doris	0.13	0.91	15.41	180.79	166.18	1191.3	2.13	1.19	0.683
49	Pales	0.08	1.19	0.48	65.28	55.04	315.7	2.85	2.08	0.844
52	Europa	0.15	0.67	21.14	112.82	824.43	911.6	5.38	3.67	1.194
65	Cybele	0.12	0.89	7.80	66.59	786.49	359.0	2.44	1.87	0.771
87	Sylvia	0.13	1.01	4.82	230.32	445.90	256.9	3.85	2.87	1.081
88	Thisbe	0.26	0.76	3.82	476.51	1825.57	703.8	9.55	7.01	2.763
90	Antiope	0.06	0.10	0.06	3.87	94.98	676.6	2.08	1.37	0.656
107	Camilla	0.15	0.27	14.94	65.90	140.83	170.9	1.85	1.25	0.494
111	Ate	2.33	15.16	198.17	6787.42	15143.92	10854.5	79.96	56.84	18.519
121	Hermione	0.06	0.78	1.32	48.97	144.41	429.7	1.21	0.83	0.208
130	Elektra	0.10	1.42	24.89	146.94	390.86	201.8	2.92	1.96	0.743
165	Loreley	0.36	1.35	41.09	1179.52	1587.76	431.0	5.00	3.60	1.490
189	Phthia	0.06	0.04	0.07	1.70	6.69	268.3	0.75	0.43	0.218
243	Ida	0.09	0.11	0.01	0.81	29.90	879.4	3.70	2.61	1.168
253	Mathilde	0.04	0.12	0.27	2.92	32.36	300.3	1.14	0.80	0.360
283	Emma	0.06	0.32	1.42	46.36	89.41	437.9	2.07	1.49	0.654

TAB. 6.3 – Les amplitudes crête-à-crête des variations des paramètres étudiés de EMB pour un intervalle de 1000 ans à partir de 2009.81 JD

	asteroide	Δa m	$\Delta e \times a$ m	Δi $\times 10^{-6}{}''$	$\Delta \Omega$ $\times 10^{-6}{}''$	$\Delta \varpi$ $\times 10^{-6}{}''$	$\Delta \lambda$ $\times 10^{-6}{}''$	$\Delta \alpha$	$\Delta \delta$	$\Delta DIST$
1	Ceres	25.44	543.24	4929.53	464926.36	6311.04	2882.0	0	0	0
2	Pallas	10.61	147.96	219.66	1138450.59	2759.50	26618.4	0	0	0
3	Juno	1.35	29.96	29.84	55190.50	1976.84	5736.1	0	0	0
4	Vesta	19.68	221.17	1729.81	303243.08	55222.26	40243.0	0	0	0
6	Hebe	1.58	44.83	128.57	66754.34	1169.07	2754.6	0	0	0
7	Iris	1.66	43.04	57.84	4648.71	2132.48	2523.0	0	0	0
8	Flora	1.14	36.13	61.19	13731.49	989.26	194.9	0	0	0
9	Metis	1.32	23.42	97.96	18171.59	2828.01	301.3	0	0	0
10	Hygiea	2.15	28.29	122.13	18072.50	6670.65	4666.8	0	0	0
11	Parthenope	0.40	8.02	19.42	6613.72	1071.97	1323.4	0	0	0
13	Egeria	0.65	6.35	114.24	52651.90	504.69	173.3	0	0	0
14	Irene	0.62	17.75	52.09	3431.53	414.28	1124.3	0	0	0
15	Eunomia	2.07	60.98	236.25	49917.70	1191.80	1711.4	0	0	0
16	Psyche	1.67	37.65	18.65	13866.11	2789.47	7791.0	0	0	0
17	Thetis	0.12	0.88	4.59	1578.00	306.01	204.0	0	0	0
18	Melpomene	0.63	16.06	17.73	13773.20	234.73	1303.5	0	0	0
19	Fortuna	1.11	30.45	8.40	5701.77	689.53	2320.5	0	0	0
20	Massalia	0.69	1.97	1.55	1315.43	922.44	953.0	0	0	0
21	Lutetia	0.24	6.68	7.07	685.75	598.55	132.6	0	0	0
22	Kalliope	0.38	3.54	41.72	8467.00	239.47	775.2	0	0	0
24	Themis	0.46	7.42	1.40	908.45	142.14	794.6	0	0	0
28	Bellona	0.68	10.88	40.82	25052.30	1082.84	801.9	0	0	0
29	Amphitrite	0.77	14.57	6.31	36621.46	577.16	632.0	0	0	0
31	Euphrosyne	0.32	2.09	23.02	18359.14	122.70	67.1	0	0	0
45	Eugenia	0.62	10.15	35.99	25097.89	1631.27	501.8	0	0	0
46	Hestia	3.89	78.35	3.22	18091.05	4244.69	10698.9	0	0	0
47	Aglaja	0.14	1.87	0.23	2219.03	223.74	84.9	0	0	0
48	Doris	0.41	1.42	1.14	12170.16	138.49	549.2	0	0	0
49	Pales	0.16	3.50	3.63	498.75	155.47	501.2	0	0	0
52	Europa	0.57	4.26	41.15	14775.02	553.17	2008.5	0	0	0
65	Cybele	0.35	1.91	8.62	5582.95	883.68	375.7	0	0	0
87	Sylvia	0.35	3.94	33.22	6532.74	334.76	847.9	0	0	0
88	Thisbe	0.70	11.84	32.94	2892.13	1809.13	1924.2	0	0	0
90	Antiope	0.09	0.63	0.57	128.93	74.70	95.3	0	0	0
107	Camilla	0.50	1.43	6.53	11211.88	73.74	476.9	0	0	0
111	Ate	9.22	76.05	449.11	151257.96	12292.52	28037.0	0	0	0
121	Hermione	0.19	2.60	9.09	1821.47	60.10	613.5	0	0	0
130	Elektra	0.28	4.68	29.56	17655.73	232.88	840.6	0	0	0
165	Loreley	1.28	5.86	102.85	29936.73	1867.87	974.5	0	0	0
189	Phthia	0.06	0.04	0.07	62.77	3.05	179.2	0	0	0
243	Ida	0.08	0.13	0.02	8.81	11.52	233.6	0	0	0
253	Mathilde	0.07	0.39	0.02	231.66	24.81	92.7	0	0	0
283	Emma	0.09	1.35	3.67	1093.08	54.13	181.1	0	0	0

TAB. 6.4 – Les amplitudes crête-à-crête des variations des paramètres étudiés de Mars pour un intervalle de 1000 ans à partir de 2009.81 JD

	asteroide	Δa	$\Delta e \times a$	Δi	$\Delta \Omega$	$\Delta \varpi$	$\Delta \lambda$	$\Delta \alpha$	$\Delta \delta$	$\Delta DIST$
		m	m	$\times 10^{-6\,\prime\prime}$	$\times 10^{-6\,\prime\prime}$	$\times 10^{-6\,\prime\prime}$	$\times 10^{-6\,\prime\prime}$	$\times 10^{-3\,\prime\prime}$	$\times 10^{-3\,\prime\prime}$	$\times 10^3\,m$
1	Ceres	415.98	1300.02	6764.55	409910.42	101767.79	197860.6	942.73	586.73	382.985
2	Pallas	212.85	2025.01	4517.62	110490.43	21951.17	143118.4	541.05	360.70	208.479
3	Juno	39.00	166.21	381.80	8282.68	1641.27	24833.5	124.33	74.67	52.831
4	Vesta	546.67	4665.96	5665.56	98770.97	50554.94	623437.8	2698.03	1626.20	1067.430
6	Hebe	144.01	607.50	606.18	2122.29	6015.50	40524.1	184.95	81.68	53.178
7	Iris	58.18	508.10	66.78	10277.37	1472.61	2704.3	16.26	6.49	4.802
8	Flora	28.62	351.76	264.02	1527.95	1472.28	23161.3	103.36	62.42	41.854
9	Metis	68.31	608.09	96.37	10037.87	5999.29	6453.2	30.55	18.10	11.897
10	Hygiea	53.59	547.87	225.51	13260.78	5733.69	6918.6	23.68	12.26	8.670
11	Parthenope	8.21	65.47	76.71	197.07	688.70	2268.5	13.49	8.66	5.872
13	Egeria	14.48	57.48	77.63	15907.66	1666.41	6619.3	30.47	19.91	12.179
14	Irene	14.63	79.53	122.26	5390.86	1888.60	11809.0	50.65	30.78	19.928
15	Eunomia	41.96	416.53	593.60	16346.10	1348.32	48827.3	214.75	134.47	88.184
16	Psyche	10.56	135.17	101.18	2213.72	824.14	6357.7	49.87	29.43	22.827
17	Thetis	2.74	23.64	20.28	38.83	173.70	1944.7	8.05	4.89	3.202
18	Melpomene	6.83	57.46	138.65	1381.79	195.62	497.1	5.84	2.61	2.591
19	Fortuna	48.58	308.68	30.60	3799.56	1832.50	46311.2	212.23	129.75	86.063
20	Massalia	80.48	238.10	9.04	2019.27	2971.10	47763.2	213.60	127.51	82.732
21	Lutetia	6.70	48.95	10.87	207.54	516.70	7525.5	32.61	19.84	13.024
22	Kalliope	2.68	36.03	21.37	3708.02	401.75	1934.8	10.13	6.10	4.392
24	Themis	14.25	50.78	1.83	527.69	1237.71	16186.1	68.85	42.35	27.773
28	Bellona	16.14	74.40	214.07	1144.32	2820.14	7919.9	39.86	22.01	15.786
29	Amphitrite	17.27	165.76	224.76	2016.98	2826.97	12679.0	56.04	34.34	22.302
31	Euphrosyne	13.35	56.22	54.02	3639.61	482.37	6169.2	25.18	15.47	10.584
45	Eugenia	8.09	107.31	202.52	1652.15	1867.65	2507.7	10.96	5.70	4.272
46	Hestia	20.52	229.35	112.95	5941.05	1115.98	11354.4	78.04	49.00	35.353
47	Aglaja	0.74	4.29	10.77	84.13	29.63	59.0	0.11	0.05	0.050
48	Doris	4.01	28.68	58.28	2075.39	802.77	969.6	3.13	1.53	1.134
49	Pales	1.64	27.46	5.57	440.77	120.88	210.0	1.11	0.42	0.549
52	Europa	9.83	68.30	131.67	607.09	1828.28	13298.4	61.87	38.92	25.863
65	Cybele	3.06	33.73	37.10	520.46	303.24	2904.3	13.98	8.35	5.803
87	Sylvia	1.97	7.76	16.84	2297.92	229.91	419.7	4.00	2.34	1.872
88	Thisbe	7.67	48.38	54.68	3342.24	256.27	6600.8	34.00	20.57	14.459
90	Antiope	0.87	4.08	0.39	4.31	34.95	628.9	2.84	1.63	1.094
107	Camilla	3.07	6.01	58.24	1078.73	503.13	278.3	0.85	0.37	0.518
111	Ate	218.94	1425.54	1683.83	53568.84	33425.29	328096.7	1502.71	929.58	614.721
121	Hermione	1.00	11.23	4.44	587.15	95.01	1318.8	7.30	4.47	3.172
130	Elektra	4.74	23.88	110.49	393.90	589.79	3224.0	15.83	10.24	6.686
165	Loreley	12.20	52.04	256.16	5936.70	937.68	901.9	3.13	2.00	1.258
189	Phthia	0.13	0.40	0.26	21.06	7.06	152.3	1.11	0.69	0.520
243	Ida	0.11	0.12	0.05	3.56	3.22	28.5	0.72	0.38	0.337
253	Mathilde	0.19	0.40	1.32	42.18	12.88	224.9	0.84	0.54	0.334
283	Emma	0.49	4.92	9.31	230.45	22.56	56.1	0.53	0.26	0.241

Pour le cas de Mars où les résultats sont présentés dans le tableau 6.4 par exemple, on remarque que les amplitudes crête-à-crête des signaux induits par les effets de Cérès sont de l'ordre de 416 m pour a, soit une amplitude inférieure à celle due aux effets de Vesta (547 m) bien que la masse de ce dernier soit nettement plus petite (avec un rapport d'environ 0.3). De même, pour $a_0 \times \Delta e$, on note une amplitude de 1300 m, dépassée par les effets d'astéroïdes plus petits comme Pallas (2025m), Vesta (4666 m) et Ate (1426 m). En ce qui concerne Δi, $\Delta\Omega$ et $\Delta\varpi$, on observe des amplitudes pour Cérès respectivement de 6.76 *mas* (*milliarcsecond* :milliseconde d'angle), 0.410" et 0.101", alors que les effets sur $\Delta\lambda$ atteignent la valeur de 0.197". Là encore, ces valeurs sont nettement dépassées par les effets de Vesta (0.623") et celles d'Ate (0.328"). Si on se penche maintenant sur les effets des astéroïdes sur les trois paramètres fondamentaux du positionnement géocentrique de Mars, on trouve respectivement 0.942" et 0.586" pour $\Delta\alpha$ et $\Delta\delta$, et 383 km pour $\Delta DIST$. Cette dernière valeur est dépassée par les effets de Vesta (1 067 km) et ceux d'Ate (615 km).

Si on observe maintenant les résultats en ce qui concerne le EMB (barycentre Terre-Lune) présentés dans le tableau 6.3, ils montrent des amplitudes crête-à-crête pour les effets de Cérès de 25.44 m, 543 m, 4.93 mas, 465 mas, 6.31 mas et 2.88 mas respectivement pour Δa, $a_0 \times \Delta e$, Δi, $\Delta\Omega$, $\Delta\varpi$ et $\Delta\lambda$. Ces derniers effets sont donc en général plus petits que ceux sur Mars : ceci est logique, puisque Mars est beaucoup plus petite que notre planète, et son orbite est située sensiblement plus proche de la ceinture principale des astéroïdes.

On notera que les effets sur Mercure et sur Venus sont encore sensiblement plus petits comme le montre les tableaux 6.1 et 6.2 : les effets de Cérès sur les neuf paramètres étudiés de Mercure (Δa, $a_0 \times \Delta e$, Δi, $\Delta\Omega$, $\Delta\varpi$, $\Delta\lambda$, $\Delta\alpha$, $\Delta\delta$ et $\Delta DIST$) sont de l'ordre de 1.03 m, 17.04 m, 0.51 mas, 1.53 mas, 5.27 mas, 1.03 mas, 5.57 mas, 3.3 mas et 1.9 km. Ils sont respectivement de 8.87 m, 104.44 m, 0.048 mas, 31.82 mas, 36.06 mas, 70.7 mas, 0.24 mas, 153.35 mas et 77.550 km pour les effets sur les neuf paramètres étudiés de Venus.

6.2 Les effets individuels et combinés

En plus de l'étude des effets individuels de notre échantillon de 43 astéroïdes sur les planètes telluriques, qui ont été obtenus dans le cadre de problème de N corps avec $N = 11$ (Soleil + 9 planètes + astéroïde), nous avons également fait un test en incluant dans notre intégration tous les astéroïdes combinés ensemble, où $N = 53$ (Soleil + 9 planètes + 43 astéroïdes), afin d'évaluer l'erreur provoquée par la négligence des effets dus à l'attraction gravitationnelle entre les astéroïdes eux-mêmes. La Figure 6.3 présente d'une part les effets des 43 astéroïdes combinés sur les trois paramètres de navigation martienne (tireté), d'autre part les perturbations individuelles ajoutées une à une (pointillés). Ici on remarque que les deux signaux sont difficilement distinguables, ce qui confirme que les interactions entre astéroïdes peuvent être négligées au moins en première approximation. Les courbes en noir représentent les résidus obtenus après soustraction des deux signaux correspondant à chaque méthode de calcul. On note que les amplitudes crête-à-crête sont limitées à 6" $\times 10^{-3}$ sur $\Delta\alpha$, 2.3" $\times 10^{-3}$ sur $\Delta\delta$ et 3.1km sur $\Delta DIST$.

De même la Figure 6.4 présente les effets des 43 astéroïdes sur les paramètres orbitaux de Mars obtenus par chacune des deux méthodes (intégration numérique complète ou sommation des effets individuels). Les amplitudes des différences entre ces deux méthodes pour chacun de Δa, $a_0 \times \Delta e$, Δi, $\Delta \Omega$, $\Delta \varpi$ et $\Delta \lambda$ respectivement ne dépassent pas les 3.1 m, $1.1" \times 10^{-11}$, $1.1" \times 10^{-7}$, $8.6" \times 10^{-6}$, $2" \times 10^{-5}$ et $2" \times 10^{-3}$. Ici les calculs sont effectués sur 1000 ans, alors que, pour la clarté de la présentation, les figures concernent un intervalle de temps de 100 ans.

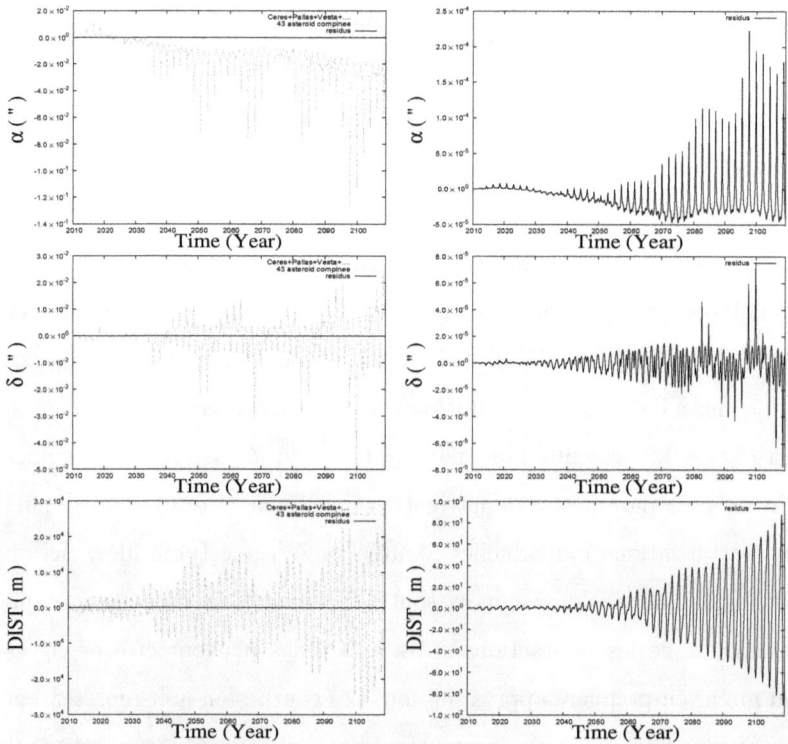

FIG. 6.3 – Effets combinés des 43 astéroïdes sur les paramètres de navigations Martiennes.

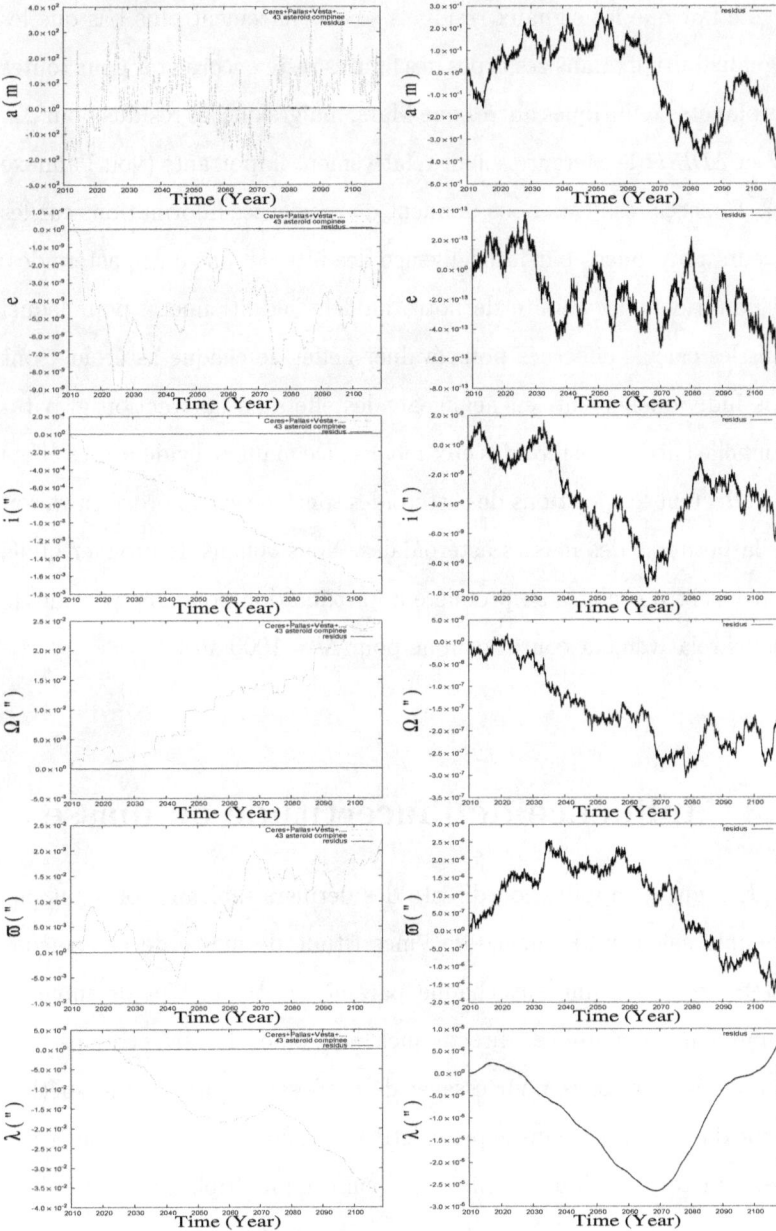

FIG. 6.4 – Effets combinés des 43 astéroïdes sur les paramètres orbitaux de Mars.

Le fait que les signaux résiduels soient nettement plus bas que les signaux initiaux dans ces types des figures reste encore vrai pour toutes les planètes telluriques autres que Mars, malgré que les résidus pour Δa, $\Delta\lambda$ et $\Delta DIST$ de Mercure soient relativement importants (voir l'annexe A). Tous ces résultats nous donnent de précieuses informations sur les erreurs provoquées par la négligence des interactions entre astéroïdes. Ils confirment la validité de notre modèle "additionnel", pour lequel tous les calculs effectués pour évaluer l'effet de chaque astéroïde sont pris individuellement, en négligeant les effets de l'attraction gravitationnelle entre les astéroïdes eux-mêmes. De manière évidente ces effets qui affectent les positions des astéroïdes sont du second ordre en raison de la petitesse des masses astéroïdales. Nous venons de prouver qu'ils peuvent être négligés en première approximation pour une période de temps relativement courte comme pour $\Delta t = 1000$ ans.

6.3   Influence de l'incertitude de masse

En tant qu'application directe des derniers tableaux, on peut par exemple calculer l'influence de l'incertitude de masse de chacun des astéroïde sélectionné sur chaque paramètre étudié, afin de montrer d'une manière simple et directe quels astéroïdes doivent être observés et étudiés en priorité pour essayer de proposer un programme méthodique d'observation dans la perspective du raffinement des éphémérides des planètes telluriques. Pour cela il suffit de multiplier chaque valeur des tableaux 6.1, 6.2, 6.3 et 6.4 par l'incertitude relative de masse $\frac{\Delta M}{M}$ dont la valeur a été déjà donnée pour chaque astéroïde dans le tableau 3.2. Cette démarche montre clairement que l'astéroïde la plus problématique dans notre échantillon de 43 objets est 111 Ate à cause de sa masse relativement importante de $0.84 \times 10^{-10} \ M_\star$ (17.7% de celle de Cérès) déterminé par Ivantsov (2008), en utilisant la méthode d'ajustement des éphémérides DE405 avec des observations terrestres effectuées entre 1950 et 2006.

Avec une incertitude de masse très élevée (22.6%), on observe des influences de l'incertitude de masse d'Ate sur Mars d'environ 100 fois plus grandes que celles de Cérès sur a, 200 fois sur $a \times e$, 44 fois sur i, 23 fois sur Ω, 58 fois sur ϖ, 300 fois sur λ, 283 fois sur α, 280 fois sur δ et 290 fois sur *DIST*. Des incertitudes très importantes sont aussi observées pour 46 Hestia (incertitude de masse de 63%), 20 Massalia (16.9%), 19 Fortuna (14.0%), etc. Ces types de résultats nous permettent de procéder à un classement des astéroïdes selon l'importance des effets de leur incertitude de masse sur chaque paramètre comme nous le montrent les tableaux suivants (de 6.5 à 6.13).

Tab. 6.5 – Indétermination sur le demi-grand axe (a) de Mercure, Vénus, EMB et Mars due à l'incertitude des masses de chaque astéroïde

Mercury asteroide	$\Delta a \times \frac{\Delta M}{M}$ $\times 10^{-3}(m)$	Venus asteroide	$\Delta a \times \frac{\Delta M}{M}$ $\times 10^{-3}(m)$	EMB asteroide	$\Delta a \times \frac{\Delta M}{M}$ $\times 10^{-2}(m)$	Mars asteroide	$\Delta a \times \frac{\Delta M}{M}$ $\times 10^{-2}(m)$
111 Ate	44.19	111 Ate	526.66	46 Hestia	242.82	111 Ate	4952.27
46 Hestia	35.37	46 Hestia	407.06	111 Ate	208.62	6 Hebe	2694.32
165 Loreley	26.69	165 Loreley	226.24	165 Loreley	80.03	9 Metis	1591.65
24 Themis	13.63	7 Iris	115.35	7 Iris	33.20	20 Massalia	1363.49
48 Doris	11.99	3 Juno	104.06	9 Metis	30.87	46 Hestia	1279.92
29 Amphitrite	11.30	16 Psyche	89.83	6 Hebe	29.47	7 Iris	1163.64
45 Eugenia	10.82	28 Bellona	76.51	29 Amphitrite	27.08	3 Juno	780.00
7 Iris	9.22	88 Thisbe	76.39	3 Juno	26.95	165 Loreley	762.32
28 Bellona	9.12	29 Amphitrite	75.65	16 Psyche	22.05	19 Fortuna	682.43
88 Thisbe	8.48	9 Metis	68.17	18 Melpomene	21.34	29 Amphitrite	604.36
18 Melpomene	8.36	6 Hebe	67.95	45 Eugenia	20.62	24 Themis	540.36
47 Aglaja	7.75	48 Doris	66.05	88 Thisbe	20.58	28 Bellona	461.16
14 Irene	7.67	18 Melpomene	64.52	48 Doris	20.27	8 Flora	302.28
9 Metis	7.67	45 Eugenia	56.41	28 Bellona	19.30	13 Egeria	282.53
52 Europa	7.27	24 Themis	51.32	24 Themis	17.32	45 Eugenia	269.76
189 Phthia	6.79	13 Egeria	46.74	19 Fortuna	15.56	14 Irene	258.67
6 Hebe	6.69	52 Europa	34.73	52 Europa	12.90	31 Euphrosyne	251.58
13 Egeria	6.49	47 Aglaja	33.64	13 Egeria	12.64	18 Melpomene	230.65
3 Juno	6.32	14 Irene	31.81	8 Flora	12.06	88 Thisbe	223.97
49 Pales	4.93	20 Massalia	29.91	20 Massalia	11.67	52 Europa	222.51
16 Psyche	4.92	65 Cybele	28.68	14 Irene	11.03	15 Eunomia	199.83
65 Cybele	4.83	19 Fortuna	27.51	15 Eunomia	9.88	48 Doris	196.97
19 Fortuna	4.03	2 Pallas	24.69	65 Cybele	8.39	10 Hygiea	177.05
8 Flora	3.87	8 Flora	23.85	2 Pallas	7.23	2 Pallas	145.08
20 Massalia	3.70	10 Hygiea	21.66	10 Hygiea	7.12	16 Psyche	139.17
31 Euphrosyne	2.86	15 Eunomia	20.74	31 Euphrosyne	6.00	4 Vesta	122.02
17 Thetis	2.26	31 Euphrosyne	19.11	47 Aglaja	5.53	65 Cybele	73.40
15 Eunomia	2.21	189 Phthia	18.83	4 Vesta	4.39	21 Lutetia	62.31
21 Lutetia	2.17	49 Pales	15.40	1 Ceres	3.23	1 Ceres	52.88
10 Hygiea	1.81	4 Vesta	12.14	49 Pales	2.90	49 Pales	30.29
2 Pallas	1.61	1 Ceres	11.28	21 Lutetia	2.19	47 Aglaja	29.33
1 Ceres	1.31	21 Lutetia	7.95	189 Phthia	1.94	130 Elektra	28.55
243 Ida	1.09	130 Elektra	5.93	130 Elektra	1.67	17 Thetis	28.43
130 Elektra	1.08	107 Camilla	4.11	107 Camilla	1.34	11 Parthenope	15.59
4 Vesta	0.99	243 Ida	4.03	17 Thetis	1.24	107 Camilla	8.19
121 Hermione	0.85	17 Thetis	3.58	121 Hermione	1.06	22 Kalliope	6.59
22 Kalliope	0.51	121 Hermione	3.56	22 Kalliope	0.94	121 Hermione	5.52
107 Camilla	0.50	22 Kalliope	2.80	11 Parthenope	0.76	189 Phthia	4.53
253 Mathilde	0.49	11 Parthenope	2.45	243 Ida	0.36	283 Emma	1.05
11 Parthenope	0.39	253 Mathilde	1.72	253 Mathilde	0.29	90 Antiope	1.05
90 Antiope	0.36	283 Emma	1.37	283 Emma	0.20	253 Mathilde	0.82
283 Emma	0.26	90 Antiope	0.75	87 Sylvia	0.14	87 Sylvia	0.80
87 Sylvia	0.11	87 Sylvia	0.53	90 Antiope	0.11	243 Ida	0.51

TAB. 6.6 – Indétermination sur la quantité $a \times e$ de Mercure, Vénus, EMB et Mars due à l'incertitude des masses de chaque astéroïde

Mercury		Venus		EMB		Mars	
astéroide	$\Delta e \times a \times \frac{\Delta M}{M}$ $\times 10^{-3}(m)$	astéroide	$\Delta e \times a \times \frac{\Delta M}{M}$ $\times 10^{-2}(m)$	astéroide	$\Delta e \times a \times \frac{\Delta M}{M}$ $\times 10^{-2}(m)$	astéroide	$\Delta e \times a \times \frac{\Delta M}{M}$ $\times 10^{-2}(m)$
111 Ate	979.11	46 Hestia	839.52	46 Hestia	4887.93	111 Ate	32244.45
46 Hestia	617.38	111 Ate	343.01	111 Ate	1720.28	46 Hestia	14308.14
165 Loreley	514.74	7 Iris	304.61	7 Iris	860.87	9 Metis	14169.07
6 Hebe	320.46	9 Metis	243.30	6 Hebe	838.71	6 Hebe	11365.65
28 Bellona	175.26	3 Juno	242.02	3 Juno	599.24	7 Iris	10162.02
13 Egeria	169.12	6 Hebe	235.39	9 Metis	545.67	29 Amphitrite	5801.75
48 Doris	162.79	29 Amphitrite	175.72	18 Melpomene	542.57	19 Fortuna	4336.36
45 Eugenia	154.42	18 Melpomene	141.08	29 Amphitrite	510.06	20 Massalia	4033.85
2 Pallas	147.45	45 Eugenia	140.44	19 Fortuna	427.73	8 Flora	3715.77
29 Amphitrite	134.32	19 Fortuna	120.49	16 Psyche	496.19	45 Eugenia	3577.04
24 Themis	123.36	8 Flora	112.01	8 Flora	381.64	3 Juno	3324.28
18 Melpomene	95.56	16 Psyche	107.36	165 Loreley	366.38	165 Loreley	3252.47
88 Thisbe	84.37	165 Loreley	84.33	88 Thisbe	345.77	28 Bellona	2125.83
15 Eunomia	83.70	15 Eunomia	82.47	45 Eugenia	338.42	15 Eunomia	1983.46
14 Irene	83.57	14 Irene	80.07	14 Irene	313.68	18 Melpomene	1940.75
52 Europa	67.62	24 Themis	55.33	28 Bellona	310.95	24 Themis	1925.48
31 Euphrosyne	66.19	10 Hygiea	48.26	15 Eunomia	290.38	10 Hygiea	1810.16
8 Flora	64.49	48 Doris	44.53	24 Themis	281.51	16 Psyche	1781.35
7 Iris	55.30	2 Pallas	29.29	13 Egeria	123.83	52 Europa	1546.63
16 Psyche	51.36	20 Massalia	28.97	2 Pallas	100.85	88 Thisbe	1412.50
20 Massalia	46.64	28 Bellona	25.62	52 Europa	96.45	48 Doris	1410.43
3 Juno	45.24	4 Vesta	25.28	10 Hygiea	93.48	14 Irene	1405.76
19 Fortuna	42.01	88 Thisbe	22.22	47 Aglaja	73.59	2 Pallas	1380.24
10 Hygiea	36.59	49 Pales	22.12	48 Doris	69.79	13 Egeria	1121.55
47 Aglaja	33.33	65 Cybele	21.30	1 Ceres	69.06	31 Euphrosyne	1059.67
130 Elektra	30.00	31 Euphrosyne	16.96	49 Pales	64.79	4 Vesta	1041.51
9 Metis	22.65	52 Europa	15.08	21 Lutetia	62.12	65 Cybele	808.74
1 Ceres	21.66	1 Ceres	13.28	4 Vesta	49.37	49 Pales	508.47
21 Lutetia	18.14	13 Egeria	9.85	65 Cybele	45.73	21 Lutetia	455.39
65 Cybele	16.66	21 Lutetia	8.76	31 Euphrosyne	39.41	17 Thetis	245.22
49 Pales	7.71	130 Elektra	8.55	20 Massalia	33.29	47 Aglaja	169.33
107 Camilla	6.46	47 Aglaja	8.36	130 Elektra	28.17	1 Ceres	165.26
189 Phthia	6.13	17 Thetis	5.46	11 Parthenope	15.22	130 Elektra	143.88
121 Hermione	4.86	121 Hermione	4.31	121 Hermione	14.32	11 Parthenope	124.32
11 Parthenope	3.84	22 Kalliope	4.03	17 Thetis	9.12	22 Kalliope	88.52
4 Vesta	3.79	11 Parthenope	1.66	22 Kalliope	8.71	121 Hermione	61.93
17 Thetis	1.60	189 Phthia	1.20	107 Camilla	3.81	107 Camilla	16.02
22 Kalliope	1.36	107 Camilla	0.71	283 Emma	2.91	189 Phthia	13.55
283 Emma	0.94	283 Emma	0.69	253 Mathilde	1.64	283 Emma	10.64
87 Sylvia	0.67	253 Mathilde	0.52	87 Sylvia	1.59	90 Antiope	4.93
243 Ida	0.59	243 Ida	0.49	189 Phthia	1.25	87 Sylvia	3.13
253 Mathilde	0.49	87 Sylvia	0.41	90 Antiope	0.76	253 Mathilde	1.68
90 Antiope	0.32	90 Antiope	0.13	243 Ida	0.62	243 Ida	0.55

TAB. 6.7 – Indétermination sur l'inclinaison (i) de Mercure, Vénus, EMB et Mars due à l'incertitude des masses de chaque astéroïde

Mercury asteroide	$\Delta i \times \frac{\Delta M}{M}$ $\times 10^{-9}(")$	Venus asteroide	$\Delta i \times \frac{\Delta M}{M}$ $\times 10^{-9}(")$	EMB asteroide	$\Delta i \times \frac{\Delta M}{M}$ $\times 10^{-9}(")$	Mars asteroide	$\Delta i \times \frac{\Delta M}{M}$ $\times 10^{-8}(")$
111 Ate	21072.39	111 Ate	44824.96	111 Ate	101583.67	111 Ate	38086.70
165 Loreley	14108.15	165 Loreley	25683.27	165 Loreley	64282.20	165 Loreley	16009.82
6 Hebe	7226.18	6 Hebe	16307.02	6 Hebe	24053.56	6 Hebe	11340.87
46 Hestia	5609.53	29 Amphitrite	15085.30	9 Metis	22826.39	29 Amphitrite	7866.52
45 Eugenia	5390.23	3 Juno	13509.10	13 Egeria	22290.59	3 Juno	7636.07
3 Juno	4746.36	46 Hestia	13326.44	45 Eugenia	11995.61	46 Hestia	7046.72
29 Amphitrite	4697.96	45 Eugenia	11140.19	28 Bellona	11661.44	45 Eugenia	6750.83
28 Bellona	4524.04	13 Egeria	10432.33	7 Iris	11568.68	28 Bellona	6116.23
2 Pallas	3722.75	2 Pallas	10352.56	15 Eunomia	11250.16	18 Melpomene	4682.79
48 Doris	2853.27	28 Bellona	9715.61	88 Thisbe	9617.71	2 Pallas	3079.20
52 Europa	2697.12	48 Doris	7577.35	52 Europa	9318.04	52 Europa	2981.54
18 Melpomene	2217.84	18 Melpomene	5588.56	14 Irene	9207.93	48 Doris	2866.27
15 Eunomia	1843.49	52 Europa	4785.99	8 Flora	6463.55	15 Eunomia	2826.68
9 Metis	1630.62	31 Euphrosyne	4101.54	1 Ceres	6266.35	8 Flora	2788.95
13 Egeria	1379.41	15 Eunomia	3326.26	18 Melpomene	5987.94	9 Metis	2245.46
16 Psyche	1239.40	16 Psyche	2500.25	3 Juno	5968.07	14 Irene	2161.09
8 Flora	1144.42	8 Flora	1909.86	31 Euphrosyne	4338.36	88 Thisbe	1596.50
14 Irene	1092.63	9 Metis	1871.89	10 Hygiea	4035.26	13 Egeria	1514.77
65 Cybele	1006.38	65 Cybele	1869.50	4 Vesta	3861.17	7 Iris	1335.54
31 Euphrosyne	964.64	130 Elektra	1499.26	16 Psyche	2457.16	16 Psyche	1333.42
88 Thisbe	900.60	88 Thisbe	1113.89	29 Amphitrite	2209.93	4 Vesta	1264.63
4 Vesta	697.14	47 Aglaja	1029.26	65 Cybele	2067.41	31 Euphrosyne	1018.35
130 Elektra	679.41	4 Vesta	918.57	46 Hestia	2008.19	65 Cybele	889.58
1 Ceres	643.84	19 Fortuna	864.24	130 Elektra	1780.89	1 Ceres	859.90
7 Iris	627.14	10 Hygiea	561.40	2 Pallas	1497.16	10 Hygiea	745.09
10 Hygiea	421.93	14 Irene	520.85	19 Fortuna	1179.41	130 Elektra	665.58
19 Fortuna	328.74	107 Camilla	398.13	22 Kalliope	1024.95	19 Fortuna	429.94
47 Aglaja	304.52	7 Iris	291.72	49 Pales	671.62	47 Aglaja	424.77
107 Camilla	165.90	20 Massalia	267.35	21 Lutetia	657.66	17 Thetis	210.36
24 Themis	149.36	17 Themis	228.10	48 Doris	561.26	107 Camilla	155.16
17 Thetis	132.44	24 Themis	224.59	24 Themis	530.15	20 Massalia	153.21
20 Massalia	128.83	11 Parthenope	178.97	121 Hermione	501.41	11 Parthenope	145.65
11 Parthenope	102.31	22 Kalliope	157.05	11 Parthenope	368.72	49 Pales	103.12
21 Lutetia	84.63	49 Pales	89.78	20 Massalia	262.54	21 Lutetia	101.13
49 Pales	63.90	121 Hermione	72.53	107 Camilla	173.85	24 Themis	69.49
22 Kalliope	50.17	1 Ceres	61.07	87 Sylvia	134.10	22 Kalliope	52.50
121 Hermione	31.34	283 Emma	30.73	47 Aglaja	89.85	121 Hermione	24.49
283 Emma	15.84	189 Phthia	23.81	283 Emma	79.31	283 Emma	20.12
189 Phthia	8.53	21 Lutetia	22.72	189 Phthia	22.73	189 Phthia	8.75
87 Sylvia	7.75	87 Sylvia	19.45	90 Antiope	6.88	87 Sylvia	6.80
253 Mathilde	4.20	253 Mathilde	11.35	243 Ida	0.80	253 Mathilde	5.60
90 Antiope	0.92	243 Ida	0.69	253 Mathilde	0.69	90 Antiope	0.47
243 Ida	0.26	90 Antiope	0.69			243 Ida	0.23

TAB. 6.8 – Indétermination sur la longitude du nœud ascendant (Ω) de Mercure, Vénus, EMB et Mars due à l'incertitude des masses de chaque astéroïde

Mercury asteroide	$\Delta\Omega \times \frac{\Delta M}{M}$ $\times 10^{-7}(")$	Venus asteroide	$\Delta\Omega \times \frac{\Delta M}{M}$ $\times 10^{-7}(")$	EMB asteroide	$\Delta\Omega \times \frac{\Delta M}{M}$ $\times 10^{-6}(")$	Mars asteroide	$\Delta\Omega \times \frac{\Delta M}{M}$ $\times 10^{-7}(")$
111 Ate	3123.34	111 Ate	15352.50	111 Ate	34213.11	111 Ate	121167.58
46 Hestia	1415.45	165 Loreley	7372.02	165 Loreley	18710.46	165 Loreley	37104.37
165 Loreley	1168.49	46 Hestia	3673.74	29 Amphitrite	12817.51	46 Hestia	37063.41
45 Eugenia	446.86	13 Egeria	1832.27	6 Hebe	12488.96	13 Egeria	31039.35
48 Doris	401.46	7 Iris	1556.02	46 Hestia	11286.16	9 Metis	23389.22
3 Juno	388.31	88 Thisbe	1391.20	3 Juno	11038.10	7 Iris	20554.75
7 Iris	329.27	15 Eunomia	1197.88	13 Egeria	10273.54	3 Juno	16565.36
13 Egeria	315.96	29 Amphitrite	1182.33	45 Eugenia	8365.97	48 Doris	10206.82
88 Thisbe	314.68	6 Hebe	910.33	2 Pallas	7759.64	88 Thisbe	9757.93
6 Hebe	278.89	48 Doris	889.11	28 Bellona	7157.80	14 Irene	9528.64
28 Bellona	267.46	9 Metis	785.11	48 Doris	5985.32	15 Eunomia	7783.86
29 Amphitrite	243.16	10 Hygiea	687.43	18 Melpomene	4651.87	29 Amphitrite	7059.43
2 Pallas	240.21	19 Fortuna	518.62	9 Metis	4234.16	31 Euphrosyne	6860.61
16 Psyche	192.68	14 Irene	516.17	31 Euphrosyne	3460.67	45 Eugenia	5507.18
15 Eunomia	186.64	3 Juno	475.13	52 Europa	3345.57	19 Fortuna	5337.64
10 Hygiea	169.45	31 Euphrosyne	449.46	15 Eunomia	2377.03	1 Ceres	5210.73
19 Fortuna	167.65	24 Themis	417.64	16 Psyche	1827.32	18 Melpomene	4666.97
24 Themis	163.89	1 Ceres	404.55	8 Flora	1450.51	10 Hygiea	4381.32
18 Melpomene	155.00	16 Psyche	323.03	65 Cybele	1338.73	6 Hebe	3970.56
52 Europa	148.01	2 Pallas	305.43	130 Elektra	1063.60	20 Massalia	3421.08
65 Cybele	126.56	52 Europa	255.45	7 Iris	929.74	28 Bellona	3269.50
9 Metis	125.80	45 Eugenia	251.75	47 Aglaja	875.40	16 Psyche	2917.31
31 Euphrosyne	114.17	20 Massalia	248.14	88 Thisbe	844.38	4 Vesta	2204.71
20 Massalia	82.89	65 Cybele	159.66	19 Fortuna	800.99	24 Themis	2000.95
8 Flora	73.47	8 Flora	151.32	4 Vesta	676.88	8 Flora	1614.03
49 Pales	29.71	28 Bellona	149.30	14 Irene	606.54	52 Europa	1374.66
4 Vesta	28.67	4 Vesta	148.63	10 Hygiea	597.11	65 Cybele	1248.01
47 Aglaja	24.68	49 Pales	120.90	1 Ceres	591.01	22 Kalliope	911.06
130 Elektra	20.62	47 Aglaja	92.29	24 Themis	344.48	49 Pales	816.24
1 Ceres	19.39	130 Elektra	88.52	107 Camilla	298.72	47 Aglaja	331.90
21 Lutetia	14.94	22 Kalliope	77.54	20 Massalia	222.86	121 Hermione	323.79
107 Camilla	14.35	121 Hermione	27.01	22 Kalliope	208.03	107 Camilla	287.41
17 Thetis	9.89	18 Melpomene	20.22	17 Thetis	163.68	130 Elektra	237.29
11 Parthenope	9.60	107 Camilla	17.56	11 Parthenope	125.58	21 Lutetia	193.06
22 Kalliope	8.59	283 Emma	10.02	121 Hermione	100.45	87 Sylvia	92.77
14 Irene	3.58	87 Sylvia	9.30	49 Pales	92.36	189 Phthia	72.06
189 Phthia	1.93	21 Lutetia	7.25	21 Lutetia	63.79	283 Emma	49.82
283 Emma	1.81	189 Phthia	5.82	87 Sylvia	26.37	17 Thetis	40.27
87 Sylvia	0.76	17 Thetis	4.42	283 Emma	23.63	11 Parthenope	37.42
253 Mathilde	0.59	11 Parthenope	2.30	189 Phthia	21.48	253 Mathilde	17.88
90 Antiope	0.32	253 Mathilde	1.24	253 Mathilde	9.82	243 Ida	1.67
121 Hermione	0.12	90 Antiope	0.47	90 Antiope	1.56	90 Antiope	0.52
243 Ida	0.11	243 Ida	0.38	243 Ida	0.41		

TAB. 6.9 – Indétermination sur la longitude du périastre (ϖ) de Mercure, Vénus, EMB et Mars due à l'incertitude des masses de chaque astéroïde

Mercury		Venus		EMB		Mars	
asteroide	$\Delta\varpi \times \frac{\Delta M}{M}$ $\times 10^{-7}('')$	asteroide	$\Delta\varpi \times \frac{\Delta M}{M}$ $\times 10^{-5}('')$	asteroide	$\Delta\varpi \times \frac{\Delta M}{M}$ $\times 10^{-6}('')$	asteroide	$\Delta\varpi \times \frac{\Delta M}{M}$ $\times 10^{-6}('')$
111 Ate	2518.11	111 Ate	342.54	111 Ate	2780.45	111 Ate	7560.48
46 Hestia	977.52	46 Hestia	232.43	46 Hestia	2648.06	9 Metis	1397.89
165 Loreley	864.93	165 Loreley	99.24	165 Loreley	1167.42	6 Hebe	1125.43
29 Amphitrite	473.80	88 Thisbe	53.30	9 Metis	658.95	29 Amphitrite	989.44
9 Metis	375.57	9 Metis	51.18	45 Eugenia	543.76	28 Bellona	805.75
45 Eugenia	340.82	6 Hebe	46.59	88 Thisbe	528.19	46 Hestia	696.21
88 Thisbe	215.76	28 Bellona	43.47	7 Iris	426.50	45 Eugenia	622.55
13 Egeria	204.32	7 Iris	34.77	3 Juno	395.37	165 Loreley	586.05
48 Doris	196.60	45 Eugenia	28.34	16 Psyche	367.60	20 Massalia	503.37
28 Bellona	175.32	18 Melpomene	22.63	28 Bellona	309.38	24 Themis	469.33
24 Themis	168.14	65 Cybele	18.86	10 Hygiea	220.40	52 Europa	413.99
6 Hebe	159.40	52 Europa	18.67	6 Hebe	218.72	48 Doris	394.81
7 Iris	157.21	13 Egeria	18.12	65 Cybele	211.90	14 Irene	333.82
52 Europa	151.02	24 Themis	17.36	29 Amphitrite	202.01	3 Juno	328.25
16 Psyche	147.59	3 Juno	16.89	20 Massalia	156.28	13 Egeria	325.15
10 Hygiea	129.19	20 Massalia	15.65	52 Europa	125.26	7 Iris	294.52
19 Fortuna	111.91	16 Psyche	14.55	4 Vesta	123.26	19 Fortuna	257.43
65 Cybele	110.75	10 Hygiea	14.37	8 Flora	104.50	10 Hygiea	189.44
14 Irene	109.31	14 Irene	11.47	13 Egeria	98.48	8 Flora	155.52
3 Juno	106.78	47 Aglaja	9.88	19 Fortuna	96.87	2 Pallas	149.62
15 Eunomia	104.18	29 Amphitrite	8.84	47 Aglaja	88.26	1 Ceres	129.37
8 Flora	86.61	48 Doris	8.17	18 Melpomene	79.28	4 Vesta	112.85
18 Melpomene	74.48	4 Vesta	7.88	14 Irene	73.23	16 Psyche	108.61
1 Ceres	67.05	19 Fortuna	7.21	48 Doris	68.11	31 Euphrosyne	90.93
20 Massalia	62.49	21 Lutetia	6.44	15 Eunomia	56.75	88 Thisbe	74.82
4 Vesta	58.15	8 Flora	5.99	21 Lutetia	55.68	65 Cybele	72.71
2 Pallas	46.38	15 Eunomia	5.03	24 Themis	53.90	18 Melpomene	66.07
47 Aglaja	46.15	1 Ceres	4.58	17 Thetis	31.74	15 Eunomia	64.21
31 Euphrosyne	26.37	31 Euphrosyne	2.66	49 Pales	28.79	21 Lutetia	48.07
21 Lutetia	21.35	130 Elektra	2.35	31 Euphrosyne	23.13	130 Elektra	35.53
49 Pales	18.41	11 Parthenope	2.11	11 Parthenope	20.35	49 Pales	22.39
17 Thetis	10.96	2 Pallas	2.04	2 Pallas	18.81	17 Thetis	18.02
11 Parthenope	9.71	49 Pales	1.02	130 Elektra	14.03	107 Camilla	13.40
22 Kalliope	9.13	121 Hermione	0.80	1 Ceres	8.02	11 Parthenope	13.08
121 Hermione	8.29	107 Camilla	0.38	22 Kalliope	5.88	47 Aglaja	11.69
107 Camilla	6.48	189 Phthia	0.23	121 Hermione	3.31	22 Kalliope	9.87
130 Elektra	6.40	283 Emma	0.19	107 Camilla	1.96	121 Hermione	5.24
87 Sylvia	1.68	87 Sylvia	0.18	87 Sylvia	1.35	189 Phthia	2.42
283 Emma	1.28	243 Ida	0.14	283 Emma	1.17	87 Sylvia	0.93
189 Phthia	0.86	253 Mathilde	0.14	253 Mathilde	1.05	253 Mathilde	0.55
90 Antiope	0.40	90 Antiope	0.11	189 Phthia	1.04	283 Emma	0.49
253 Mathilde	0.26			90 Antiope	0.90	90 Antiope	0.42
243 Ida	0.17			243 Ida	0.54	243 Ida	0.15

TAB. 6.10 – Indétermination sur la longitude moyenne (λ) de Mercure, Vénus, EMB et Mars due à l'incertitude des masses de chaque astéroïde

Mercury			Venus			EMB			Mars		
	asteroide	$\Delta\lambda \times \frac{\Delta M}{M}$ $\times 10^{-5}('')$		asteroide	$\Delta\lambda \times \frac{\Delta M}{M}$ $\times 10^{-5}('')$		asteroide	$\Delta\lambda \times \frac{\Delta M}{M}$ $\times 10^{-5}('')$		asteroide	$\Delta\lambda \times \frac{\Delta M}{M}$ $\times 10^{-5}('')$
46	Hestia	133.41	111	Ate	245.52	46	Hestia	667.45	111	Ate	7421.24
165	Loreley	92.79	7	Iris	63.81	111	Ate	634.17	20	Massalia	809.21
24	Themis	80.17	29	Amphitrite	63.24	3	Juno	114.72	6	Hebe	758.16
48	Doris	80.09	48	Doris	58.59	16	Psyche	102.67	46	Hestia	708.35
52	Europa	44.30	13	Egeria	47.89	165	Loreley	60.91	19	Fortuna	650.58
45	Eugenia	43.35	28	Bellona	38.94	88	Thisbe	56.18	24	Themis	613.76
14	Irene	40.06	24	Themis	30.07	6	Hebe	51.54	3	Juno	496.67
7	Iris	36.43	18	Melpomene	28.13	7	Iris	50.46	29	Amphitrite	443.77
111	Ate	33.46	19	Fortuna	27.34	52	Europa	45.48	52	Europa	301.12
9	Metis	27.17	165	Loreley	26.94	18	Melpomene	44.03	8	Flora	244.66
189	Phthia	27.13	45	Eugenia	22.24	19	Fortuna	32.60	15	Eunomia	232.51
18	Melpomene	26.23	52	Europa	20.64	24	Themis	30.13	28	Bellona	226.29
28	Bellona	21.29	88	Thisbe	20.55	48	Doris	27.01	14	Irene	208.73
3	Juno	20.91	3	Juno	15.00	28	Bellona	22.91	9	Metis	192.72
88	Thisbe	15.11	20	Massalia	14.94	29	Amphitrite	22.12	88	Thisbe	150.37
8	Flora	14.65	6	Hebe	12.40	14	Irene	19.87	4	Vesta	139.16
6	Hebe	13.89	8	Flora	11.28	2	Pallas	18.14	13	Egeria	129.16
47	Aglaja	13.16	15	Eunomia	11.03	45	Eugenia	16.73	31	Euphrosyne	116.29
17	Thetis	12.08	47	Aglaja	10.95	20	Massalia	16.15	2	Pallas	97.55
16	Psyche	11.44	46	Hestia	10.49	10	Hygiea	15.42	16	Psyche	83.78
13	Egeria	10.93	31	Euphrosyne	9.73	49	Pales	9.28	45	Eugenia	83.59
49	Pales	10.49	189	Phthia	9.18	65	Cybele	9.01	21	Lutetia	70.01
29	Amphitrite	9.63	1	Ceres	8.99	4	Vesta	8.98	65	Cybele	69.64
243	Ida	6.03	2	Pallas	8.89	15	Eunomia	8.15	165	Loreley	56.37
10	Hygiea	5.85	65	Cybele	8.61	9	Metis	7.02	7	Iris	54.09
65	Cybele	5.32	16	Psyche	8.54	189	Phthia	6.13	48	Doris	47.69
130	Elektra	3.58	10	Hygiea	6.10	130	Elektra	5.06	1	Ceres	25.15
21	Lutetia	3.54	49	Pales	5.85	121	Hermione	3.38	10	Hygiea	22.86
20	Massalia	2.76	243	Ida	4.12	13	Egeria	3.38	17	Thetis	20.17
22	Kalliope	2.22	9	Metis	4.07	47	Aglaja	3.35	130	Elektra	19.42
4	Vesta	2.19	14	Irene	3.72	11	Parthenope	2.51	18	Melpomene	16.79
31	Euphrosyne	2.02	4	Vesta	3.64	17	Thetis	2.12	121	Hermione	7.27
253	Mathilde	1.94	21	Lutetia	2.75	8	Flora	2.06	189	Phthia	5.21
15	Eunomia	1.90	121	Hermione	2.37	22	Kalliope	1.90	22	Kalliope	4.75
121	Hermione	1.89	253	Mathilde	1.27	107	Camilla	1.27	11	Parthenope	4.31
107	Camilla	1.89	130	Elektra	1.22	31	Euphrosyne	1.27	49	Pales	3.89
11	Parthenope	1.83	11	Parthenope	1.05	21	Lutetia	1.23	47	Aglaja	2.33
19	Fortuna	1.39	283	Emma	0.95	243	Ida	1.10	253	Mathilde	0.95
2	Pallas	1.38	17	Thetis	0.87	253	Mathilde	0.39	90	Antiope	0.76
283	Emma	1.28	90	Antiope	0.82	283	Emma	0.39	107	Camilla	0.74
90	Antiope	0.66	107	Camilla	0.46	1	Ceres	0.37	87	Sylvia	0.17
87	Sylvia	0.35	22	Kalliope	0.24	87	Sylvia	0.34	243	Ida	0.13
1	Ceres	0.13	87	Sylvia	0.10	90	Antiope	0.12	283	Emma	0.12

TAB. 6.11 – Indétermination sur l'ascension droite (α)de Mercure, Vénus, EMB et Mars due à l'incertitude des masses de chaque astéroïde

Mercury asteroide	$\Delta\alpha \times \frac{\Delta M}{M}$ $\times 10^{-5}('')$	Venus asteroide	$\Delta\alpha \times \frac{\Delta M}{M}$ $\times 10^{-4}('')$	EMB asteroide	$\Delta\alpha \times \frac{\Delta M}{M}$ $\times 10^{0}('')$	Mars asteroide	$\Delta\alpha \times \frac{\Delta M}{M}$ $\times 10^{-4}('')$
111 Ate	1232.30	46 Hestia	268.66	1 Ceres	0.00	111 Ate	3398.98
46 Hestia	1217.68	111 Ate	180.87	2 Pallas	0.00	46 Hestia	486.88
3 Juno	232.63	3 Juno	50.45	3 Juno	0.00	20 Massalia	361.88
16 Psyche	207.54	16 Psyche	43.12	4 Vesta	0.00	6 Hebe	346.02
165 Loreley	179.33	7 Iris	38.15	6 Hebe	0.00	19 Fortuna	298.14
88 Thisbe	119.28	165 Loreley	31.23	7 Iris	0.00	24 Themis	261.05
18 Melpomene	99.72	88 Thisbe	27.87	8 Flora	0.00	3 Juno	248.66
6 Hebe	93.02	18 Melpomene	25.63	9 Metis	0.00	29 Amphitrite	196.15
7 Iris	80.10	28 Bellona	21.00	10 Hygiea	0.00	52 Europa	140.09
48 Doris	71.03	6 Hebe	17.19	11 Parthenope	0.00	28 Bellona	113.88
24 Themis	67.33	13 Egeria	14.86	13 Egeria	0.00	8 Flora	109.19
19 Fortuna	64.95	29 Amphitrite	13.80	14 Irene	0.00	15 Eunomia	102.26
52 Europa	62.06	52 Europa	12.18	15 Eunomia	0.00	88 Thisbe	99.25
29 Amphitrite	49.99	20 Massalia	10.88	16 Psyche	0.00	14 Irene	89.53
189 Phthia	37.88	48 Doris	10.50	17 Thetis	0.00	9 Metis	71.19
45 Eugenia	34.97	2 Pallas	9.77	18 Melpomene	0.00	16 Psyche	65.72
2 Pallas	34.79	10 Hygiea	8.11	19 Fortuna	0.00	4 Vesta	60.22
9 Metis	33.08	14 Irene	7.48	20 Massalia	0.00	13 Egeria	59.46
28 Bellona	31.45	65 Cybele	5.86	21 Lutetia	0.00	31 Euphrosyne	47.47
14 Irene	31.42	49 Pales	5.28	22 Kalliope	0.00	2 Pallas	36.88
20 Massalia	30.98	19 Fortuna	5.10	24 Themis	0.00	45 Eugenia	36.55
10 Hygiea	25.32	4 Vesta	4.76	28 Bellona	0.00	65 Cybele	33.52
65 Cybele	21.65	45 Eugenia	4.68	29 Amphitrite	0.00	7 Iris	32.52
8 Flora	16.95	47 Aglaja	4.11	31 Euphrosyne	0.00	21 Lutetia	30.34
15 Eunomia	16.33	24 Themis	3.50	45 Eugenia	0.00	18 Melpomene	19.72
4 Vesta	15.51	8 Flora	3.17	46 Hestia	0.00	165 Loreley	19.57
47 Aglaja	15.22	1 Ceres	3.08	47 Aglaja	0.00	48 Doris	15.38
49 Pales	14.48	31 Euphrosyne	3.05	48 Doris	0.00	1 Ceres	11.98
17 Thetis	11.90	189 Phthia	2.58	49 Pales	0.00	130 Elektra	9.53
13 Egeria	10.87	9 Metis	2.46	52 Europa	0.00	17 Thetis	8.35
243 Ida	7.73	130 Elektra	1.76	65 Cybele	0.00	10 Hygiea	7.83
130 Elektra	7.63	243 Ida	1.73	87 Sylvia	0.00	121 Hermione	4.03
121 Hermione	5.49	15 Eunomia	1.24	88 Thisbe	0.00	189 Phthia	3.81
11 Parthenope	3.69	21 Lutetia	0.77	90 Antiope	0.00	11 Parthenope	2.56
22 Kalliope	2.43	22 Kalliope	0.74	107 Camilla	0.00	22 Kalliope	2.49
21 Lutetia	2.40	11 Parthenope	0.72	111 Ate	0.00	49 Pales	2.06
253 Mathilde	2.08	121 Hermione	0.67	121 Hermione	0.00	47 Aglaja	0.44
31 Euphrosyne	1.92	17 Thetis	0.66	130 Elektra	0.00	253 Mathilde	0.36
283 Emma	1.80	107 Camilla	0.49	165 Loreley	0.00	90 Antiope	0.34
107 Camilla	1.76	253 Mathilde	0.48	189 Phthia	0.00	243 Ida	0.34
1 Ceres	0.71	283 Emma	0.45	243 Ida	0.00	107 Camilla	0.23
90 Antiope	0.48	90 Antiope	0.25	253 Mathilde	0.00	87 Sylvia	0.16
87 Sylvia	0.46	87 Sylvia	0.16	283 Emma	0.00	283 Emma	0.11

TAB. 6.12 – Indétermination sur la déclinaison (δ) de Mercure, Vénus, EMB et Mars due à l'incertitude des masses de chaque astéroïde

Mercury		Venus		EMB		Mars	
asteroide	$\Delta\delta \times \frac{\Delta M}{M}$ $\times 10^{-5}("")$	asteroide	$\Delta\delta \times \frac{\Delta M}{M}$ $\times 10^{-4}("")$	asteroide	$\Delta\delta \times \frac{\Delta M}{M}$ $\times 10^{0}("")$	asteroide	$\Delta\delta \times \frac{\Delta M}{M}$ $\times 10^{-5}("")$
111 Ate	797.55	46 Hestia	189.90	1 Ceres	0.00	111 Ate	21026.19
46 Hestia	792.93	111 Ate	128.56	2 Pallas	0.00	46 Hestia	3056.81
3 Juno	156.25	3 Juno	36.89	3 Juno	0.00	20 Massalia	2160.34
16 Psyche	136.65	16 Psyche	31.12	4 Vesta	0.00	19 Fortuna	1822.69
165 Loreley	123.29	7 Iris	28.38	6 Hebe	0.00	24 Themis	1605.89
88 Thisbe	78.38	165 Loreley	22.52	7 Iris	0.00	6 Hebe	1528.18
18 Melpomene	67.90	88 Thisbe	20.48	8 Flora	0.00	3 Juno	1493.40
6 Hebe	59.53	18 Melpomene	19.08	9 Metis	0.00	29 Amphitrite	1201.85
7 Iris	48.16	28 Bellona	15.59	10 Hygiea	0.00	52 Europa	881.26
19 Fortuna	41.83	6 Hebe	11.41	11 Parthenope	0.00	8 Flora	659.40
52 Europa	38.49	13 Egeria	8.51	13 Egeria	0.00	15 Eunomia	640.33
24 Themis	36.40	52 Europa	8.32	14 Irene	0.00	28 Bellona	628.79
48 Doris	34.66	20 Massalia	7.94	15 Eunomia	0.00	88 Thisbe	600.68
29 Amphitrite	31.72	2 Pallas	7.72	16 Psyche	0.00	14 Irene	544.06
2 Pallas	22.57	29 Amphitrite	6.64	17 Thetis	0.00	9 Metis	421.65
189 Phthia	21.28	48 Doris	5.86	18 Melpomene	0.00	13 Egeria	388.49
14 Irene	21.01	10 Hygiea	5.80	19 Fortuna	0.00	16 Psyche	387.90
20 Massalia	20.99	14 Irene	5.46	20 Massalia	0.00	4 Vesta	362.99
28 Bellona	20.62	65 Cybele	4.48	21 Lutetia	0.00	31 Euphrosyne	291.69
45 Eugenia	19.96	49 Pales	3.84	24 Themis	0.00	2 Pallas	245.85
10 Hygiea	16.76	4 Vesta	3.43	28 Bellona	0.00	65 Cybele	200.20
65 Cybele	14.17	19 Fortuna	3.24	29 Amphitrite	0.00	45 Eugenia	189.97
9 Metis	10.87	47 Aglaja	2.82	31 Euphrosyne	0.00	21 Lutetia	184.53
4 Vesta	10.34	24 Themis	2.68	45 Eugenia	0.00	7 Iris	129.87
15 Eunomia	10.05	45 Pales	2.27	46 Hestia	0.00	165 Loreley	124.99
49 Pales	9.21	9 Metis	2.13	47 Aglaja	0.00	18 Melpomene	88.28
47 Aglaja	5.80	1 Ceres	1.95	48 Doris	0.00	48 Doris	75.30
8 Flora	5.09	8 Flora	1.89	49 Pales	0.00	1 Ceres	74.58
130 Elektra	4.80	31 Euphrosyne	1.66	52 Europa	0.00	130 Elektra	61.72
13 Egeria	4.56	189 Phthia	1.48	65 Cybele	0.00	17 Thetis	50.72
243 Ida	4.36	243 Ida	1.22	87 Sylvia	0.00	10 Hygiea	40.51
17 Thetis	4.05	130 Elektra	1.18	88 Thisbe	0.00	121 Hermione	24.65
121 Hermione	3.47	15 Eunomia	0.93	90 Antiope	0.00	189 Phthia	23.66
11 Parthenope	2.35	22 Kalliope	0.57	107 Camilla	0.00	11 Parthenope	16.44
22 Kalliope	1.65	11 Parthenope	0.49	111 Ate	0.00	22 Kalliope	14.99
21 Lutetia	1.42	121 Hermione	0.46	121 Hermione	0.00	49 Pales	7.74
31 Euphrosyne	1.21	21 Lutetia	0.45	130 Elektra	0.00	253 Mathilde	2.29
107 Camilla	1.19	17 Thetis	0.43	165 Loreley	0.00	47 Aglaja	2.16
283 Emma	1.13	253 Mathilde	0.34	189 Phthia	0.00	90 Antiope	1.97
253 Mathilde	0.73	107 Camilla	0.33	243 Ida	0.00	243 Ida	1.77
1 Ceres	0.42	283 Emma	0.32	253 Mathilde	0.00	107 Camilla	0.99
87 Sylvia	0.29	90 Antiope	0.17	283 Emma	0.00	87 Sylvia	0.95
90 Antiope	0.15	87 Sylvia	0.12			283 Emma	0.56

Tab. 6.13 – Indétermination sur la distance (*DIST*) de Mercure, Vénus, EMB et Mars due à l'incertitude des masses de chaque astéroïde

Mercury	$\Delta DIST \times \frac{\Delta M}{M}$ $\times 10^0 (m)$	Venus	$\Delta DIST \times \frac{\Delta M}{M}$ $\times 10^0 (m)$	EMB	$\Delta DIST \times \frac{\Delta M}{M}$ $\times 10^0 (m)$	Mars	$\Delta DIST \times \frac{\Delta M}{M}$ $\times 10^0 (m)$
111 Ate	4073.74	46 Hestia	7184.52	1 Ceres	0.00	111 Ate	139044.10
46 Hestia	3782.45	111 Ate	4188.84	2 Pallas	0.00	46 Hestia	22055.13
165 Loreley	916.20	3 Juno	1399.89	3 Juno	0.00	20 Massalia	14016.59
3 Juno	824.34	7 Iris	1209.70	4 Vesta	0.00	19 Fortuna	12090.17
16 Psyche	718.58	16 Psyche	1181.23	6 Hebe	0.00	3 Juno	10566.12
48 Doris	429.47	165 Loreley	931.12	7 Iris	0.00	24 Themis	10531.30
88 Thisbe	428.74	88 Thisbe	806.58	8 Flora	0.00	6 Hebe	9948.96
24 Themis	409.79	18 Melpomene	770.59	9 Metis	0.00	29 Amphitrite	7805.64
18 Melpomene	391.27	28 Bellona	662.53	10 Hygiea	0.00	52 Europa	5856.20
6 Hebe	283.14	13 Egeria	468.42	11 Parthenope	0.00	28 Bellona	4510.37
19 Fortuna	220.82	29 Amphitrite	436.53	13 Egeria	0.00	8 Flora	4421.21
189 Phthia	214.23	14 Irene	432.03	14 Irene	0.00	88 Thisbe	4221.34
45 Eugenia	213.72	48 Doris	335.68	15 Eunomia	0.00	15 Eunomia	4199.23
29 Amphitrite	193.07	20 Massalia	333.67	16 Psyche	0.00	14 Irene	3522.35
7 Iris	186.00	2 Pallas	288.46	17 Thetis	0.00	16 Psyche	3008.18
9 Metis	182.47	52 Europa	270.33	18 Melpomene	0.00	9 Metis	2772.05
14 Irene	180.04	10 Hygiea	235.19	19 Fortuna	0.00	4 Vesta	2382.66
2 Pallas	114.65	14 Irene	197.95	20 Massalia	0.00	13 Egeria	2376.39
20 Massalia	104.96	65 Cybele	184.85	21 Lutetia	0.00	31 Euphrosyne	1995.00
52 Europa	100.20	49 Pales	156.28	22 Kalliope	0.00	45 Eugenia	1423.88
8 Flora	98.61	4 Vesta	138.08	24 Themis	0.00	2 Pallas	1420.99
65 Cybele	85.12	47 Aglaja	133.58	28 Bellona	0.00	65 Cybele	1391.56
28 Bellona	81.86	45 Eugenia	129.20	29 Amphitrite	0.00	21 Lutetia	1211.49
17 Thetis	72.16	8 Flora	103.45	31 Euphrosyne	0.00	7 Iris	960.30
10 Hygiea	70.72	1 Ceres	98.58	45 Eugenia	0.00	18 Melpomene	875.10
13 Egeria	63.56	31 Euphrosyne	95.83	46 Hestia	0.00	165 Loreley	785.95
47 Aglaja	61.06	189 Phthia	74.72	47 Aglaja	0.00	48 Doris	557.76
15 Eunomia	55.59	24 Themis	59.06	48 Doris	0.00	1 Ceres	486.84
4 Vesta	46.54	9 Metis	56.95	49 Pales	0.00	130 Elektra	402.76
49 Pales	46.45	243 Ida	54.77	52 Europa	0.00	17 Thetis	332.10
243 Ida	46.23	130 Elektra	44.75	65 Cybele	0.00	10 Hygiea	286.44
130 Elektra	16.80	15 Eunomia	36.12	87 Sylvia	0.00	189 Phthia	177.82
21 Lutetia	14.81	21 Lutetia	25.10	88 Thisbe	0.00	121 Hermione	174.91
121 Hermione	14.04	22 Kalliope	19.96	90 Antiope	0.00	11 Parthenope	111.49
253 Mathilde	12.39	11 Parthenope	16.64	107 Camilla	0.00	22 Kalliope	107.91
283 Emma	10.61	253 Mathilde	15.27	111 Ate	0.00	49 Pales	101.64
31 Euphrosyne	8.88	17 Thetis	15.20	121 Hermione	0.00	47 Aglaja	19.69
11 Parthenope	7.98	283 Emma	14.15	130 Elektra	0.00	243 Ida	15.80
107 Camilla	7.17	121 Hermione	11.46	165 Loreley	0.00	253 Mathilde	14.17
22 Kalliope	6.90	90 Antiope	7.92	189 Phthia	0.00	107 Camilla	13.81
90 Antiope	2.88	87 Sylvia	4.36	243 Ida	0.00	90 Antiope	13.21
1 Ceres	2.43			253 Mathilde	0.00	87 Sylvia	7.56
87 Sylvia	1.40			283 Emma	0.00	283 Emma	5.21

6.4 Résoudre le problème de 111 Ate : analyse des rencontres proches

En nous appuyant sur ce qui précède, on prend conscience que l'on dispose d'un moyen permettant d'identifier directement quels sont les astéroïdes les plus problématiques, à savoir ceux qui nécessiteraient une étude observationnelle approfondie pour déduire une valeur plus précise de leur masse, dont l'indétermination occasionne des incertitudes importantes sur les éphémérides des planètes telluriques.

D'après les tableaux du chapitre précèdent, on observe que le plus problématique de notre échantillon est l'astéroïde 111 Ate, dont la masse aussi bien que son incertitude sont toutes deux importantes. Nous nous sommes donc intéressés à cet astéroïde particulier comme exemple caractéristique. L'enjeu pour cet astéroïde est d'exploiter, dans un avenir aussi proche que possible, la technique reposant sur les mesures de perturbation gravitationnelle qu'il est susceptible de produire sur d'autres astéroïdes lors d'une rencontre proche.

Ainsi nous avons commencé par considérer les 465 992 astéroïdes listés dans la base d'éléments osculateurs des astéroïdes (*ASTORB*), version du 26 septembre 2009. La question est de savoir parmi ces innombrables objets quels sont ceux donnant lieu à une rencontre proche avec notre astéroïde 111 Ate dans un avenir lui-même assez proche (quelques décennies). Malgré la grande quantité d'astéroïdes traités dans ce contexte d'étude, notre programme s'exécute facilement et parfaitement en utilisant des techniques algorithmiques séquentielles avec une bibliothèque en Fortran MPI (Message Passing Interface) permettant l'utilisation de plusieurs processeurs, afin de pouvoir bénéficier des gains de performance promis par le serveur du SYRTE *LSD*[1]. Il s'agit d'un serveur de calcul Dell PowerEdge R710, mis en service en Janvier 2010 et tournant sous LINUX CentOS version 64 bits.

Pour un période de 1 000 ans, toujours à partir du 26 septembre 2009, on a trouvé 295 704 astéroïdes rencontrant 111 Ate avec une distance plus grande que 0.1 UA, 155 184 astéroïdes avec une distance comprise entre 0.01 et 0.1 UA et 4 866 astéroïdes avec une distance comprise entre 0.001 et 0.01 UA. Finalement 35 astéroïdes sont trouvés avec une distance plus petite que 0.001 UA. On présente dans le tableau suivant les rencontres proches de 111 Ate dans les années à venir avec les astéroïdes concernés y compris leurs paramètres orbitaux (*a*, *e*, *i*, Ω, ϖ et leur anomalie moyenne *Am*), leurs période de révolution, leur distance minimale avec 111 Ate et l'instant de la rencontre proche. Une telle étude peut facilement être étendue à d'autres objets dont l'incertitude de masse pose des problèmes quant à la précision des éphémérides. C'est le cas par exemple de 46 Hestia, 20 Massalia, 19 Fortune, 3 Junon, 24 Themis ... etc.

Tab. 6.14 – Quelques astéroïdes qui rencontrent 111 Ate

Astéroïde	*a* (UA)	*e*	*i* (deg)	Ω (deg)	ϖ (deg)	*Am* (deg)	Period (ans)	Distance (UA)	T
2008 UC91	2.7048	0.2566	15.2243	71.2602	298.9759	98.3104	4.4480	0.0031	2022.5222
2000 WF99	2.6482	0.0707	9.5332	75.8896	21.4425	356.8166	4.3090	0.0041	2016.2471
2002 VO80	2.3847	0.1969	7.5744	94.4618	278.3649	343.5920	3.6821	0.0049	2014.3936
2003 CH3	2.5333	0.2062	8.2799	94.5651	54.2345	234.4219	4.0317	0.0038	2020.6167
2002 PY182	2.7276	0.0933	8.8762	352.6870	270.6438	251.6411	4.5044	0.0042	2019.5599
2005 AY15	2.6431	0.2267	2.8237	115.9997	308.3321	67.3043	4.2965	0.0025	2025.0192
2000 KY46	3.1612	0.2347	14.9056	224.1045	27.3530	240.9499	5.6200	0.0047	2011.2094
1999 XJ130	2.9193	0.3426	5.5540	304.1450	87.7598	10.5530	4.9874	0.0036	2010.1910
2000 BN48	2.9810	0.2271	9.7481	133.9310	19.7552	301.4903	5.1463	0.0031	2010.4456
2002 LR60	2.2900	0.2173	6.3081	307.2489	290.7179	64.0200	3.4651	0.0044	2018.7878

[1]http://syrte.obspm.fr/informatique/moyens_informatique.php

6.5 Comparaison INPOP08-DE405

La très grande majorité des 550 000 astéroïdes répertoriés à ce jour dans le Système Solaire ont une incertitude de masse très grande. De plus leurs orbites ne sont pas toutes déterminées avec précision. Enfin les temps de calcul sont souvent trop importants pour tenir compte des perturbations engendrées individuellement par chacun d'eux sur les planètes. Ceci rend impossible la prise en compte systématique des masses, et donc des influences de ces objets séparément dans les calculs d'éphémérides. Le problème est en partie résolu en remplaçant tous les astéroïdes, à l'exception des 300 dont l'influence sur la trajectoire de Mars est jugée la plus importante, par un anneau circulaire. Il s'agit-là d'un type de modélisation introduit par Krasinsky et al. (2002) et repris pour DE414 (Konopliv et al., 2006), puis pour INPOP (Fienga et al., 2008).

Bien que nous limitions notre étude, aux astéroïdes relativement massifs dont les précisions de détermination de masses sont jugées relativement satisfaisantes, puisqu'on a la plupart de ces astéroïdes ont une incertitude de masse qui peut s'avérer très gênante pour la précision des éphémérides planétaires. C'est le cas par exemple de 165 Loreley dont la masse est connue avec une marge d'erreur relative de 62.5 %. Ceci indique que notre connaissance des masses astéroïdales est encore très limitée. Le tableau 3.2 montre toutefois que les masses des plus gros astéroïdes sont déterminées avec une précision relativement bonne, atteignant même 0.127% dans le cas de Cérès. En guise d'exemple pour caractériser la dégradation des éphémérides provoqués par l'incertitude des masses, nous montrons, dans la figure 6.5, la différence entre deux déterminations de la distance EMB-Mars (courbe tireté), l'une à partir des éphémérides planétaires DE405 et l'autre à partir des éphémérides planétaires INPOP08. Cette différence est comparée avec l'influence de l'incertitude de masse pour 111 Ate (courbe en noir), qui a une masse relativement importante, d'ailleurs très proche de l'estimation de la masse de l'anneau $(1 \pm 0.3 \times 10^{-10} M_\odot)$, avec une incertitude elle-même très importante de 22%.

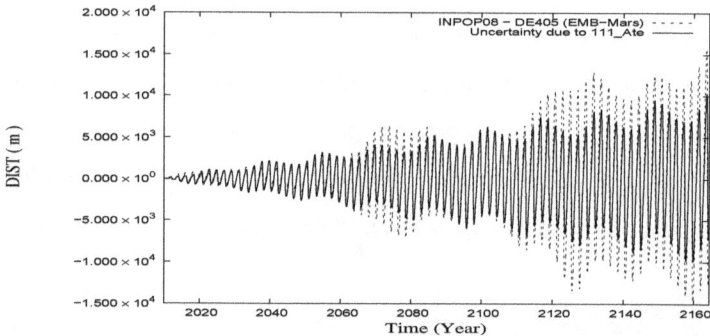

Fig. 6.5 – La différence de la distance EMB-à-Mars entre DE405 et INPOP08 (tireté) et l'influence de l'incertitude de masse d'Ate (noir).

A la vue de cette dernière figure, on peut prendre conscience que l'incertitude de masse d'un seul astéroïde (111 Ate) provoque une indétermination de la distance EMB-Mars apparemment très proche des écarts entre les éphémérides eux-mêmes, que ce soit en amplitude et en aspect (sinusoïdes de même fréquence).

D'une part, on peut conclure que les modèles dynamiques dans les deux éphémérides planétaires sont limités de manière prédominante par les perturbations de certains astéroïdes sur les orbites des planètes intérieures. D'autre part la correspondance étonnante de la phase, de la fréquence et de l'amplitude des deux courbes (noir et tireté) dans la dernière figure suggère que la différence de masse d'Ate entre les deux éphémérides est largement responsable de leur écart. Pour compléter notre étude, les courbes dans la figure 6.6 montrent les effets sur la distance EMB-Mars dus à l'incertitude de masse de 46 Hestia, 20 Massalia, 19 Fortuna, 1 Cérès, 2 Pallas, et 4 Vesta. Notons que, pour ces trois derniers astéroïdes, qui sont de loin les plus gros, l'effet est négligeable à cause de la très bonne précision de détermination relative des masses, respectivement de 0.127%,0.682% et 0.223%.

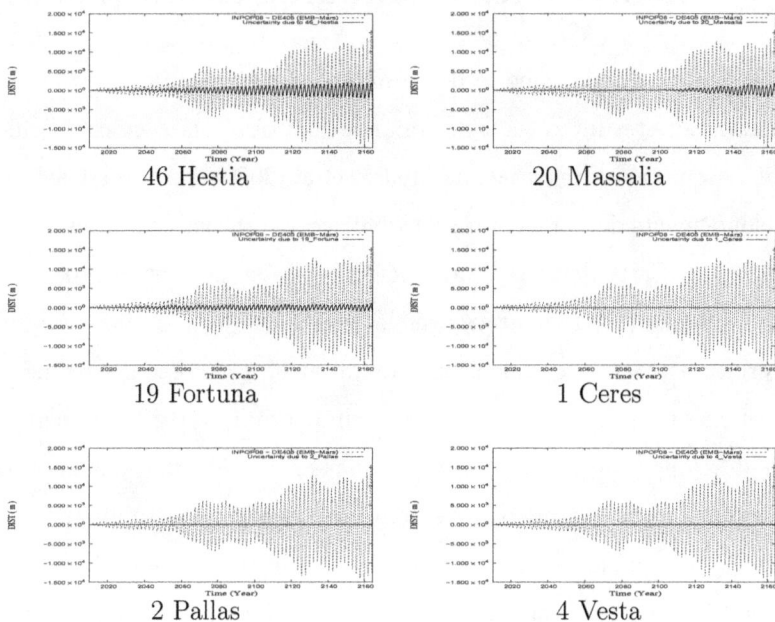

FIG. 6.6 – La différence de la distance EMB-à-Mars entre DE405 et INPOP08 (tireté) et l'influence de l'incertitude de masse de Hestia, Massalia, Fortuna, Cérès, Pallas, et Vesta (noir).

Ici, nous limitons notre comparaison à un intervalle de temps de 160 ans à partir du 26 septembre 2009. Notons que les éphémérides DE405 utilisées se présentent sous forme de tables de coefficients de développement en polynômes de Tchebychev représentant les coordonnées rectangulaires du Soleil, de la Lune et des 9 planètes (de Mercure à Pluton) sur un intervalle du 09/12/1599 au 1/2/2200 alors que dans le cas d'INPOP08, l'intervalle de temps va du 3/5/973 au 26/8/3026.

6.6 Comparaison avec les résultats semi-analytiques de Mouret et al., (2009)

Pour vérifier la validité des résultats numériques de notre étude, il apparait très intéressant de comparer ces résultats avec ceux semi-analytiques issus de l'étude de Mouret et al (2009) en utilisant des développements de la fonction perturbatrice suivant les équations (2.56) et (2.58). Cette dernière étude a été réalisée en suivant la procédure de Williams (1984) pour trouver les astéroïdes les plus influents sur l'orbite de Mars. Les calculs de Mouret et al. (2009) sont effectués à partir d'un logiciel construit initialement par Simon (1987), qui permet de développer au premier ordre des masses les perturbations induites par un astéroïde donné sur les six éléments elliptiques d'une planète ($\sigma_{k=1,\ldots,6}$) tels qu'ils sont représentés dans la théorie semi-analytique VSOP82 (voir le chapitre 4). La méthode de Mouret est basée sur une décomposition harmonique des expressions des éléments orbitaux perturbés, par rapport aux longitudes moyennes de la planète $\overline{\lambda} = \lambda_0 + \overline{n}t$ et de l'astéroïde $\overline{\lambda'} = \lambda_0' + \overline{n}'t$. Ici λ_0 et λ_0' sont respectivement les constantes d'intégration des longitudes moyennes correspondant à leur valeur à $t = 0$. De plus $\bar{n}$ et $\bar{n}'$ sont respectivement les moyens mouvements de la planète et de l'astéroïde. On notera que, dans l'analyse de Mouret et al. (2009) l'intervalle de temps considéré est de 1000 ans. Enfin les constantes liées aux éléments orbitaux des astéroïdes sont définies à partir des éléments osculateurs donnés dans *ASTORB*, alors que celles liées à Mars sont définis à partir de DE405. L'expression de la perturbation sur un élément orbital σ_k de Mars $(k = 1, ..., 6)$ peut être écrite comme

$$\Delta\sigma_k = \sigma_k^{sec}t + \sum_{i,j} a_{ij}^k \cos(i\bar{\lambda} + j\bar{\lambda}') + b_{ij}^k \sin(i\bar{\lambda} + j\bar{\lambda}'), \qquad (6.1)$$

Le coefficient σ_k^{sec} désigne le terme séculaire, qui n'est pas utilisé dans l'application de cette décomposition pour chaque perturbation des 2274 astéroïdes sélectionnés dans leur échantillon. Ce dernier contient les 343 astéroïdes inclus dans les éphémérides de JPL (DE). Il regroupe les astéroïdes avec un diamètre IRAS ou MIMPS et ceux ayant une masse estimée directement avec une précision meilleure que 10%. Noton que leur étude porte uniquement sur le demi-grand axe et la longitude moyenne de Mars, qui sont les deux seuls éléments orbitaux étudiés par Williams (1984).

Le tableau 6.15 montre la comparaison de notre détermination numérique des périodes et des amplitudes des sinusoïdes qui caractérisent les signaux avec la détermination semi-analytique de l'étude de Mouret et al. (2009). Ces derniers n'ont donné les résultats que pour la variation du demi-grand axe et de la longitude moyenne de

Mars dus à l'influence des plus gros astéroïdes. Nos tables de comparaison se restreignent à l'influence gravitationnelle de Cérès, Pallas et
Vesta. Elles montrent un accord presque parfait entre les deux études.
Cette adéquation nous semblait être une raison suffisante pour ne pas
avoir à comparer nos résultats avec d'autres études postérieures comme
l'étude de Kuchynka et al, (2010). On note dans ce tableau la présence
de composantes dans nos calculs qui ne sont pas mentionnées dans
les calculs de Mouret, avec parfois des amplitudes importantes. Par
exemple, dans le cas des effets de Cérès sur le demi-grand axe on a
des nouveaux termes avec des amplitudes de l'ordre de 19.56 m, 8.52
m, 5.63 m et 4.78 m avec des périodes respectives de 1.12 y, 0.75 y,
76.55 y et 0.56 y. La raison pour laquelle ces termes ne pouvaient pas
être détectés avec la méthode semi-analytique provient sans doute de
la complexité des développements qu'elle engendre, même au premier
ordre des masses et excentricités.

TAB. 6.15 – La comparaison des composantes sinusoïdales (crête-à-
crête amplitudes) trouvées dans cette étude avec l'étude analytique de
(Mouret et al., 2009).

| demi-grand axe (a) | | | | | | longitude moyenne (λ) | | | | | |
| nos analyses | | Mouret | | | | nos analyses | | Mouret | | | |
Période (y)	Amplitude (m)	Période (y)	Amplitude (m)	Argument $i\,\lambda_M$ i	$+$ $j\,\lambda_c$ j	Période (y)	Amplitude $\times 10^{-3}$"	Période (y)	Amplitude $\times 10^{-3}$"	Argument $i\,\lambda_M$ i	$+$ $j\,\lambda_c$ j
				Ceres							
10.280	59.5370	10.25	59.390	1	-2	10.280	0.573	10.25	0.571	1	-2
44.330	57.5675	45.77	60.587	2	-5	44.330	1.768	45.77	1.914	2	-5
1.590	49.3516	1.59	49.517	2	-2	76.553	0.205				
2.429	36.2161	2.43	36.352	2	-3	1.590	0.108	1.59	0.127	2	-4
5.139	24.9480	5.12	25.132	2	-4	2.429	0.108	2.43	0.109	2	-2
1.118	19.5619					5.139	0.126	5.12	0.108	2	-3
1.060	20.0837	1.06	19.897	3	-3			1.06	0.081	1	-1
1.377	18.4410	1.38	18.550	3	-4			1.38	0.081	3	-7
8.342	15.4159	8.37	15.708	1	-3	8.342	0.0589	8.37	0.060	1	-3
3.180	14.8437	3.18	14.900	1	-1	3.180	0.0803	3.18	0.039	3	-4
1.964	11.4949	1.96	11.369	3	-5			1.96	0.036	3	-3
0.961	9.6248	0.96	9.694	4	-5			0.96	0.032	0	1
0.745	8.5178							0.79	0.030	3	-5
0.795	8.1945	0.79	7.944	4	-4	13.378	0.069	13.20	0.025	3	-6
13.378	6.9088	13.20	7.465	3	-7			3.42	0.022	4	-10
76.553	5.6321										
0.738	4.8935	0.74	4.952	5	-6						
0.559	4.5750										
0.879	4.0163	0.88	3.934	5	-7						

continué sur la page suivante

| demi-grand axe (a) | | | | | | longitude moyenne (λ) | | | | | |
| nos analyses | | Mouret | | | | nos analyses | | Mouret | | | |
Période (y)	Amplitude (m)	Période (y)	Amplitude (m)	$i\,\lambda_M$ i	$+\ j\,\lambda_c$ j	Période (y)	Amplitude $\times10^{-3\,\prime\prime}$	Période (y)	Amplitude $\times10^{-3\,\prime\prime}$	$i\,\lambda_M$ i	$+\ j\,\lambda_c$ j
					Pallas						
49.058	73.5324	48.65	74.350	2	-5	49.058	2.521	48.65	2.537	2	-5
1.118	19.0229					59.790	0.333				
12.855	14.7998	12.89	14.750	3	-7	24.517	0.209	24.32	0.227	4	-10
24.518	14.1215	24.32	13.883	4	-10	12.855	0.148	12.89	0.153	3	-7
5.093	13.0090	5.10	13.224	2	-4	17.424	0.088	17.54	0.099	5	-12
59.793	10.3114										
2.421	9.6624	2.42	9.619	2	-3						
0.745	7.7000										
17.424	6.2069	17.54	7.121	5	-12						
1.588	7.1841	1.59	6.537	2	-2						
10.185	6.8003	10.19	6.508	1	-2						
8.433	6.9895	8.43	6.358	1	-3						
3.395	5.7901	3.40	5.789	3	-6						
7.196	5.5975	7.18	5.505	3	-8						
					Vesta						
1.118	55.4908					51.657	4.372				
25.855	38.9394	25.93	38.746	2	-4	25.854	0.679	25.93	0.668	2	-4
1.952	30.6734	1.95	30.368	2	-2	4.223	0.112	4.22	0.110	2	-3
4.223	25.5473	4.22	24.983	2	-3	40.162	0.107				
0.745	23.9577					17.237	0.104	17.29	0.103	3	-6
1.301	15.7973	1.30	15.708	3	-3	1.118	0.096				
2.029	13.9884	2.03	13.254	3	-4	15.779	0.083				
3.904	11.5442	3.90	11.325	1	-1	1.952	0.078	1.95	0.078	2	-2
4.598	10.5150	4.59	9.829	3	-5	32.816	0.078				
17.238	9.9542	17.29	9.140	3	-6	3.904	0.071				
0.976	8.5505	0.98	8.198	4	-4			3.90	0.070	1	-1
1.335	8.3356	1.33	8.078	4	-5	2.029	0.036	2.03	0.035	3	-4
						1.301	0.032	1.30	0.031	3	-3
								4.59	0.045	3	-5

6.7 Les effets individuels des astéroïdes

La suite de notre étude a pour objet de répondre aux besoins d'analyses détaillées dédiées à l'un des points critiques des éphémérides planétaires contemporaines : celles des perturbations induites par les astéroïdes du Système Solaire sur les planètes telluriques. En fait, des études préliminaires sur la modélisation et l'estimation des ces perturbations ont été mises en place, comme celle de Standish et Fienga (2002) dans laquelle les auteurs cherchent à évaluer les impacts des erreurs d'estimation des masses des astéroïdes inclus dans les modèles dynamiques des éphémérides, sur les positions héliocentriques de la Terre et de Mars. Une approche analytique et numérique a été proposée par Fienga et Simon (2005) pour démontrer l'importance des perturbations des astéroïdes de la ceinture principale sur Mercure et Vénus. Les résultats de ce travail ont été obtenus en développant une solution numérique des mouvements orbitaux en utilisant un algorithme développé par Moshier (1992) basé sur une méthode d'Adams-Cowell et comparé avec la solution VSOP2002b et la solution de JPL DE405.

Notons que des études détaillées et systématiques au sujet des effets individuels des astéroïdes sur les planètes telluriques ont été initiées par Jean Souchay et collègues dès 2007 et présentées cette même année dans un poster lors d'un colloque CelMech à Spoleto (en Italie). Ce poster présentait des résultats préliminaires des courbes d'influence des gros astéroïdes Cérès, Pallas et Vesta sur la planète Mars. Une étude a été publiée plus tard sur le sujet, en particulier sur la vérification de la possibilité de caractériser les effets individuels de chaque astéroïde donné sur les mouvements orbitaux du barycentre Terre-Lune et de Mars, en montrant des résultats préliminaires concernant les effets de Cérès Pallas et Vesta sur les paramètres d'orientation géocentrique de Mars (Souchay et al., 2009).

Parallèlement à ces efforts, une thèse très riche et remarquable à plus d'un titre a été effectuée à partir de 2007 par Petr Kuchynka a l'IMCCE, sous la direction de Jacques Laskar et Agnès Fienga. Elle a été consacrée à l'étude de perturbations induites par les astéroïdes sur les mouvements des planètes et des sondes spatiales autour du point de Lagrange L2. Dans cette thèse on trouve un chapitre sur les estimations numériques des perturbations induites par les 27 142 astéroïdes présents dans la base d'éléments osculateurs ASTORB, dont la magnitude absolue H est inférieure à 14, sur les distances Terre-planètes. Cependant, ce travail ne montre pas explicitement les effets de chacun des astéroïdes concernés.

Dans le même temps, l'étude semi-analytique susmentionnée de Mouret et al. (2009) est apparue, qui se cantonne de déterminer de manière explicite les effets sur les demi-grand axe et longitude moyenne de Mars dus à un échantillon d'astéroïdes choisis.

Par contraste, dans notre étude nous avons estimé la perturbation de chacun des six éléments orbitaux des planètes telluriques (a, e, i, Ω, ϖ et λ) ainsi que la perturbation sur les paramètres d'orientation géocentrique (α, δ, $DIST$) dues aux 43 astéroïdes du tableau 3.2, pour un intervalle de 1000 ans à partir du 26 septembre 2009. Puis nous avons appliqué notre analyse en fréquence expliquée dans le chapitre 5 sur chacune des 1419 courbes obtenues. Les données nécessaires pour faire notre analyse sur cet intervalle de temps occupent environ 3 gigaoctets pour chaque courbe. Donc, on a besoin d'un total d'environ 4 téraoctets pour traiter toutes les courbes. C'est la raison pour laquelle on a finalement limité notre analyse à un intervalle de 100 ans, c'est l'intervalle qui nécessite 350 mégaoctets par courbe et donc environ 500 gigaoctets au total pour faire tourner nos programmes en environ 65 heures, sur le serveur *LSD* du SYRTE.

En raison de l'ampleur des résultats obtenus à ce stade, leur présentation constitue un défi organisationnel de taille, qui mériterait qu'on s'y attarde. Mais dans un souci de simplicité nous avons décidé de ne présenter dans ce livre que les effets des trois gros astéroïdes (1 Cérès, 2 Pallas et 4 Vesta) et ceux de l'astéroïde le plus problématique (111 Ate) sur le demi-grand axe (*a*) de Mars et de EMB, ainsi que sur la distance EMB-Mars (*DIST*), en appliquant notre jeu complet de trois méthodes successives (intégration numérique, analyse en fréquences et ajustement par moindres carrés aux courbes) montrant l'influence de chaque astéroïde. Notons que les autres effets de ces quatre astéroïdes sont présentés dans l'annexe B. Notons aussi que tous nos résultats sur les quatre planètes telluriques sont bien présentés dans notre base de données ASETEP, qui compte à ce jour environ 2 865 fichiers issus de figures et tableaux.

6.7.1   Variation du demi-grand axe de Mars

Dans les figures 6.7, 6.8, 6.9 et 6.10 nous montrons l'influence de l'action gravitationnelle de 1 Cérès, 2 Pallas, 4 Vesta et 111 Ate sur le demi-grand axe de Mars sur un intervalle de 100 ans à partir de 26/09/2009. Ce qui nous intéresse ici est d'étudier finement les parties périodiques du signal obtenues après avoir effectué directement une régression quadratique caractérisant les termes constant (*BIAS*), linéaire (*LINEAR*) et quadratique (T^2). Les parties périodiques des signaux, les ajustements par moindres carrés selon l'équation (5.2) en combinant les termes de Fourier et de Poisson, ainsi que les résidus sont tous représentés respectivement en tireté, pointillés et noir.

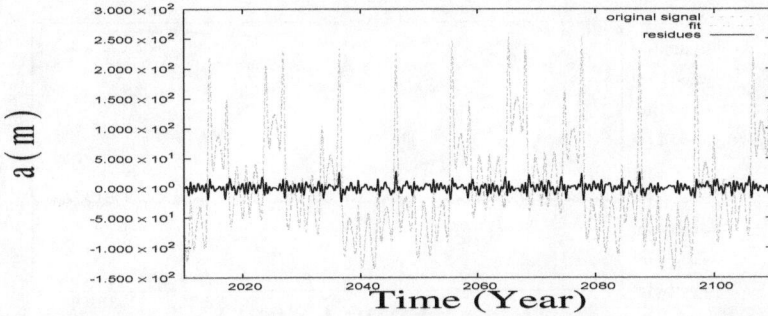

FIG. 6.7 – Effets de Cérès sur le demi-grand axe (a) de Mars pour un intervalle de 100 ans à partir de 26 septembre 2009.

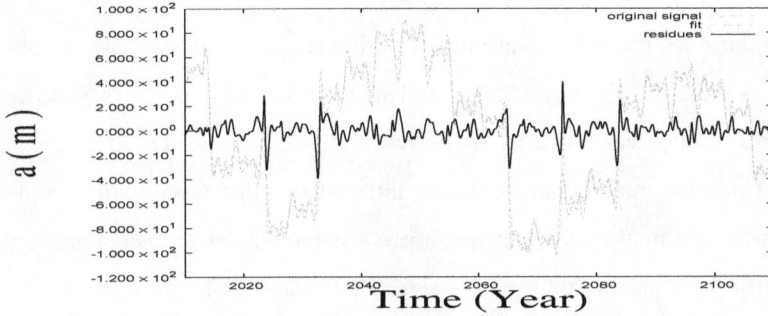

FIG. 6.8 – Effets de Pallas sur le demi-grand axe (a) de Mars pour un intervalle de 100 ans à partir de 26 septembre 2009.

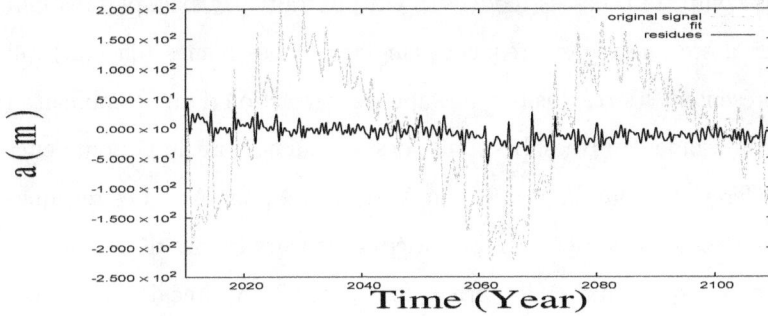

FIG. 6.9 – Effets de Vesta sur le demi-grand axe (a) de Mars pour un intervalle de 100 ans à partir de 26 septembre 2009.

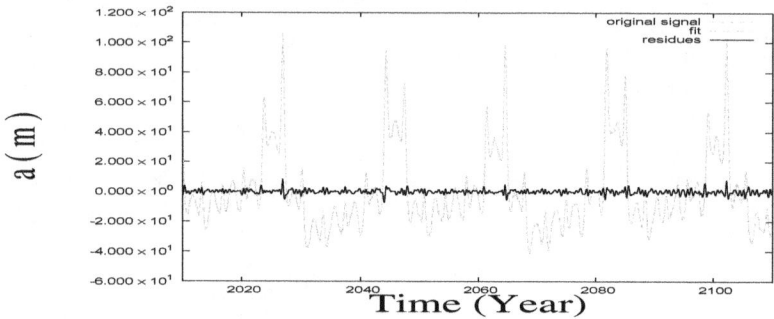

FIG. 6.10 – Effets de 111 Ate sur le demi-grand axe (a) de Mars pour un intervalle de 100 ans à partir de 26 septembre 2009.

Dans les courbes mentionnées ci-dessus, on remarque des amplitudes pic-à-pic d'environ 389 m, 193 m, 404 m et 144 m pour les effets de Cérès, Pallas, Vesta et Ate respectivement. On note que ces amplitudes sont proches mais la nature des signaux est très différente selon chaque courbe. On peut considérer que notre ajustement est globalement jugé plutôt satisfaisant, puisque les signaux résiduels sont nettement plus bas que les signaux initiaux. Néanmoins, quelques oscillations nettes apparaissent encore dans ces résidus, ce qui nécessiterait une étude plus complète pour les modéliser. On pourrait, par exemple, réappliquer notre analyse en fréquence sur les courbes planes (en noir) qui représentent les résidus obtenus après soustraction d'une combinaison des sinusoïdes trouvées. Les sinusoïdes sont au nombre de 17 pour l'effet de Cérès, 11 pour Pallas, 9 pour Vesta et 33 pour Ate. Les quelques premières sinusoïdes sont répertoriées avec leurs termes de Fourier, de Poisson (équation 5.2), les termes constants (*BIAS*), linéaire (*LINEAR*) et quadratique (T^2) et aussi les dispersions et les amplitudes pic-à-pic du signal initial en noir (*Before*) et en vert (*After*) dans les tableaux

6.16, 6.17, 6.18 et 6.19. Ce sont les tableaux tels qu'ils sont représentés typiquement dans notre base des données ASETEP, Le temps t y est donné en années juliennes, sa valeur étant $t = 2009,81$ à l'origine, qui correspond au 26 septembre 2009.

Remarque importante :

En fait, on notera qu'ajuster au mieux le signal selon l'équation 5.2 nécessite l'introduction de plusieurs sinusoïdes qui peuvent apparaitre, d'amplitude élevées individuellement par rapport au signal lui-même, mais qui combinées les unes aux autres donnent le meilleur ajustement possible. Par conséquent, nous ne devrions pas nous référer directement aux termes de Fourier et de Poisson pour évaluer l'amplitude d'une composante à une fréquence (f_i) donné, mais à l'amplitude crête-à-crête de $F_i(t)$ au cours de l'intervalle de temps considéré. Donc, en guise d'information, cette amplitude est donnée dans les dernières colonnes des tableaux, sachant que les les composantes des ces tableaux ont été rangées dans l'ordre décroissant par rapport aux périodes.

TAB. 6.16 – Les principaux coefficients de Fourier et de Poisson pour les effets de Cérès sur le demi-grand axe (a) de Mars sur un intervalle de 100 ans à partir de 26/9/2009, qui correspond à T=2009.81

BIAS : 0.651033 $\times 10^{+5}$							
LINEAR : -0.630938 $\times 10^{+2}$							
T^2 : 0.152893 $\times 10^{-1}$							
Period	Period	SIN	COS		T SIN	T COS		Amplitude
(Day)	(Year)	$\times 10^{0}$	$\times 10^{0}$	$\times 10^{0}$	$\times 10^{-2}$	$\times 10^{-2}$	$\times 10^{-2}$	$\times 10^{0}(m)$
17079.569	46.761	659.357	- 1150.449	1326.003	- 29.513	56.251	79.550	110.705
4849.402	13.277	- 50.728	26.656	57.305	2.754	- 1.100	1.555	37.142
3752.001	10.272	57.882	48.784	75.698	- 0.204	- 1.168	1.652	65.136
3050.053	8.351	- 33.380	- 18.383	38.107	1.625	0.146	0.206	17.102
1876.353	5.137	14.025	15.853	21.167	0.471	- 1.123	1.587	25.756
1250.956	3.425	0.459	- 0.414	0.618	0.125	- 0.269	0.380	8.714
1161.213	3.179	- 1.048	- 33.017	33.034	- 0.256	0.961	1.358	16.777
Dispersion		Before= 80.665229			After= 6.637311			
Amplitude		Before= 390.753521			After= 50.020900			

TAB. 6.17 – Les principaux coefficients de Fourier et de Poisson pour les effets de Pallas sur le demi-grand axe (a) de Mars sur un intervalle de 100 ans à partir de 26/9/2009, qui correspond à T=2009.81

			BIAS :	$0.571162 \times 10^{+5}$					
			LINEAR :	$-0.561764 \times 10^{+2}$					
			T^2 :	0.137994×10^{-1}					
Period	Period	SIN	COS		T SIN	T COS		Amplitude	
(Day)	(Year)	$\times 10^1$	$\times 10^1$	$\times 10^1$	$\times 10^{-2}$	$\times 10^{-2}$	$\times 10^{-1}$	$\times 10^0 (m)$	
18381.691	50.326	3478.266	- 7811.691	8551.073	- 1696.045	3789.352	535.895	84.109	
11970.474	32.773	2347.353	- 1746.983	2926.092	- 1152.719	831.004	117.522	184.589	
7968.117	21.816	- 92.732	92.088	130.689	46.381	- 44.477	6.290	232.825	
4784.714	13.100	- 5.535	- 8.558	10.192	3.071	3.549	0.502	24.213	
3746.980	10.259	3.918	4.900	6.273	- 1.606	- 2.244	0.317	11.898	
3051.159	8.354	- 1.630	2.782	3.224	0.545	- 1.172	0.166	10.160	
2583.313	7.073	- 6.370	- 1.962	6.666	2.856	0.879	0.124	5.439	
1864.290	5.104	13.135	- 8.307	15.542	- 6.090	3.468	0.490	15.968	
1243.720	3.405	6.613	- 0.406	6.625	- 2.947	0.272	0.038	6.529	
884.991	2.423	4.465	7.570	8.789	- 1.902	- 3.288	0.465	11.743	
715.271	1.958	5.309	- 1.116	5.425	- 2.359	0.551	0.078	5.297	
580.199	1.588	- 7.053	3.493	7.871	3.104	- 1.644	0.233	8.356	
Dispersion		Before= 51.765700					After= 7.171973		
Amplitude		Before= 184.932988					After= 78.760351		

TAB. 6.18 – Les principaux coefficients de Fourier et de Poisson pour les effets de Vesta sur le demi-grand axe (a) de Mars sur un intervalle de 100 ans à partir de 26/9/2009, qui correspond à T=2009.81

			BIAS :	$-0.822445 \times 10^{+5}$					
			LINEAR :	$0.796771 \times 10^{+2}$					
			T^2 :	-0.192624×10^{-1}					
Period	Period	SIN	COS		T SIN	T COS		Amplitude	
(Day)	(Year)	$\times 10^1$	$\times 10^1$	$\times 10^1$	$\times 10^{-1}$	$\times 10^{-1}$	$\times 10^{-1}$	$\times 10^1 (m)$	
9420.781	25.793	28.821	19.407	34.746	- 1.523	- 1.061	1.501	4.075	
6293.034	17.229	- 16.216	8.481	18.300	0.789	- 0.452	0.639	1.049	
1682.177	4.606	- 4.548	- 15.058	15.730	0.256	0.703	0.995	2.399	
1541.485	4.220	9.174	- 1.799	9.349	- 0.327	0.051	0.072	3.230	
1424.858	3.901	6.991	- 1.661	7.185	- 0.296	0.043	0.061	1.354	
742.360	2.032	27.004	7.279	27.968	- 1.291	- 0.293	0.414	2.738	
713.670	1.954	5.630	15.637	16.620	- 0.351	- 0.633	0.896	3.279	
488.222	1.337	8.945	12.317	15.222	- 0.447	- 0.561	0.793	1.561	
475.694	1.302	- 5.751	5.917	8.251	0.215	- 0.328	0.464	1.603	
356.875	0.977	- 21.779	5.485	22.459	1.034	- 0.295	0.418	1.100	
Dispersion		Before= 97.164358					After= 16.044662		
Amplitude		Before= 420.374259					After= 104.332382		

TAB. 6.19 – Les principaux coefficients de Fourier et de Poisson pour les effets de Ate sur le demi-grand axe (a) de Mars sur un intervalle de 100 ans à partir de 26/9/2009, qui correspond à T=2009.81

		BIAS :	-0.788103 $\times 10^{+4}$					
		LINEAR :	0.755010 $\times 10^{+1}$					
		T^2 :	-0.182502 $\times 10^{-2}$					
Period	Period	SIN	COS		T SIN	T COS		Amplitude
(Day)	(Year)	$\times 10^0$	$\times 10^0$	$\times 10^0$	$\times 10^{-3}$	$\times 10^{-3}$	$\times 10^{-3}$	$\times 10^0 (m)$
13281.778	36.364	- 138.205	- 252.546	287.889	68.231	118.668	167.822	8.773
9448.527	25.869	- 142.327	- 121.300	187.004	68.497	59.505	84.153	145.356
6873.159	18.818	- 39.976	- 22.117	45.687	8.871	3.322	4.698	34.258
4541.984	12.435	- 27.619	- 22.231	35.455	11.913	9.655	13.655	3.384
3439.736	9.417	24.447	- 7.938	25.704	- 5.366	6.469	9.149	15.469
2734.001	7.485	17.816	- 16.603	24.353	- 7.627	6.498	9.189	3.477
2296.731	6.288	3.971	- 26.192	26.491	0.480	12.382	17.511	5.956
1960.121	5.367	14.503	2.441	14.707	- 5.670	- 1.795	2.538	3.372
1719.169	4.707	- 2.865	- 3.011	4.156	1.155	0.537	0.760	3.335
1368.363	3.746	- 13.784	6.175	15.104	6.532	- 2.638	3.731	1.857
1249.077	3.420	2.516	- 5.242	5.815	- 3.305	2.571	3.636	6.696
1139.839	3.121	12.563	- 8.164	14.982	- 5.878	3.898	5.513	2.311
1057.069	2.894	10.879	- 10.548	15.153	- 1.595	1.034	1.462	11.930
916.111	2.508	- 2.658	- 2.654	3.756	2.995	2.930	4.144	5.262
808.910	2.215	- 3.733	1.544	4.039	2.773	- 0.421	0.595	2.843
723.237	1.980	12.362	- 1.778	12.490	- 6.262	0.482	0.681	1.957
Dispersion		Before= 26.137786				After= 1.415988		
Amplitude		Before= 147.441736				After= 15.269943		

6.7.2 Variation du demi-grand axe du barycentre Terre-Lune (EMB)

Comme il nous paraît très intéressant de comparer, pour un même astéroïde, les effets sur Mars et sur le barycentre Terre-Lune (EMB), nous montrons également dans les figures 6.11, 6.12, 6.13 et 6.14, les résultats du même type d'étude appliqués au demi-grand axe du EMB. Les courbes sont caractérisées par des oscillations beaucoup plus stables et régulières que pour Mars. Crête-à-crête, les amplitudes sont d'environ 23 m, 9 m, 16 m et 6 m pour les effets de Cérès, Pallas, Vesta et Ate respectivement. On remarque que l'amplitude des variations du demi-grand axe pour l'EMB est beaucoup plus petite que pour Mars. Ceci résulte sans aucun doute du fait que Mars est plus petite que notre planète, et que son orbite est plus proche de la ceinture principale des astéroïdes. On notera aussi que les fréquences des oscillations pour Mars sont nettement plus basses que pour l'EMB. Ceci provient du fait que la période de révolution de la Terre (365,25 jours) est plus courte que celle de Mars (686,96 jours). Comme dans le cas des effets sur le demi-grand axe de Mars, les courbes planes (noir) représentent les résidus, après soustraction, des combinaisons des sinusoïdes trouvées par notre analyse en fréquence (pointillés) à partir du signal d'origine (tirets). La difficulté de distinguer les deux dernières courbes (tirets et pointillés) nous permet de considérer que nous arrivons à ajuster parfaitement le signal avec 56 fréquences (oscillations) pour les effets de Cérès, 57 fréquences pour Pallas, 64 fréquences pour Vesta et 32 fréquences pour Ate. Les premières oscillations avec leurs termes de Fourier, de Poisson sont présentées dans les tableaux de 6.20 à 6.23

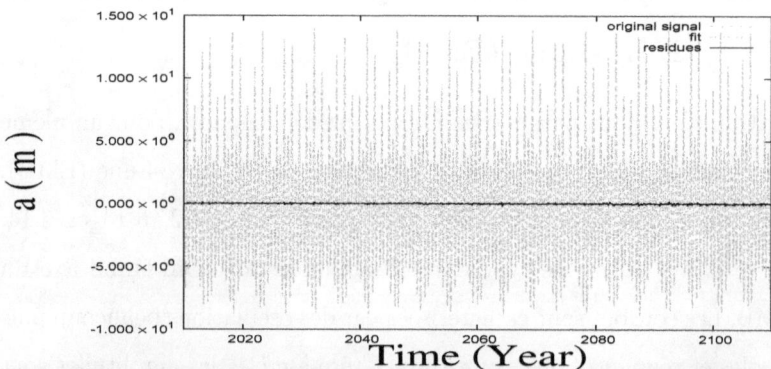

FIG. 6.11 – Effets de Cérès sur le demi-grand axe (a) du barycentre Terre-Lune pour un intervalle de 100 ans à partir de 26/09/2009.

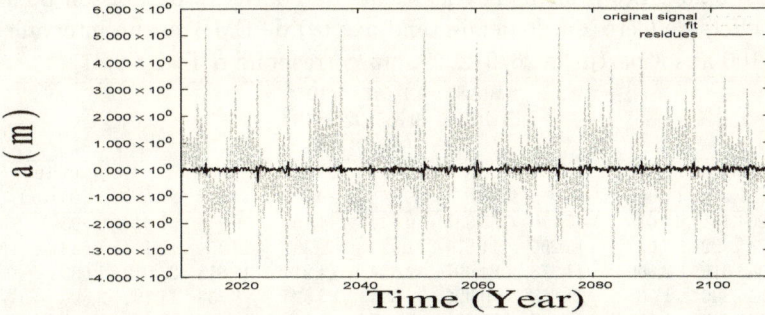

FIG. 6.12 – Effets de Pallas sur le demi-grand axe (a) du barycentre Terre-Lune pour un intervalle de 100 ans à partir de 26/09/2009.

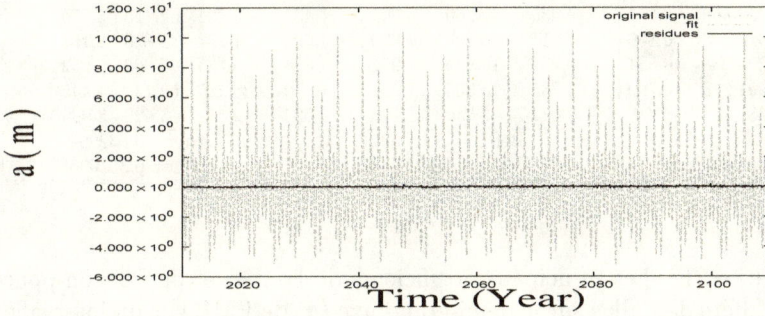

FIG. 6.13 – Effets de Vesta sur le demi-grand axe (a) du barycentre Terre-Lune pour un intervalle de 100 ans à partir de 26/09/2009.

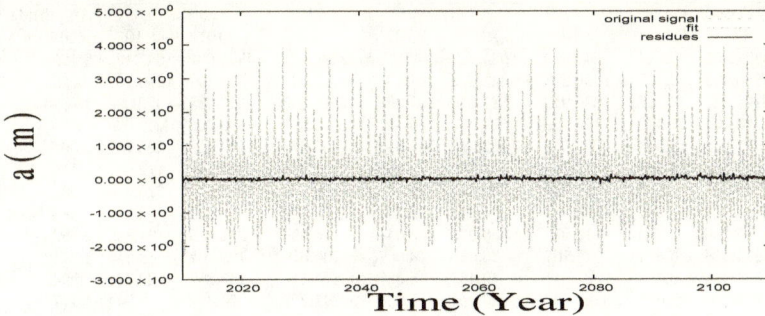

FIG. 6.14 – Effets de Ate sur le demi-grand axe (a) du barycentre Terre-Lune pour un intervalle de 100 ans à partir de 26/09/2009.

TAB. 6.20 – Les principaux coefficients de Fourier et de Poisson pour les effets de Cérès sur le demi-grand axe (a) de EMB sur un intervalle de 100 ans à partir de 26/9/2009, qui correspond à T=2009.81

	BIAS : $0.145168 \times 10^{+1}$ LINEAR : -0.335092×10^{-2} T^2 : 0.666948×10^{-6}
Period	Period	SIN	COS		T SIN	T COS		Amplitude
(Day)	(Year)	$\times 10^{-2}$	$\times 10^{-2}$	$\times 10^{-1}$	$\times 10^{-5}$	$\times 10^{-5}$	$\times 10^{-5}$	$\times 10^{-1}(m)$
4264.151	11.675	- 5.716	5.932	0.824	4.150	- 0.716	1.013	0.893
2785.822	7.627	15.255	- 11.674	1.921	- 9.867	12.151	17.184	1.643
1048.015	2.869	14.378	- 24.697	2.858	- 13.214	16.913	23.919	1.986
645.800	1.768	23.858	0.320	2.386	4.375	8.338	11.792	3.890
583.745	1.598	- 3.427	79.400	7.947	1.757	- 39.476	55.828	0.480
466.615	1.278	- 108.629	26.654	11.185	- 2.665	- 10.020	14.171	11.271
399.512	1.094	- 0.459	25.418	2.542	- 0.819	- 9.576	13.543	1.060
365.288	1.000	1.740	4.658	0.497	1.767	- 0.835	1.181	1.309
337.447	0.924	0.275	8.116	0.812	- 0.592	- 3.254	4.602	0.801
322.859	0.884	8.836	49.260	5.005	1.437	- 5.484	7.756	3.575
312.833	0.856	7.511	- 3.293	0.820	- 4.221	1.287	1.820	2.164
299.948	0.821	- 6.272	10.839	1.252	4.818	- 5.135	7.262	2.942
291.948	0.799	23.765	76.350	7.996	- 11.949	- 38.286	54.145	1.445
281.054	0.769	9.484	- 5.630	1.103	- 2.524	2.419	3.420	3.990
Dispersion		Before= 5.116591				After= 0.032904		
Amplitude		Before= 22.943527				After= 0.351096		

TAB. 6.21 – Les principaux coefficients de Fourier et de Poisson pour les effets de Pallas sur le demi-grand axe (a) de EMB sur un intervalle de 100 ans à partir de 26/9/2009, qui correspond à T=2009.81

	BIAS : $0.117763 \times 10^{+3}$ LINEAR : -0.118704 T^2 : 0.293531×10^{-4}
Period	Period	SIN	COS		T SIN	T COS		Amplitude
(Day)	(Year)	$\times 10^{-2}$	$\times 10^{-2}$	$\times 10^{-1}$	$\times 10^{-6}$	$\times 10^{-6}$	$\times 10^{-5}$	$\times 10^{-1}(m)$
10827.306	29.644	- 547.309	935.427	108.378	2628.951	- 4578.007	647.428	2.129
7586.901	20.772	- 1850.275	- 1842.698	261.133	8975.244	9023.792	1276.157	3.520
6105.917	16.717	- 1596.949	- 521.613	167.998	7715.396	2616.988	370.098	18.523
4346.601	11.900	- 120.568	- 887.360	89.551	412.407	4589.760	649.090	7.555
3671.818	10.053	967.533	- 332.640	102.312	- 4705.678	1592.029	225.147	5.366
3098.288	8.483	672.763	251.750	71.832	- 3281.024	- 1220.797	172.647	7.110
2749.511	7.528	11.719	283.335	28.358	156.031	- 1592.686	225.240	6.931
2155.443	5.901	- 23.352	1.953	2.343	102.848	2.392	0.338	0.484
1375.286	3.765	19.096	53.076	5.641	- 106.054	- 211.345	29.889	0.982
1214.114	3.324	16.107	- 36.693	4.007	- 100.616	128.767	18.210	1.371
1044.688	2.860	21.341	49.457	5.387	- 124.814	- 143.867	20.346	2.094
757.263	2.073	- 53.902	- 26.251	5.996	247.207	70.312	9.944	1.147
705.326	1.931	1.374	- 27.691	2.773	- 19.026	125.125	17.695	0.522
645.099	1.766	2.505	- 16.349	1.654	- 21.311	86.314	12.207	0.344
Dispersion		Before= 1.353691				After= 0.064864		
Amplitude		Before= 9.040328				After= 0.814176		

TAB. 6.22 – Les principaux coefficients de Fourier et de Poisson pour les effets de Vesta sur le demi-grand axe (a) de EMB sur un intervalle de 100 ans à partir de 26/9/2009, qui correspond à T=2009.81

		BIAS : -0.266263 ×10^{+2}						
		LINEAR : 0.274915 ×10^{-1}						
		T^2 : -0.663424 ×10^{-5}						
Period	Period	SIN	COS		T SIN	T COS		Amplitude
(Day)	(Year)	×10^{-2}	×10^{-2}	×10^{-2}	×10^{-6}	×10^{-6}	×10^{-5}	×10^{-2}(m)
5277.706	14.450	- 24.674	4.723	25.122	93.524	- 25.966	3.672	5.817
3573.219	9.783	- 35.371	- 22.921	42.148	89.040	161.126	22.787	22.225
2887.085	7.904	- 101.234	- 51.737	113.688	505.397	252.960	35.774	12.764
2408.916	6.595	17.288	4.078	17.762	- 89.282	- 21.865	3.092	18.501
2105.312	5.764	9.143	21.666	23.516	164.224	- 24.390	3.449	51.541
1911.905	5.235	8.720	30.668	31.884	- 44.608	- 152.475	21.563	5.638
1451.805	3.975	- 3.243	- 11.012	11.479	15.993	57.670	8.156	7.032
1316.768	3.605	- 5.894	34.954	35.447	28.835	- 174.744	24.713	10.120
1088.584	2.980	- 21.281	62.745	66.256	99.092	- 308.980	43.696	1.974
1053.816	2.885	- 28.906	12.356	31.884	115.019	- 72.580	10.264	33.761
969.989	2.656	- 5.750	19.699	20.521	26.120	- 101.435	14.345	15.628
901.508	2.468	62.923	62.926	88.989	- 309.989	- 314.714	44.507	10.517
813.546	2.227	52.328	16.645	54.911	29.530	- 56.540	7.996	62.633
586.384	1.605	39.382	- 27.874	48.249	- 143.860	87.633	12.393	23.948
Dispersion		Before= 2.881825			After= 0.028077			
Amplitude		Before= 15.652602			After= 0.281053			

TAB. 6.23 – Les principaux coefficients de Fourier et de Poisson pour les effets de Ate sur le demi-grand axe (a) de EMB sur un intervalle de 100 ans à partir de 26/9/2009, qui correspond à T=2009.81

		BIAS : -0.203781 ×10^{+2}						
		LINEAR : 0.216469 ×10^{-1}						
		T^2 : -0.534168 ×10^{-5}						
Period	Period	SIN	COS		T SIN	T COS		Amplitude
(Day)	(Year)	×10^{-2}	×10^{-2}	×10^{-1}	×10^{-6}	×10^{-6}	×10^{-5}	×10^{-1}(m)
5722.487	15.667	- 35.065	- 12.420	3.720	174.281	62.952	8.903	0.269
2876.643	7.876	40.150	29.992	5.012	- 200.051	- 148.422	20.990	0.381
1301.284	3.563	- 3.692	2.784	0.462	8.263	- 13.264	1.876	0.472
902.215	2.470	- 17.923	29.639	3.464	89.424	- 148.450	20.994	0.240
700.553	1.918	3.596	4.524	0.578	- 31.796	- 12.840	1.816	0.696
647.302	1.772	- 0.643	4.526	0.457	2.606	- 16.153	2.284	0.305
480.137	1.315	15.934	28.677	3.281	5.445	- 17.851	2.525	3.166
454.273	1.244	- 3.156	6.740	0.744	16.361	- 9.101	1.287	0.681
390.049	1.068	11.831	32.364	3.446	- 59.224	- 161.112	22.785	0.243
365.167	1.000	6.802	- 4.630	0.823	- 36.893	18.037	2.551	0.609
350.265	0.959	9.770	27.867	2.953	- 77.137	- 56.541	7.996	2.135
284.881	0.780	45.847	68.297	8.226	- 87.967	- 77.813	11.004	6.453
Dispersion		Before= 1.223693			After= 0.031332			
Amplitude		Before= 6.289776			After= 0.298084			

6.7.3 Variation de la distance EMB-Mars

Un des avantages de notre intégration numérique est de pouvoir mesurer les influences individuelles et combinées de notre échantillon d'astéroïdes, d'une part, sur les distances (*DIST*) entre le EMB et une des planètes telluriques , d'autre part, sur l'orientation géocentrique d'une planète donnée par l'intermédiaire de ses coordonnées équatoriales (α_p, δ_p), qui ont une grande importance d'un point de vue aussi bien des éphémérides que de la navigation spatiale. Pratiquement, les effets gravitationnels d'un astéroïde donné sur ces paramètres s'obtient directement à partir des perturbations des différents éléments orbitaux de l'EMB et de la planète considérée. Cependant, les développements analytiques des effets induits par un astéroïde sur ces trois derniers paramètres sont beaucoup plus compliqués que pour les paramètres orbitaux héliocentriques, parce que la détermination du vecteur EMB-planète, même dans le cadre du problème iù les deux corps suivent une trajectoire képlérienne, est une fonction beaucoup plus complexe que pour le vecteur héliocentrique de la planète. Prenons comme base le cas de la distance entre deux planètes dans le cadre du problème de trois corps expliqué dans la section 2.5. Selon la relation (2.57) on a :

$$\Delta \;=\; r_2 \Big(A + V \Big)^{\frac{1}{2}} = r_2 \left(\frac{1}{A^{\frac{1}{2}}} - \frac{1}{2A^{\frac{1}{2}}}V - \frac{1}{8A^{\frac{3}{2}}}V^2 + \frac{1}{16A^{\frac{5}{2}}}V^3 + ... \right)$$

Donc, la distance recherchée peut être exprimée en fonction des éléments orbitaux. Plus précisément, elle dépend de développements en excentricités et inclinaisons. Pour plus de détails sur ce type de développements analytiques, on se reportera à Kuchynka (2010).

Les signaux présentés dans les figures de 6.15 à 6.18 montrent les effets de Cérès, Pallas, Vesta et Ate sur la distance EMB-Mars (**DIST**) calculés en appliquant notre intégration numérique sur le problème classique de dix corps (Le Soleil et les huit planètes avec Pluton), puis avec la seule addition de l'astéroïde perturbant (Cérès, Pallas, Vesta, ... etc.). Ces signaux sont clairement dominés par des sinusoïdes dont l'amplitude augmente en fonction du temps (termes de Poisson). Pour trouver ces sinusoïdes et les fréquences correspondantes, on a effectué notre analyse en fréquence en utilisant le logiciel TRIP déjà expliqué au chapitre 5. On note que l'effet global atteint à peu près ±15 *km* au bout de 100 ans à partir de 2009 dans le cas de Cérès et Pallas, ±50 *km* dans le cas de Vesta et ±30 *km* dans le cas d'Ate. Dans les figures, on présente en tireté les parties périodiques des signaux, en pointillés notre ajustement par moindres carrés selon l'équation 5.2 combinant les termes de Fourier (A_i et B_i) et de Poisson (C_i et D_i). Les résidus sont représentés en noir. L'aplatissement de ces derniers signaux résiduels rendent nos ajustements décrits par les tableaux 6.24, 6.25, 6.26 et 6.27 très satisfaisants. Ces derniers tableaux contiennent en plus les termes de Fourier et de Poisson de plus grande amplitude. On donne aussi les valeurs des termes constant (**BIAS**), linéaire (**LINEAR**) et quadratique (T^2) utilisés pour isoler les parties périodiques du signal (courbe en tireté), et également les dispersions et les amplitudes pic-à-pic du signal tireté (Before) et du signal noir (After).

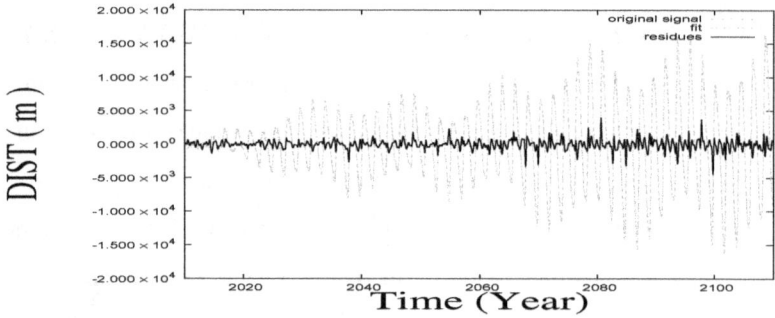

FIG. 6.15 – Effets de Cérès sur la distance EMB-Mars (*DIST*) pour un intervalle de 100 ans à partir de 26 septembre 2009.

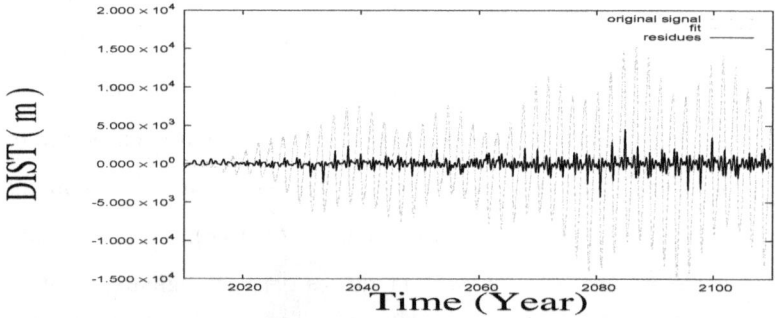

FIG. 6.16 – Effets de Pallas sur la distance EMB-Mars (*DIST*) pour un intervalle de 100 ans à partir de 26 septembre 2009.

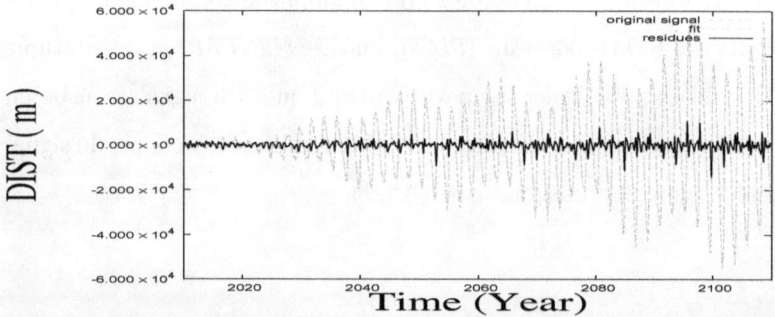

FIG. 6.17 – Effets de Vesta sur la distance EMB-Mars (*DIST*) pour un intervalle de 100 ans à partir de 26 septembre 2009.

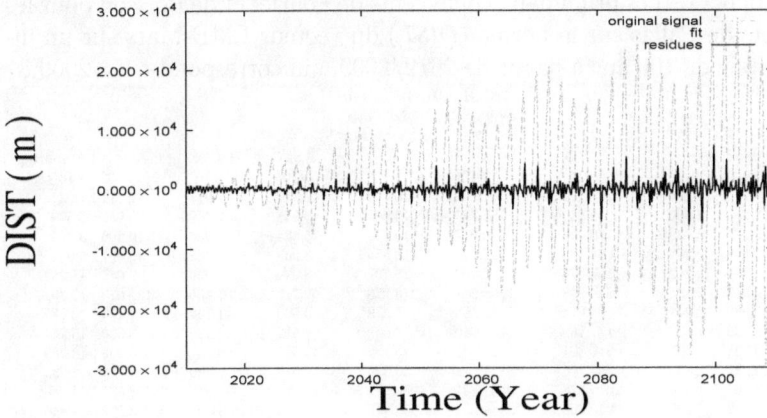

FIG. 6.18 – Effets de Ate sur la distance EMB-Mars ($DIST$) pour un intervalle de 100 ans à partir de 26 septembre 2009.

TAB. 6.24 – Les principaux coefficients de Fourier et de Poisson pour les effets de Cérès sur la norme ($DIST$) du vecteur EMB-Mars sur un intervalle de 100 ans à partir de 26/9/2009, qui correspond à T=2009.81

Period (Day)	Period (Year)	SIN $\times 10^3$	COS $\times 10^3$	$\times 10^4$	T SIN $\times 10^0$	T COS $\times 10^0$	$\times 10^0$	Amplitude $\times 10^3 (m)$
BIAS :	0.524912 $\times 10^{+5}$							
LINEAR :	-0.505261 $\times 10^{+2}$							
T^2 :	0.121586 $\times 10^{-1}$							
5217.276	14.284	30.183	1.807	3.024	- 14.717	- 1.218	1.723	2.562
913.090	2.500	- 21.554	- 15.533	2.657	10.668	7.321	10.354	3.058
890.770	2.439	7.973	16.849	1.864	- 3.658	- 8.192	11.585	4.945
811.676	2.222	45.846	13.820	4.788	- 22.245	- 6.907	9.768	8.418
779.933	2.135	38.924	281.703	28.438	- 21.570	- 139.942	197.907	13.886
763.251	2.090	- 93.623	222.097	24.102	45.940	- 107.726	152.348	14.237
745.312	2.041	- 51.175	- 36.185	6.268	24.296	18.128	25.637	15.782
689.128	1.887	31.337	2.692	3.145	- 15.467	- 1.590	2.249	15.157
676.336	1.852	27.273	39.193	4.775	- 13.081	- 19.259	27.236	14.878
419.857	1.150	- 10.155	- 20.288	2.269	5.109	9.980	14.113	14.417
396.789	1.086	126.573	130.093	18.151	- 62.779	- 62.245	88.028	15.539
392.319	1.074	- 906.997	- 1425.353	168.946	461.802	689.498	975.098	17.972
389.976	1.068	- 2555.276	5076.156	568.303	1197.315	- 2535.493	3585.729	16.550
388.760	1.064	- 1768.394	2211.988	283.198	934.750	- 1024.250	1448.508	16.446
260.881	0.714	- 3.516	- 13.275	1.373	1.979	6.491	9.180	17.274
259.018	0.709	- 13.907	10.268	1.729	6.979	- 4.837	6.841	16.483
195.310	0.535	- 10.493	- 15.667	1.886	5.276	7.666	10.842	16.398
Dispersion		Before= 5884.903369			After= 703.999559			
Amplitude		Before= 31323.238410			After= 8430.610279			

TAB. 6.25 – Les principaux coefficients de Fourier et de Poisson pour les effets de Pallas sur la norme (*DIST*) du vecteur EMB-Mars sur un intervalle de 100 ans à partir de 26/9/2009, qui correspond à T=2009.81

		BIAS : -0.691896 ×10^{+5}						
		LINEAR : 0.671605 ×10^{+2}						
		T^2 : -0.163044 ×10^{-1}						
Period	Period	SIN	COS		T SIN	T COS		Amplitude
(Day)	(Year)	×10^2	×10^2	×10^3	×10^0	×10^0	×10^0	×10$^3(m)$
5214.234	14.276	- 264.121	44.762	26.789	12.968	- 1.917	2.711	1.924
913.252	2.500	8.815	152.789	15.304	- 0.647	- 7.450	10.537	2.509
890.677	2.439	- 120.008	- 149.017	19.133	5.634	7.358	10.406	3.493
830.148	2.273	- 65.138	- 152.196	16.555	3.265	7.352	10.397	5.053
811.489	2.222	- 167.678	3.890	16.772	8.294	0.026	0.037	11.287
779.946	2.135	- 1244.548	- 1768.201	216.228	62.213	88.405	125.023	12.302
745.383	2.041	- 64.614	32.188	7.219	3.500	- 1.750	2.475	12.785
689.125	1.887	- 171.169	- 38.640	17.548	8.512	2.139	3.025	13.244
676.281	1.852	- 217.391	- 126.239	25.139	10.521	6.331	8.953	13.259
419.922	1.150	- 203.704	4.153	20.375	10.028	- 0.330	0.466	12.834
392.354	1.074	2019.828	49461.727	4950.295	- 217.181	- 2388.983	3378.531	14.286
389.972	1.068	950640.402	- 4022789.623	413358.846	303865.652	211844.597	299593.502	14.846
389.939	1.068	- 316819.159	- 1236470.068	335312.092	- 46897.329	349008.605	493572.703	15.020
387.651	1.061	- 55382.048	14931.891	5735.968	2718.864	- 588.477	832.233	15.210
260.899	0.714	- 104.669	77.820	13.043	5.027	- 4.038	5.711	15.473
259.014	0.709	95.520	- 114.544	14.915	- 4.883	5.486	7.758	15.585
Dispersion		Before= 5494.256455				After= 648.324637		
Amplitude		Before= 27826.006255				After= 8766.103782		

TAB. 6.26 – Les principaux coefficients de Fourier et de Poisson pour les effets de Vesta sur la norme (*DIST*) du vecteur EMB-Mars sur un intervalle de 100 ans à partir de 26/9/2009, qui correspond à T=2009.81

		BIAS : 0.454985 ×10^{+6}						
		LINEAR : -0.441426 ×10^{+3}						
		T^2 : 0.107055						
Period	Period	SIN	COS		T SIN	T COS		Amplitude
(Day)	(Year)	×10^4	×10^4	×10^4	×10^0	×10^0	×10^1	×10$^3(m)$
5214.392	14.276	6.034	- 7.336	9.499	- 30.103	34.977	4.946	8.061
913.188	2.500	- 1.963	- 4.750	5.139	10.327	22.884	3.236	9.044
890.700	2.439	2.029	3.125	3.726	- 9.250	- 15.526	2.196	15.608
811.690	2.222	- 1.720	1.256	2.130	8.769	- 5.565	0.787	28.929
779.934	2.135	51.762	60.272	79.448	- 257.522	- 299.910	42.414	46.686
745.210	2.040	3.104	4.008	5.069	- 14.396	- 19.727	2.790	47.264
689.142	1.887	2.496	7.443	7.851	- 13.065	- 37.122	5.250	48.962
676.258	1.851	4.581	- 3.703	5.890	- 22.574	17.641	2.495	48.429
419.909	1.150	5.671	- 3.045	6.437	- 27.866	15.292	2.163	47.024
392.358	1.074	- 196.558	368.357	417.519	867.300	- 1845.617	261.010	56.300
389.961	1.068	- 10278.290	- 17915.312	20654.337	213566.662	278364.788	39366.726	55.414
389.934	1.068	21750.460	- 38486.821	44207.668	- 357275.956	180247.494	25490.845	55.265
387.570	1.061	61.991	589.866	593.115	- 166.745	- 2880.107	407.309	53.815
260.895	0.714	6.374	- 1.941	6.662	- 30.750	10.374	1.467	57.227
259.014	0.709	- 0.546	7.077	7.098	3.573	- 34.316	4.853	55.869
195.314	0.535	- 1.348	- 6.181	6.327	6.929	30.441	4.305	55.691
Dispersion		Before= 18087.652801				After= 1868.679354		
Amplitude		Before= 101416.920124				After= 24971.858943		

TAB. 6.27 – Les principaux coefficients de Fourier et de Poisson pour les effets de Ate sur la norme (*DIST*) du vecteur EMB-Mars sur un intervalle de 100 ans à partir de 26/9/2009, qui correspond à T=2009.81

Period	Period	SIN	COS		T SIN	T COS		Amplitude
(Day)	(Year)	$\times 10^3$	$\times 10^3$	$\times 10^4$	$\times 10^0$	$\times 10^0$	$\times 10^0$	$\times 10^3 (m)$
		BIAS :	-0.229852 $\times 10^{+6}$					
		LINEAR :	0.223751 $\times 10^{+3}$					
		T^2 :	-0.544546 $\times 10^{-1}$					
5214.903	14.278	- 29.964	15.645	3.380	14.835	- 7.243	10.243	4.116
913.208	2.500	10.411	16.534	1.954	- 5.429	- 7.974	11.276	4.829
890.659	2.438	- 8.826	- 31.270	3.249	4.030	15.414	21.799	8.460
779.904	2.135	- 373.791	- 273.555	46.320	186.060	136.183	192.592	25.402
689.104	1.887	- 37.198	- 7.452	3.794	18.625	3.939	5.570	26.904
676.279	1.852	- 25.737	- 9.263	2.735	12.500	4.714	6.666	26.112
419.932	1.150	- 15.392	- 6.849	1.685	7.762	3.227	4.563	25.347
414.710	1.135	- 15.659	0.698	1.567	7.667	- 0.207	0.293	26.919
392.379	1.074	- 203.450	187.338	27.656	93.876	- 95.250	134.704	31.238
389.973	1.068	26804.360	11068.013	2899.956	161975.316	28231.658	39925.594	29.458
389.970	1.068	- 24504.081	- 45580.064	5174.932	- 165604.970	6536.422	9243.896	29.396
387.646	1.061	- 244.163	158.366	29.102	121.892	- 70.672	99.945	29.380
260.896	0.714	- 23.032	22.440	3.216	11.026	- 11.393	16.112	31.415
259.015	0.709	12.797	- 23.005	2.632	- 6.668	11.061	15.643	30.266
248.439	0.680	- 17.772	- 1.334	1.782	8.796	0.722	1.020	29.600
195.314	0.535	5.009	35.224	3.558	- 2.652	- 17.357	24.546	29.822
Dispersion		Before= 10329.663121			After= 927.410704			
Amplitude		Before= 54155.789305			After= 13252.423695			

Comme dans le cas du demi-grand axe, on se doit de noter deux points intéressants concernant les tableaux ci-dessus : le premier est que les valeurs des coefficients sont donnés seulement avec 3 décimales (pour un souci de clarté) alors que dans notre calcul on a calculé ces valeurs avec 25 décimales. De plus, comme dans le chapitre précèdent, on remarque des sinusoïdes avec des amplitudes très élevées individuellement par rapport au signal lui-même, mais, une fois combinées, ces sinusoïdes s'annihilent ensemble, ce qui donne le meilleur ajustement possible. Autrement dit, on doit se référer à l'amplitude crête-à-crête de $F_i(t)$ de l'équation (5.2) au cours de l'intervalle de temps considéré qui est donnée dans la dernière colonne de chaque tableau, et non aux termes de Fourier et de Poisson directement.

6.8 ASETEP et les effets sur Mercure, Venus, EMB et Mars

ASETEP est une base de données libre en ligne qui offre à un large public un accès aisé aux résultats de notre étude (2009-2013) sur les effets individuels des astéroïdes sur les mouvements orbitaux des planètes telluriques. Notre base de données permet de caractériser les effets gravitationnels de chaque astéroïde sur le mouvement orbital des planètes telluriques de notre Système Solaire (Mercure, Venus, EMB, et Mars) d'une manière précise et détaillée, et d'orienter les efforts à fournir pour l'amélioration des éphémérides.

Nos résultats avaient au préalable été stockés dans un service de stockage et de partage de fichiers en ligne proposé par dropbox[2], alors que le système de gestion de notre base de données qui manipule son contenu est établi en format *html* (figure 6.19) et intégré dans le site web de l'ICRS-PC[3], via l'adresse http://hpiers.obspm.fr/webiers/, depuis 2011.

ASETEP recueille plusieurs types d'informations :

• Un tableau répertorie les masses des 43 astéroïdes relativement massifs sur lesquels notre étude s'est appuyée, en particulier caux dont la précision de détermination de masse est relativement satisfaisante. Un autre tableau résume nos résultats d'attribution

---

[2]https://www.dropbox.com/
[3]http://hpiers.obspm.fr/icrs-pc/

de masse à chacun des 587 305 astéroïdes disponibles dans le JPL Small-Body Database Search Engine (SBDSE[4]). Il s'agit d'un tableau de données nommé (ASTEP_data) disponible en format *pdf* qui contient les masses de 582 354 astéroïdes (8 607 pages et 71.8 mégaoctets de taille) avec quelques paramètres physiques comme :

— la magnitude absolue fourni par SBDSE.

— l'albédo fourni par SBDSE ou bien celui adapté au groupe taxinomique selon le tableau 3.3 (mentionné entre parenthèse).

— le diamètre avec son incertitude, dont 2 481 d'entre eux sont fournis par le SBDSE. Le reste des valeurs (entre parenthèses) est obtenu en appliquant la formule de l'équation (3.3).

— l'estimation de densité des astéroïdes correspondant à chaque classe taxinomique selon le tableau 3.4.

— la taxonomie selon SMASSII pour 1660 astéroïdes.

— la taxonomie de Tholen pour 980 astéroïdes.

• Quatre tableaux (6.1, 6.2, 6.3 et 6.4) présentent les amplitudes crête-à-crête des effets de chacun des 43 astéroïdes de notre échantillon sur chacun des 6 éléments orbitaux de Mercure, Vénus, EMB et Mars. Ces amplitudes sont données en tenant compte du signal total (avec les termes linéaire, quadratique ainsi que les composantes périodiques). En plus, un tableau est donné pour chacun des 3 paramètres géocentriques ($DIST$, α et δ) de Mercure, Vénus et Mars.

---

[4]http://ssd.jpl.nasa.gov/sbdb_query.cgi

- ASETEP comporte aussi des tableaux caractérisant l'influence de l'incertitude de masse de chaque astéroïde sélectionné, sur les éléments orbitaux et sur les paramètres géocentriques des planètes telluriques. Cela nous permet d'alimenter notre base de données de 33 tableaux (4 planètes × 6 paramètres orbitaux + 3 planètes × 3 paramètres géocentriques). Les astéroïdes sont rangés selon l'importance des effets de l'incertitude de masse sur chaque paramètre. Ceci est fait pour un intervalle de 1000 ans et un intervalle plus court de 100 ans à partir du 26 septembre 2009. Donc, on totalise 80 tableaux à ce stade de le recherche.

- En appliquant notre jeu complet des trois méthodes expliquées dans le chapitre 5 (intégration numérique par l'algorithme de RKN12(10), analyse en fréquences en utilisant le logiciel TRIP et ajustement par moindres carrés) nous complétons notre base de données (ASETEP) par 1419 figures montrant l'influence de chacun des 43 astéroïdes sur les neuf paramètres étudiés au sein de ce travaille (a, e, i, Ω, ϖ, λ, $DIST$, α, δ) pour les 4 planètes telluriques (Mercure, Venus EMB et Mars), sur un intervalle de 100 ans à partir du 26/9/2009. Chacune des figures montre :
  - en noir, la partie périodique de l'influence obtenue après un régression quadratique caractérisant les termes constants (*BIAS*), linéaire (*LINEAR*) et quadratiques (T^2) du signal initial (voir le chapitre 5.3)
  - en rouge, notre ajustement selon l'équation 5.2 combinant les termes de Fourier (A_i et B_i) et de Poisson (C_i et D_i)
  - en vert, le résidu obtenu après soustraction d'une combinaison

des sinusoïdes trouvées (courbe rouge) à partir de la partie périodique du signal (courbe noire).

- Enfin, un tableau des sinusoïdes répertorie les fréquences trouvées par notre méthode avec les termes de Fourier et de Poisson, les termes polynomiaux (*BIAS*), (*LINEAR*), (T^2), l'amplitude crête à crête et les dispersions avant et après ajustement. En guise d'exemple, dans les figures de 6.20 à 6.28, on présente les effets de Cérès sur les neuf paramètres étudiées de Mercure et de Vénus (les effets sur EMB et sur Mars sont présentés dans le chapitre 6.7 et dans l'annexe B).

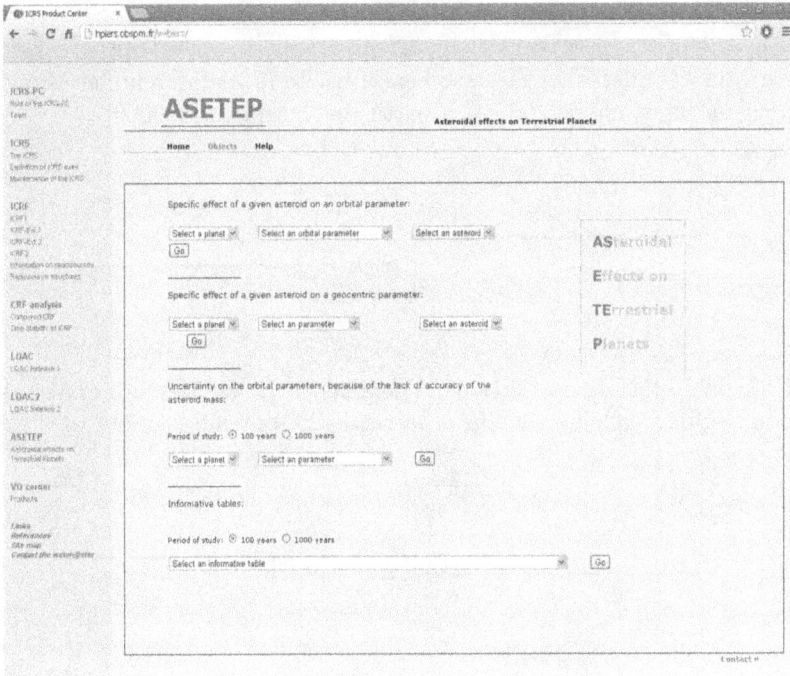

FIG. 6.19 – ASETEP

Mercure   Venus

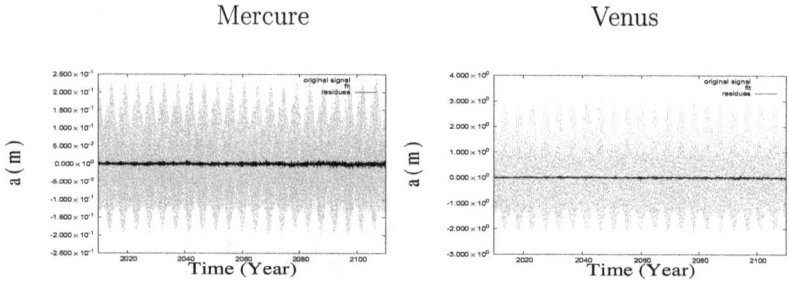

FIG. 6.20 – Effets de Cérès sur le demi-grand axe (a) de Mercure et Venus pour un intervalle de 100 ans à partir de 26 septembre 2009.

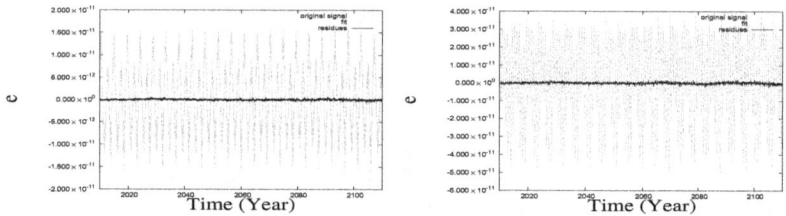

FIG. 6.21 – Effets de Cérès sur l'excentricité (e) de Mercure et Venus pour un intervalle de 100 ans à partir de 26 septembre 2009.

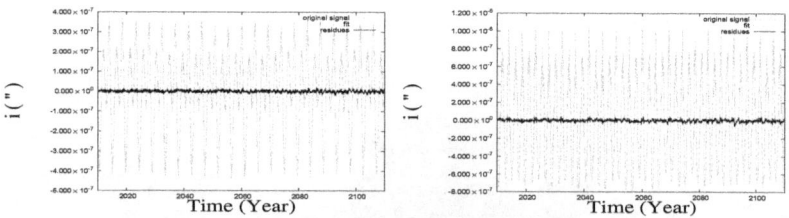

FIG. 6.22 – Effets de Cérès sur l'inclinaison (i) de Mercure et Venus pour un intervalle de 100 ans à partir de 26 septembre 2009.

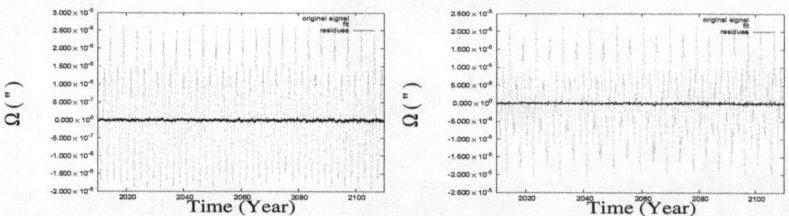

FIG. 6.23 – Effets de Cérès sur la longitude du nœud ascendant (Ω) de Mercure et Venus pour un intervalle de 100u à partir de 26/9/2009.

Mercure   Venus

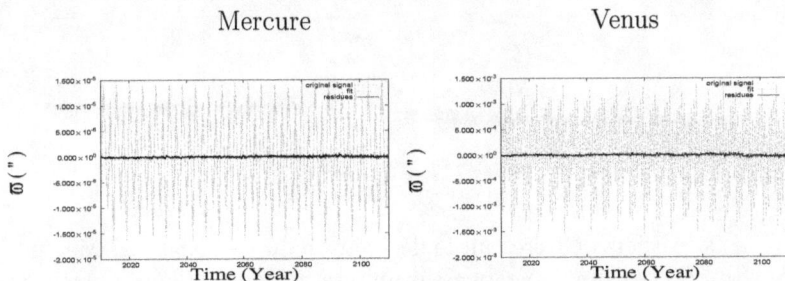

FIG. 6.24 – Effets de Cérès sur la longitude du périhélie (ϖ) de Mercure et Venus pour un intervalle de 100 ans à partir de 26 septembre 2009.

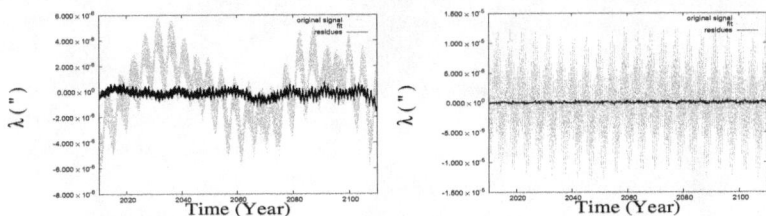

FIG. 6.25 – Effets de Cérès sur la longitude moyenne (λ) de Mercure et Venus pour un intervalle de 100 ans à partir de 26 septembre 2009.

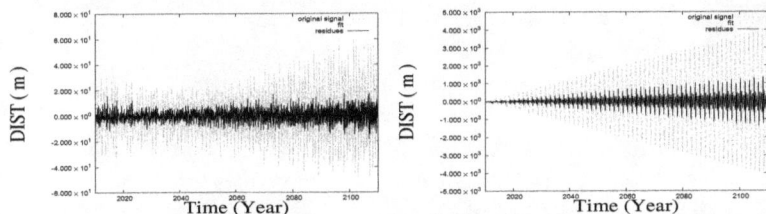

FIG. 6.26 – Effets de Cérès sur la distance EMB-Mercure ($DIST$) et EMB-Venus pour un intervalle de 100 ans à partir de 26 septembre 2009.

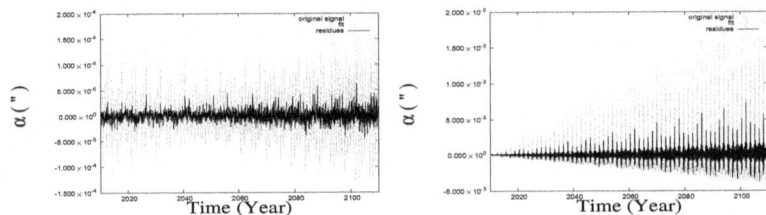

FIG. 6.27 – Effets de Cérès sur l'ascension droite du vecteur EMB-Mercure (α) et de vecteur EMB-Venus pour un intervalle de 100 ans à partir de 26 septembre 2009.

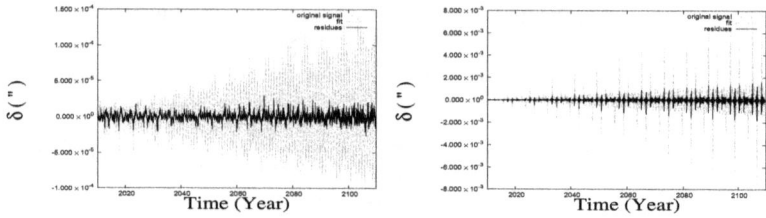

FIG. 6.28 – Effets de Cérès sur la déclinaison du vecteur EMB-Mercure (δ) et du vecteur EMB-Venus pour un intervalle de 100 ans à partir de 26 septembre 2009.

7

Conclusion et perspectives

Dans ce travail, nous avons abordé les perturbations induites par des astéroïdes présents dans le Système Solaire sur les orbites des planètes telluriques. Nous avons commencé par une présentation rapide de la théorie des perturbations qui pourrait être une base (incomplète) du calcul analytique des perturbations induites par un astéroïde sur les éléments orbitaux d'une planète, où interviennent 3 corps (Soleil + planète + astéroïde) et pour laquelle on a combiné des termes de la fonction perturbatrice développée à l'ordre deux en excentricité et inclinaison. Nous avons obtenu des résultats encourageants mais nous pensons qu'il sera nécessaire de compléter cette base en développant la fonction perturbatrice à un ordre supérieur à 2. L'expression sera alors volumineuse et nécessiterait un outil fondamental de calcul formel plus puissant et plus pratique que MAPLE, comme TRIP.

Ensuite, nous avons décrit, en détaille, notre méthode pour re-calcul et rassembler les masses d'un maximum d'astéroïdes, ainsi que celles concernant les orbites des objets. A ce stade, on a attribué une masse à chacun des 582 354 astéroïdes répertoriés. L'ensemble de ces masses est rassemblé dans un tableau de données nommé **ASTEP_data**, disponible en format **pdf** (8 607 pages et 71.8 mégaoctet de taille) dans notre base de données ASETEP. Le tableau contient également quelques paramètres physiques pour chaque astéroïde comme l'albédo, la magnitude absolue, le diamètre avec son incertitude, l'estimation de la densité et finalement la taxonomie selon SMASSII et selon Tholen pour quelques astéroïdes.

Puis la méthodologie suivie pour étudier numériquement les effets des 43 astéroïdes pour lesquels la précision de détermination de masse nous a semblé relativement satisfaisante, est pleinement décrite au sein de ce manuscrit. Nous avons opté pour cette méthodologie parce qu'elle utilise des outils mathématiques puissants dont l'usage dépasse le cadre de l'arithmétique simple, pour construire un organigramme de calcul très performant. Elle commence par une intégration numérique du mouvement des planètes dans notre Système Solaire en utilisant la méthode de Runge Kutta Nyström $(RKN12(10))$. Nous avons appliqué cette intégration sur le problème de dix corps (le Soleil et les huit planètes avec Pluton), puis sur le problème des onze corps (le Soleil et les huit planètes avec Pluton en ajustant soit Cérès, soit Pallas, soit un quelconque astéroïde de notre choix). Alors, la simple soustraction des deux signaux obtenus avec ou sans l'astéroïde perturbateur considéré, caractérise leurs effets.

Puis, nous avons vérifié la possibilité de négliger tous les petites variations dues aux effets gravitationnels réciproques des astéroïdes entre eux en effectuant une comparaison entre les effets combinés et la somme des effets individuels pour notre échantillon d'astéroïdes.

En conséquence, plusieurs types de tableaux récapitulatifs ont été créés. Un de ces types présente les variations crête-à-crête de chaque élément étudié (a, $a_0 \times e$, i, Ω, ϖ, λ, *DIST*, α et δ) de Mercure, Vénus, EMB et Mars, dues aux effets gravitationnels de chacun de notre échantillon d'astéroïdes. Il y a un autre type de tableaux caractérise l'influence de l'incertitude des masses astéroïdales individuelles sur chaque paramètres. Ceci nous a permis de procéder à un classement des astéroïdes selon l'importance des effets de leur incertitude de masse. Ainsi nous avons montré clairement que 111 Ate est l'astéroïde la plus problématique. Ces types des tableaux sont établis pour une période de 1000 ans et pour une période plus courte de 100 ans à partir du 26 septembre 2009. Ils sont disponibles en format pdf dans notre base de données ASETEP[1].

Nous nous sommes également penchés sur le cas particulièrement important de 111 Ate, en remarquant bien que les différentes sur la distance EMB-Mars obtenues à partir de deux types d'éphémérides comme INPOP08 et DE405 sont remarquablement similaires à l'effet provoqué par l'incertitude de masse sur ce seul astéroïde. Ceci suggère que la différence entre les masses de 111 Ate considérées dans les deux éphémérides est largement responsable de leur écart. Ceci devra être postérieurement réétudié et validé par d'autres laboratoires.

---

[1]http://hpiers.obspm.fr/icrs-pc/

Cela nous a amené à effectuer une étude approfondie de façon systématique de rencontres proches pour déduire de manière directe une valeur de masse plus précise de 111 Ate qui pourrait se traduire, dans un avenir aussi proche que possible, par une contribution à une amélioration significative des éphémérides. Nous avons commencé par sélectionner, parmi les 465 992 astéroïdes listés dans *ASTORB* du 26 septembre 2009, les astéroïdes qui rencontrent Ate avec une distance assez proche dans un avenir lui-même proche (quelques décennies). Ceci a nécessité une parallélisation de notre calcul avec la bibliothèque Fortran (MPI). Après ce stade d'identification des rencontres proches, une prochaine étape nécessaire, mais que nous n'avons malheureusement même pas eu le temps d'effectuer, sera de mesurer la perturbation gravitationnelle effectuée sur et par 111 Ate lors de chaque rencontre proche, pour en déduire de manière directe et précise la masse, et d'étendre cette étude à d'autres objets dont l'incertitude de masse pose des problèmes quant à la précision des éphémérides comme 46 Hestia, 20 Massalia, 19 Fortune, 3 Junon, 24 Themis ... etc.

Enfin, à l'aide d'un logiciel de calcul formel (TRIP) nous avons effectué une analyse en fréquence systématique et complète afin de localiser les oscillations sinusoïdales les plus importantes de la partie périodique de chacun des 1419 signaux qui présentent l'effet de chacun de 43 astéroïdes sur les six paramètres orbitaux $(a, e, i, \Omega, \varpi, \lambda)$ des quatre planètes telluriques ($43{\times}6{\times}4{=}1\ 032$) et aussi sur les trois paramètres de positionnement géocentrique des planètes telluriques que sont la distance (*DIST*) et l'orientation (α, δ) du vecteur reliant EMB à chacune des trois autres planètes telluriques ($43{\times}3{\times}3{=}387$).

Pour ce qui concerne la validité de nos analyses en fréquences, ell a été confirmée par l'accord remarquable montré entre nos résultats numériques, à savoir les composantes sinusoïdales (les fréquences et les amplitudes) des effets des trois plus gros astéroïdes (Cérès, Pallas et Vesta) sur Mars, avec ceux déterminés par une étude semi-analytique réalisée par Mouret et al (2009). En plus, nous avons réalisé l'ajustement de la partie périodique de chaque signal par un jeu de sinusoïdes trouvé, en utilisant l'algorithme des moindres carrés selon une fonction combinant les termes de Fourier et Poisson sous la forme

$$F(t) = \sum_{i=1}^{N} \underbrace{A_i \sin(f_i t) + B_i \cos(f_i t)}_{\text{Fourier}} + \underbrace{C_i t \sin(f_i t) + D_i t \cos(f_i t)}_{\text{Poisson}}$$

Pour chaque signal, les coefficients des termes de Fourier et de Poisson pour les sinusoïdes déterminés par notre méthode ainsi que les termes polynomiaux (biais, parties linéaire et quadratique) sont présentés dans un tableau disponible en format ***pdf*** dans notre base de données (ASETEP), avec la figure correspondante dans laquelle on observe simultanément la partie périodique du signal, notre ajustement par moindres carrés et également le résidu obtenu après soustraction des deux signaux. En général, l'allure très plate du résidu nous indique que notre ajustement est bien satisfaisant, puisque le signal résiduel est nettement plus bas que le signal initial. Néanmoins, quelques oscillations nettes apparaissent encore dans les résidus, et nécessiteraient une étude plus complète pour les modéliser en réappliquant notre analyse en fréquence.

La création de notre base de données ASETEP s'est fondée sur la qualité et la quantité des résultats obtenus par notre recherche. Nous avons limité dans un premier temps notre étude aux perturbations induites par 43 astéroïdes relativement massifs dont la précision de détermination de masses est jugée relativement satisfaisante. Mais l'un des avantages de cette base de données est qu'elle est générée automatiquement et peut être mise à jour facilement chaque fois qu'une nouvelle détermination de masse astéroïdale relativement précise est faite. Cet élément est orienté vers la perspective de raffinement des éphémérides planétaires. Nous pensons également enrichir notre base de données en mettant en ligne tous les outils utilisés, avec un guide expliquant en détail tous les étapes méthodologiques et programmatiques suivies dans cette recherche.

Notons que, dans ce travail, nous avons considéré le barycentre Terre-Lune (EMB) au lieu de considérer la Terre et la Lune individuellement. Autrement dit, nous avons remplacé la Terre et la Lune par un seul point dont la masse est la somme des masses des deux corps, et qui se trouve à leur barycentre. Cela facilite considérablement nos calculs. Un de nos prochains projets sera de réaliser une étude précise et spécifique des effets gravitationnels des astéroïdes sur la Terre et la Lune pris individuellement. Et spécifiquement sur la distance Terre-Lune qui sera probablement une application très intéressante pour améliorer notre connaissance de la dynamique du système Terre-Lune. Cela suscite l'intérêt de l'équipe POLAC installée au SYRTE qui se consacre à l'analyse scientifique des observations de télémétrie laser sur la Lune (LLR, Lunar Laser Ranging).

A

Les effets individuels et combinés

On présente ici les effets des 43 astéroïdes combinés (tireté) sur les paramètres orbitaux de Mercure et de Venus, les perturbations individuelles de notre échantillon d'astéroïdes ajoutées une à un (pointillés) et aussi les résidus (noir) obtenus après soustraction des deux signaux correspondant à chaque méthode de calcul

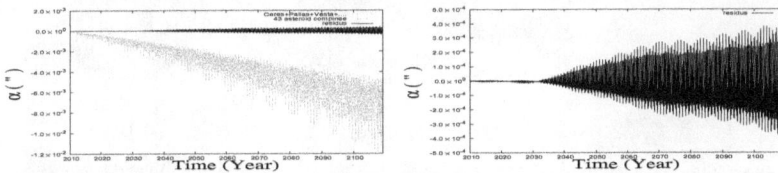

FIG. A.1 – Effets combinés des 43 astéroïdes sur l'ascension droite du vecteur EMB-Mercury (α) pour un intervalle de 100 ans à partir de 26/09/2009.

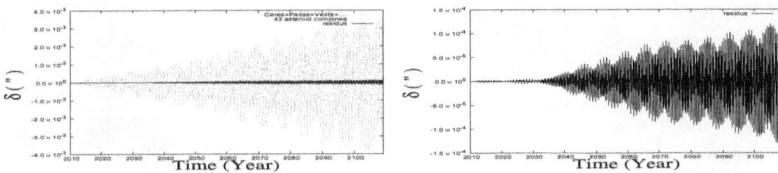

FIG. A.2 – Effets combinés des 43 astéroïdes sur la déclinaison du vecteur EMB-Mercury (δ) pour un intervalle de 100 ans à partir de 26/09/2009.

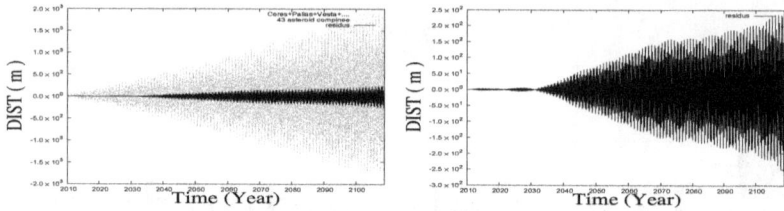

FIG. A.3 – Effets combinés des 43 astéroïdes sur la distance EMB-Mercury (*DIST*) pour un intervalle de 100 ans à partir de 26/09/2009.

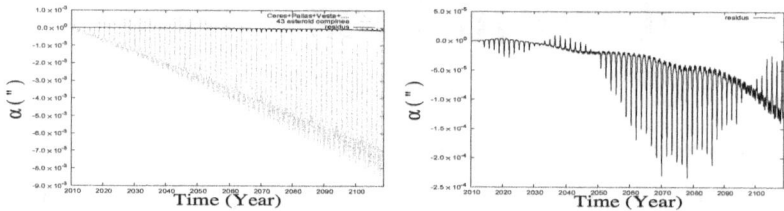

FIG. A.4 – Effets combinés des 43 astéroïdes sur l'ascension droite du vecteur EMB-Venus (α) pour un intervalle de 100 ans à partir de 26/09/2009.

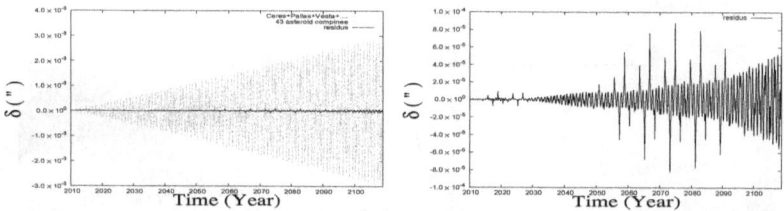

FIG. A.5 – Effets combinés des 43 astéroïdes sur la déclinaison du vecteur EMB-Venus (δ) pour un intervalle de 100 ans à partir de 26/09/2009.

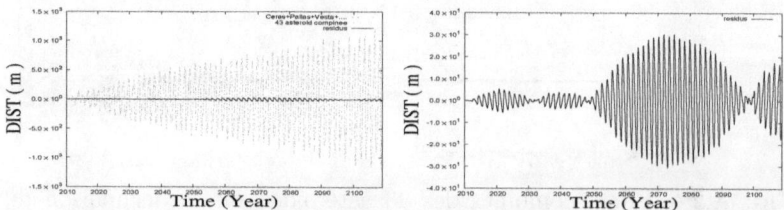

FIG. A.6 – Effets combinés des 43 astéroïdes sur la distance EMB-Venus (*DIST*) pour un intervalle de 100 ans à partir de 26/09/2009.

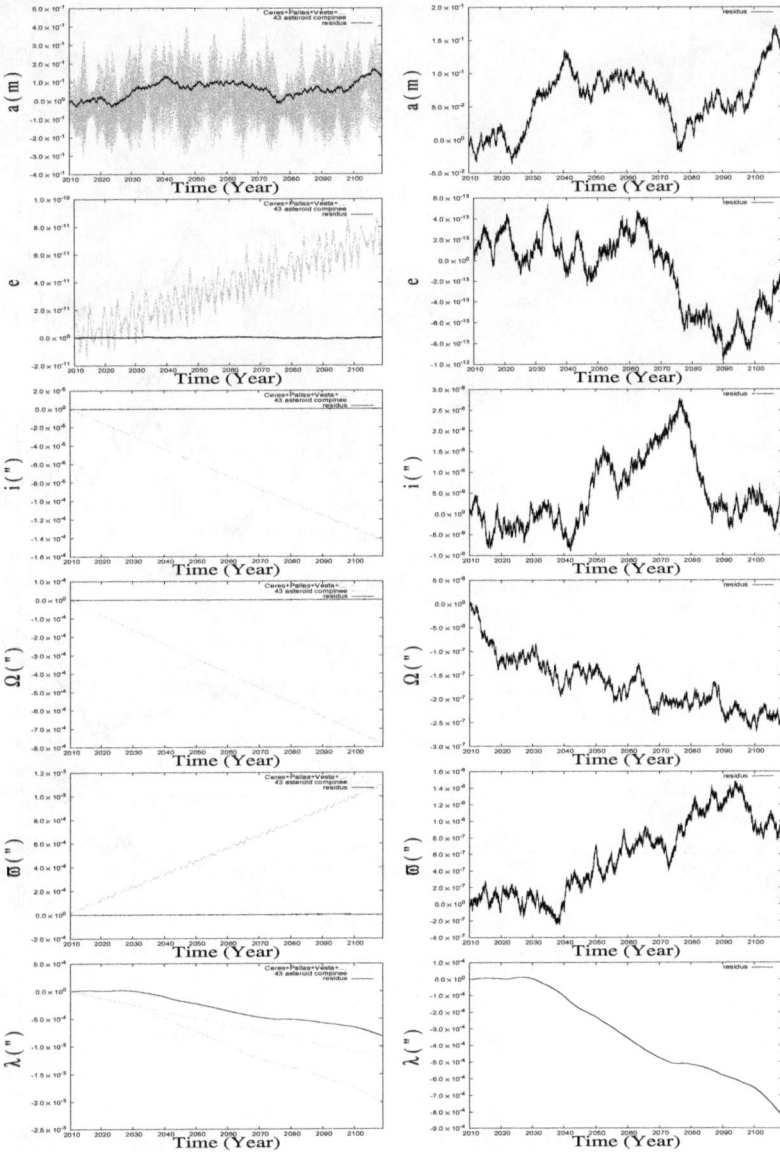

FIG. A.7 – Effets combinés des 43 astéroïdes sur les paramètres orbitaux de Mercure. pour un intervalle de 100 ans à partir de 26/09/2009.

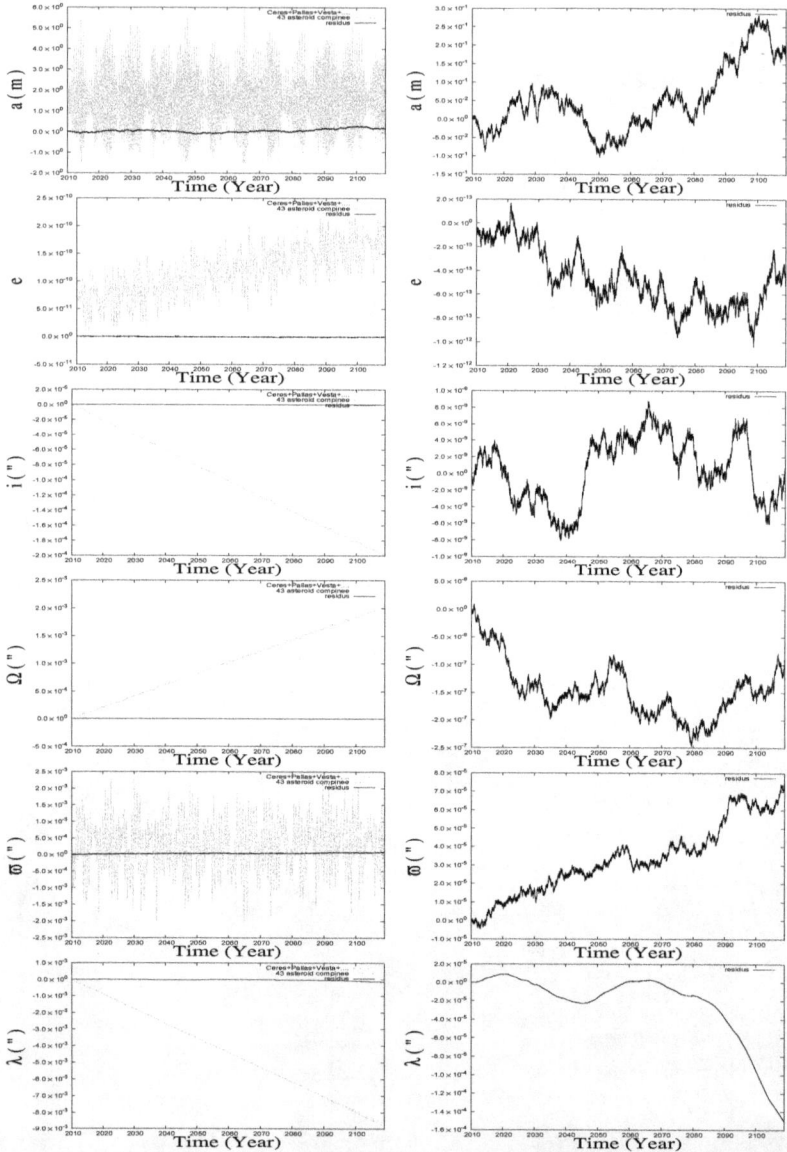

FIG. A.8 – Effets combinés des 43 astéroïdes sur les paramètres orbitaux de Venus. pour un intervalle de 100 ans à partir de 26/09/2009.

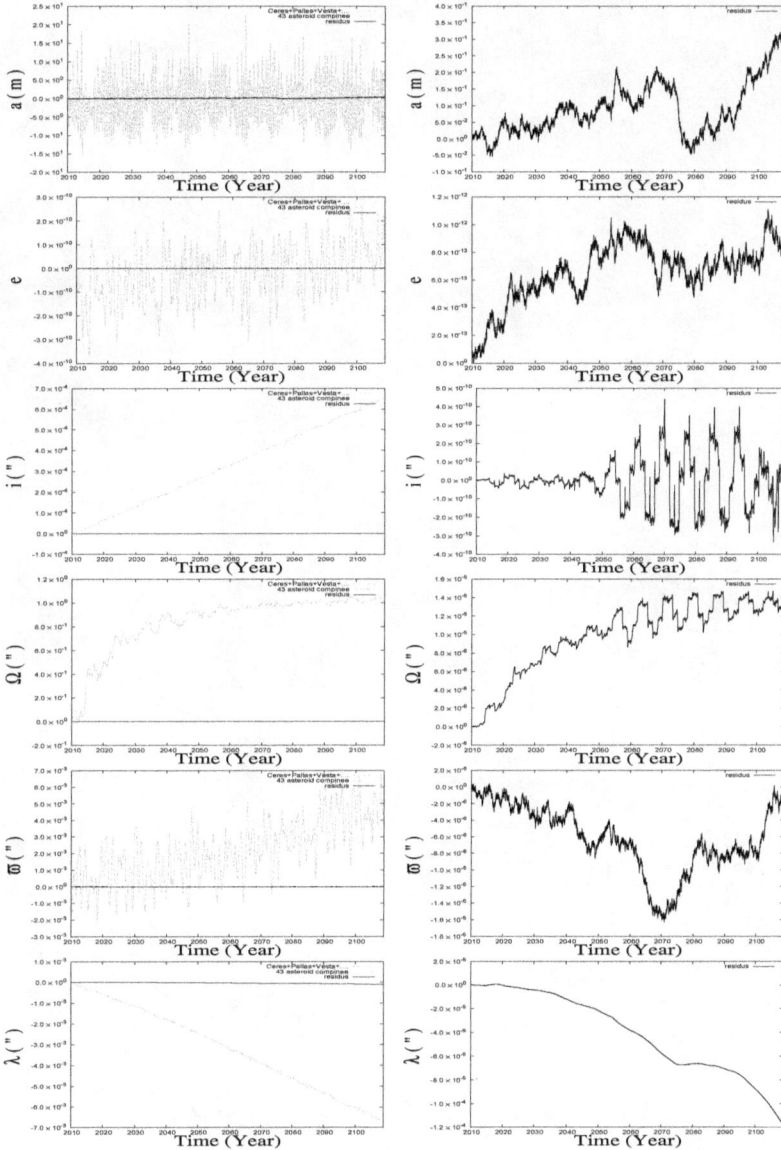

FIG. A.9 – Effets combinés des 43 astéroïdes sur les paramètres orbitaux de la EMB. pour un intervalle de 100 ans à partir de 26/09/2009.

Effets individuels des astéroïdes

Ici on présente notre analyse complète des effets de trois plus gros astéroïdes (1 Cérès, 2 Pallas, 4 Vesta) ainsi que les effets de l'astéroïde la plus problématique (111 Ate) sur les paramètres orbitaux (e, i, Ω, ϖ et λ) de Mars et de EMB, mais aussi sur les deux paramètres fondamentaux d'orientation de Mars (α, δ). Cette analyse a nécessité l'application de la méthodologie précisée ci-avant (chapitre *5*), qui a consisté en Plusieurs étapes : l'intégration numérique des planètes avec ou sans l'astéroïde perturbateur dont on veut connaître l'effet ; la détermination du signal représentant la différence des signaux par simple soustraction ; la caractérisation du signal résiduel par notre analyse en fréquence, permettant de localiser au mieux les oscillations sinusoïdales significatives ; l'ajustement du signal par le jeu de ces sinusoïdes ainsi déterminées, en utilisant l'algorithme des moindres carrés.

Dans chacune des courbes suivantes, on peut observer, en tireté, la partie périodique du signal obtenu par régression quadratique. On observe également, en pointillés, notre ajustement par moindres carrés selon l'équation 5.2 combinant les termes de Fourier et de Poisson. La difficulté de distinction entre les deux courbes (tireté et pointillés) traduit la performance de l'ajustement, tout comme l'aplatissement de la courbe des résidus en noir, obtenue après soustraction des deux signaux. On se rend ainsi compte que notre ajustement est Pleinement satisfaisant et convenable pour pratiquement toutes les courbes, malgré l'apparence de quelques oscillations résiduelles nettes dans certains cas, en particulier pour (α, δ). Par conséquent, une étude plus complète nécessiterait une deuxième étape d'ajustement consistant à réappliquer notre analyse en fréquence sur les courbes résultantes (en noir). Les valeurs des termes constants, linéaire et quadratique nécessaires pour isoler les partie périodiques du signal, ainsi que les valeurs des termes les plus importants de Fourier et de Poisson (données avec seulement 3 décimales) sont systématiquement rassemblées dans un tableau complet correspondant, avec, en plus, la dispersion et l'amplitude pic-à-pic du signal originel en tireté (Before) et du signal résiduel en noir (After). On remarque l'existence de sinusoïdes d'amplitudes parfois très élevés individuellement par rapport au signal même. Néanmoins c'est la combinaison de ces sinusoïdes, souvent de fréquences très proches, qui donne le meilleur ajustement. Donc on ne doit pas référer aux termes de Fourier et de Poisson directement mais aux amplitudes crête-à-crête qui sont données dans la dernière colonne.

B.1   Les effets sur Mars

B.1.1   Sur l'excentricité (e) de Mars

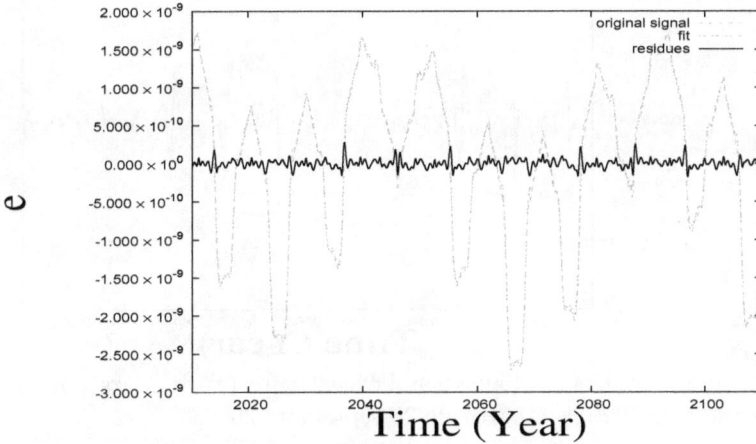

FIG. B.1 – Effets de Cérès sur l'excentricité (e) de Mars pour un intervalle de 100 ans à partir de 26 septembre 2009.

TAB. B.1 – Les principaux coefficients de Fourier et de Poisson pour les effets de Cérès sur l'excentricité (e) de Mars sur un intervalle de 100 ans à partir de 26/9/2009, qui correspond à T=2009.81

		BIAS :	-0.904209 $\times 10^{-6}$					
		LINEAR :	0.870553 $\times 10^{-9}$					
		T^2 :	-0.209654 $\times 10^{-12}$					
Period	Period	SIN	COS		T SIN	T COS		Amplitude
(Day)	(Year)	$\times 10^{-10}$	$\times 10^{-10}$	$\times 10^{-10}$	$\times 10^{-13}$	$\times 10^{-13}$	$\times 10^{-13}$	$\times 10^{-10}$
16800.433	45.997	- 123.437	- 45.589	131.587	60.874	17.876	25.280	14.454
4862.414	13.313	- 2.197	4.941	5.407	1.564	- 2.292	3.241	6.372
3752.630	10.274	- 7.151	- 11.749	13.754	- 0.791	2.348	3.320	12.708
3046.968	8.342	4.853	- 3.884	6.216	- 0.175	1.687	2.386	4.644
1875.989	5.136	- 3.786	- 3.113	4.902	0.901	2.309	3.266	2.834
1682.019	4.605	- 4.566	- 2.548	5.229	2.793	1.009	1.428	1.303
1250.691	3.424	- 1.137	5.935	6.043	0.640	- 2.560	3.621	0.903
1083.669	2.967	1.569	- 0.876	1.797	- 0.924	0.234	0.331	0.736
886.913	2.428	- 3.050	0.668	3.122	2.003	0.315	0.445	1.773
840.954	2.302	- 1.365	- 0.606	1.494	0.405	0.140	0.198	0.664
Dispersion		Before= 0.112717 $\times 10^{-8}$				After= 0.585980 $\times 10^{-10}$		
Amplitude		Before= 0.437036 $\times 10^{-8}$				After= 0.455490 $\times 10^{-9}$		

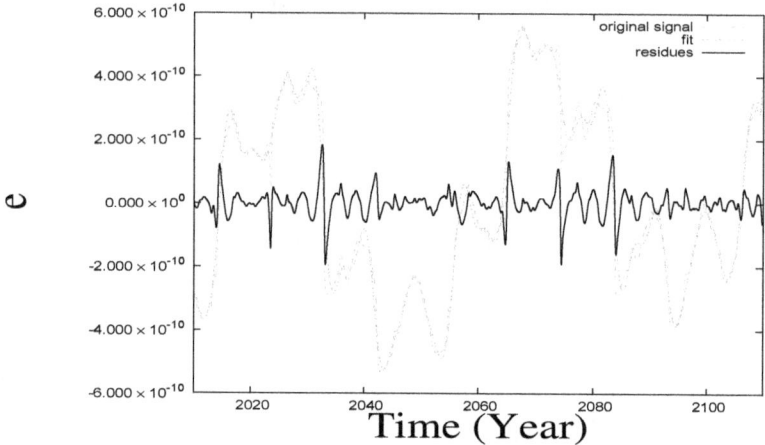

FIG. B.2 – Effets de Pallas sur l'excentricité (e) de Mars pour un intervalle de 100 ans à partir de 26 septembre 2009.

TAB. B.2 – Les principaux coefficients de Fourier et de Poisson pour les effets de Pallas sur l'excentricité (e) de Mars sur un intervalle de 100 ans à partir de 26/9/2009, qui correspond à T=2009.81

			BIAS :	-0.260413 $\times 10^{-6}$				
			LINEAR :	0.266817 $\times 10^{-9}$				
			T^2 :	-0.682127 $\times 10^{-13}$				
Period	Period	SIN	COS			T SIN	T COS	Amplitude
(Day)	(Year)	$\times 10^{-9}$	$\times 10^{-9}$	$\times 10^{-9}$	$\times 10^{-12}$	$\times 10^{-12}$	$\times 10^{-12}$	$\times 10^{-9}$
18358.586	50.263	- 5654.128	9408.556	10976.797	2697.385	- 4574.525	6469.355	0.429
11430.937	31.296	- 18050.442	6207.723	19088.066	8755.546	- 3001.170	4244.295	0.495
8014.218	21.942	- 7520.857	8560.904	11395.278	3675.329	- 4131.380	5842.653	0.447
5218.910	14.289	31717.486	27655.092	42080.911	- 15722.824	- 13215.902	18690.107	0.490
4792.090	13.120	- 66530.544	- 51876.851	84365.402	33788.102	24815.931	35095.026	0.568
4560.253	12.485	19392.504	- 11981.502	22795.298	- 10792.802	6390.512	9037.549	0.646
4036.879	11.052	- 43036.762	- 47060.487	63771.877	20619.634	22405.786	31686.567	0.615
3737.100	10.232	16308.229	- 61915.963	64027.688	- 5272.964	34049.963	48153.920	0.563
3658.085	10.015	- 162222.048	- 54871.971	171251.062	77470.315	30950.913	43771.201	0.549
3066.989	8.397	16349.418	- 24247.775	29244.796	- 6528.104	12097.535	17108.497	0.551
3041.920	8.328	- 6917.017	- 13677.843	15327.378	1907.555	6495.880	9186.561	0.555
Dispersion		Before= 0.289736 $\times 10^{-9}$				After= 0.414623 $\times 10^{-10}$		
Amplitude		Before= 0.110557 $\times 10^{-8}$				After= 0.377917 $\times 10^{-9}$		

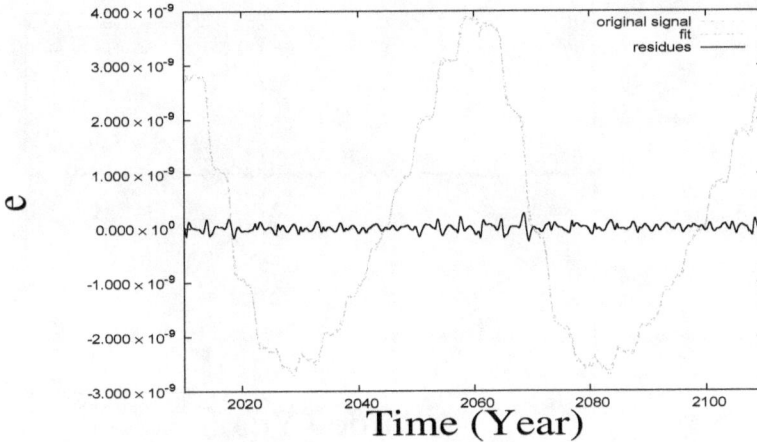

FIG. B.3 – Effets de Vesta sur l'excentricité (e) de Mars pour un intervalle de 100 ans à partir de 26 septembre 2009.

TAB. B.3 – Les principaux coefficients de Fourier et de Poisson pour les effets de Vesta sur l'excentricité (e) de Mars sur un intervalle de 100 ans à partir de 26/9/2009, qui correspond à T=2009.81

Period (Day)	Period (Year)	SIN $\times 10^{-9}$	COS $\times 10^{-9}$	$\times 10^{-9}$	T SIN $\times 10^{-12}$	T COS $\times 10^{-12}$	$\times 10^{-12}$	Amplitude $\times 10^{-8}$
		BIAS : 0.175424 $\times 10^{-5}$						
		LINEAR : -0.169841 $\times 10^{-8}$						
		T^2 : 0.410019 $\times 10^{-12}$						
19762.333	54.106	26870.757	32504.642	42173.325	- 12923.198	- 15850.343	22415.770	0.330
12046.438	32.981	- 2638.545	- 21269.054	21432.092	1267.756	10315.450	14588.250	0.379
9671.782	26.480	- 3549.482	3608.411	5061.566	1771.054	- 1696.999	2399.918	0.386
6502.286	17.802	- 36.605	27.054	45.518	17.916	- 12.735	18.009	0.387
4567.885	12.506	- 1.444	1.492	2.076	0.713	- 0.704	0.996	0.386
1688.504	4.623	- 1.080	- 1.010	1.478	0.560	0.465	0.658	0.384
1547.338	4.236	- 6.930	- 25.334	26.265	3.860	12.203	17.257	0.404
1522.811	4.169	15.190	- 19.079	24.387	- 7.735	8.960	12.671	0.401
1328.826	3.638	- 0.401	0.024	0.402	0.192	- 0.043	0.061	0.397
1243.050	3.403	- 0.633	0.693	0.938	0.273	- 0.349	0.493	0.390
742.364	2.032	- 1.363	1.246	1.846	0.634	- 0.613	0.868	0.389
Dispersion		Before= 0.205961 $\times 10^{-8}$			After= 0.631286 $\times 10^{-10}$			
Amplitude		Before= 0.653152 $\times 10^{-8}$			After= 0.504680 $\times 10^{-9}$			

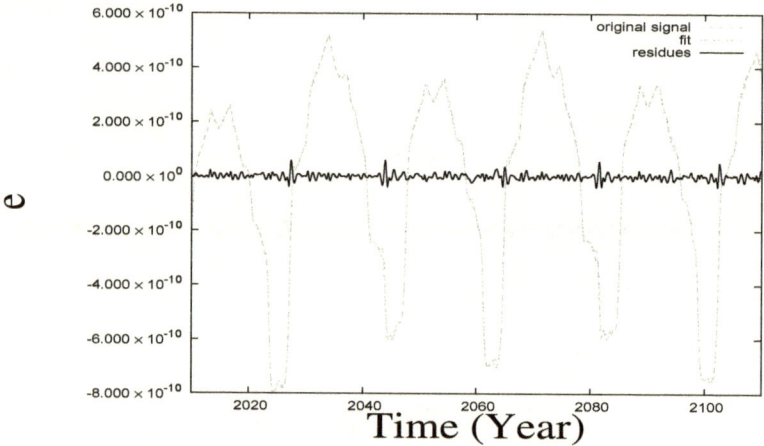

FIG. B.4 – Effets de Ate sur l'excentricité (e) de Mars pour un intervalle de 100 ans à partir de 26 septembre 2009.

TAB. B.4 – Les principaux coefficients de Fourier et de Poisson pour les effets de Ate sur l'excentricité (e) de Mars sur un intervalle de 100 ans à partir de 26/9/2009, qui correspond à T=2009.81

Period (Day)	Period (Year)	SIN $\times 10^{-11}$	COS $\times 10^{-11}$	$\times 10^{-11}$	T SIN $\times 10^{-14}$	T COS $\times 10^{-14}$	$\times 10^{-14}$	Amplitude $\times 10^{-11}$
13401.945	36.693	- 583.664	- 1033.895	1187.267	286.737	495.062	700.123	13.186
9565.842	26.190	636.254	784.546	1010.115	- 305.816	- 383.635	542.542	260.414
6883.782	18.847	- 173.462	50.995	180.803	76.791	- 2.255	3.189	66.251
4576.483	12.530	- 18.073	29.322	34.445	8.243	- 11.933	16.876	6.207
3443.982	9.429	1.026	- 45.443	45.455	4.770	18.550	26.234	14.640
2745.390	7.516	- 3.686	- 8.430	9.200	- 0.590	5.559	7.862	7.295
2292.067	6.275	8.686	- 6.366	10.769	- 2.545	1.647	2.330	5.523
1959.404	5.365	- 25.472	4.328	25.837	12.421	1.737	2.457	8.471
1720.669	4.711	- 6.625	- 6.014	8.948	2.695	2.201	3.112	2.716
1525.084	4.175	11.867	- 9.205	15.018	- 6.570	3.212	4.543	3.536
1381.428	3.782	10.051	- 2.573	10.375	- 4.439	1.383	1.956	1.570
1249.849	3.422	1.226	2.338	2.640	- 0.546	- 1.423	2.012	1.176

BIAS : 0.155869×10^{-6}
LINEAR : -0.155925×10^{-9}
T^2 : 0.390964×10^{-13}

Dispersion Amplitude	Before= 0.362347×10^{-9}	After= 0.110771×10^{-10}
	Before= 0.134553×10^{-8}	After= 0.971877×10^{-10}

B.1.2 Sur l'inclinaison (i) de Mars

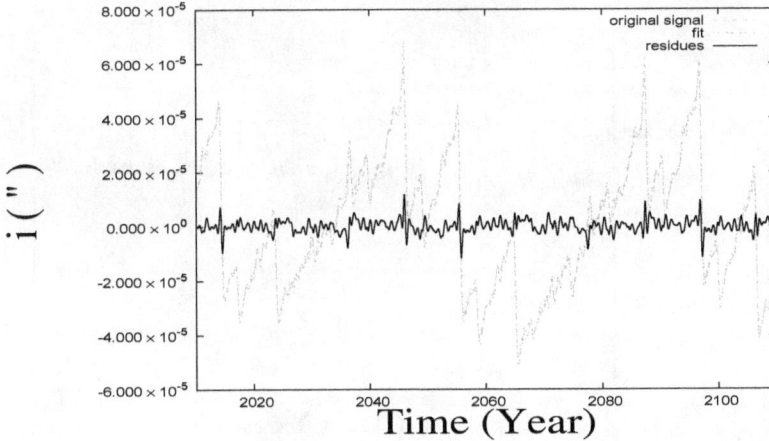

FIG. B.5 – Effets de Cérès sur l'inclinaison (i) de Mars pour un intervalle de 100 ans à partir de 26 septembre 2009.

TAB. B.5 – Les principaux coefficients de Fourier et de Poisson pour les effets de Cérès sur l'inclinaison (i) de Mars sur un intervalle de 100 ans à partir de 26/9/2009, qui correspond à T=2009.81

BIAS		BIAS :	-0.304368×10^{-2}					
		LINEAR :	0.104243×10^{-4}					
		T^2 :	-0.443652×10^{-8}					
Period	Period	SIN	COS		T SIN	T COS		Amplitude
(Day)	(Year)	$\times 10^{-6}$	$\times 10^{-6}$	$\times 10^{-6}$	$\times 10^{-9}$	$\times 10^{-9}$	$\times 10^{-9}$	$\times 10^{-5}$(")
16704.147	45.733	- 180.184	442.324	477.616	75.280	- 218.623	309.179	3.536
4871.572	13.338	- 33.294	- 16.070	36.969	15.512	9.423	13.326	0.811
3745.287	10.254	29.953	29.012	41.699	- 9.531	- 15.763	22.293	1.432
3043.716	8.333	- 7.172	1.663	7.363	3.827	- 6.007	8.496	1.113
1878.411	5.143	4.258	- 0.548	4.293	- 1.419	- 1.339	1.894	0.486
1683.667	4.610	11.860	9.096	14.946	- 7.737	- 5.368	7.591	0.519
1251.114	3.425	- 13.803	- 0.227	13.805	6.264	0.610	0.863	0.264
1161.414	3.180	11.416	2.819	11.758	- 2.784	- 1.155	1.633	0.666
1083.465	2.966	1.486	2.307	2.745	- 2.009	- 1.247	1.763	0.273
887.201	2.429	6.678	- 11.533	13.327	- 2.012	6.343	8.971	0.429
840.939	2.302	- 9.117	3.884	9.910	2.386	- 3.084	4.362	0.495
687.104	1.881	- 5.345	10.438	11.727	2.277	- 6.019	8.512	0.245
Dispersion		Before= 0.239791×10^{-4}			After= 0.235206×10^{-5}			
Amplitude		Before= 0.000024			After= 0.233231×10^{-4}			

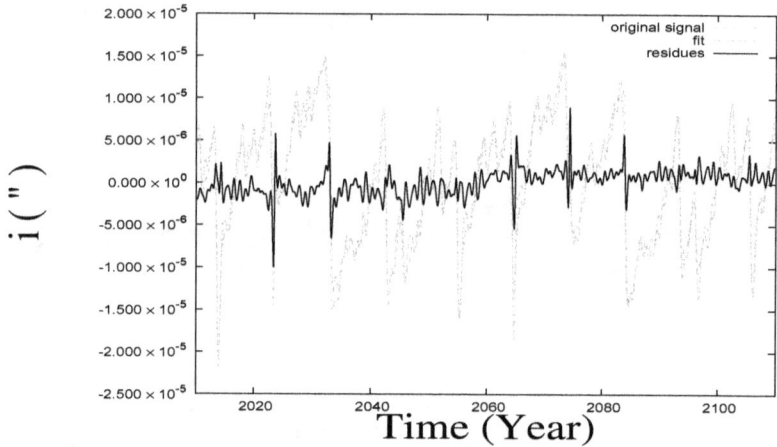

FIG. B.6 – Effets de Pallas sur l'inclinaison (i) de Mars pour un intervalle de 100 ans à partir de 26 septembre 2009.

TAB. B.6 – Les principaux coefficients de Fourier et de Poisson pour les effets de Pallas sur l'inclinaison (i) de Mars sur un intervalle de 100 ans à partir de 26/9/2009, qui correspond à T=2009.81

BIAS : 0.400306×10^{-2}							
LINEAR : 0.326220×10^{-6}							
T^2 : -0.115411×10^{-8}							
Period	Period	SIN	COS		T SIN	T COS		Amplitude
(Day)	(Year)	$\times 10^{-5}$	$\times 10^{-5}$	$\times 10^{-5}$	$\times 10^{-8}$	$\times 10^{-8}$	$\times 10^{-8}$	$\times 10^{-6}('')$
8451.134	23.138	- 3.911	- 3.874	5.505	1.810	1.836	2.597	3.992
6588.864	18.039	3.549	- 0.251	3.558	- 1.712	0.091	0.128	2.254
4780.764	13.089	1.713	1.844	2.517	- 0.811	- 0.824	1.165	4.195
3721.268	10.188	- 0.415	1.217	1.285	0.475	- 0.672	0.951	6.380
2610.906	7.148	1.774	- 0.366	1.811	- 0.824	0.181	0.256	1.198
1862.166	5.098	0.962	0.558	1.112	- 0.501	- 0.375	0.531	3.086
1683.676	4.610	0.249	- 0.960	0.992	- 0.250	0.443	0.626	2.959
1538.150	4.211	- 1.304	0.157	1.314	0.601	- 0.091	0.129	0.946
1243.735	3.405	- 0.376	0.085	0.385	0.153	- 0.025	0.036	1.563
1159.812	3.175	- 0.982	- 0.478	1.092	0.455	0.323	0.457	2.344
Dispersion		Before= 0.703216×10^{-5}			After= 0.158421×10^{-5}			
Amplitude		Before= 0.374722×10^{-4}			After= 0.189149×10^{-4}			

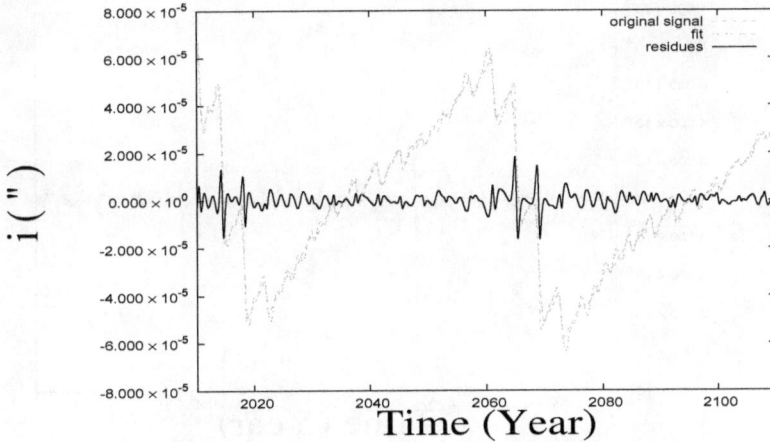

FIG. B.7 – Effets de Vesta sur l'inclinaison (i) de Mars pour un intervalle de 100 ans à partir de 26 septembre 2009.

TAB. B.7 – Les principaux coefficients de Fourier et de Poisson pour les effets de Vesta sur l'inclinaison (i) de Mars sur un intervalle de 100 ans à partir de 26/9/2009, qui correspond à T=2009.81

			BIAS :	0.240827 $\times 10^{-1}$				
			LINEAR :	-0.182061 $\times 10^{-4}$				
			T^2 :	0.308075 $\times 10^{-8}$				
Period	Period	SIN	COS		T SIN	T COS		Amplitude
(Day)	(Year)	$\times 10^{-4}$	$\times 10^{-4}$	$\times 10^{-4}$	$\times 10^{-8}$	$\times 10^{-8}$	$\times 10^{-7}$	$\times 10^{-4}$ (")
19766.397	54.117	163.314	- 77.151	180.621	- 795.023	377.424	53.376	0.537
9467.601	25.921	- 33517.928	43507.590	54921.415	- 48856.496	- 276915.641	39161.790	0.619
9432.051	25.824	108.879	45959.449	45959.578	- 45694.385	- 459654.854	65005.020	0.553
9139.807	25.023	- 22134.339	- 72629.825	75927.732	56170.187	346318.273	48976.805	0.533
8812.798	24.128	- 1992.148	19955.304	20054.496	16957.533	- 93711.141	13252.758	0.581
6277.158	17.186	10.970	- 25.363	27.633	- 55.401	122.617	17.341	0.569
1661.142	4.548	2.427	- 1.169	2.694	- 11.867	5.858	0.828	0.630
1552.334	4.250	6.352	27.323	28.052	- 32.468	- 132.268	18.706	0.720
1459.250	3.995	- 119.985	755.636	765.103	461.357	- 3679.935	520.421	0.751
1427.384	3.908	- 26.736	- 2552.546	2552.686	213.215	12375.567	1750.170	0.746
1405.505	3.848	- 767.845	- 109.478	775.610	3682.083	733.158	103.684	0.704
1243.492	3.404	0.215	- 0.107	0.240	- 0.948	0.408	0.058	0.710
716.088	1.961	- 43.222	- 33.358	54.598	219.813	146.545	20.725	0.692
713.069	1.952	36.412	38.707	53.142	- 162.431	- 199.424	28.203	0.683
Dispersion		Before= 0.298186 $\times 10^{-4}$				After= 0.310660 $\times 10^{-5}$		
Amplitude		Before= 0.000030				After= 0.345574 $\times 10^{-4}$		

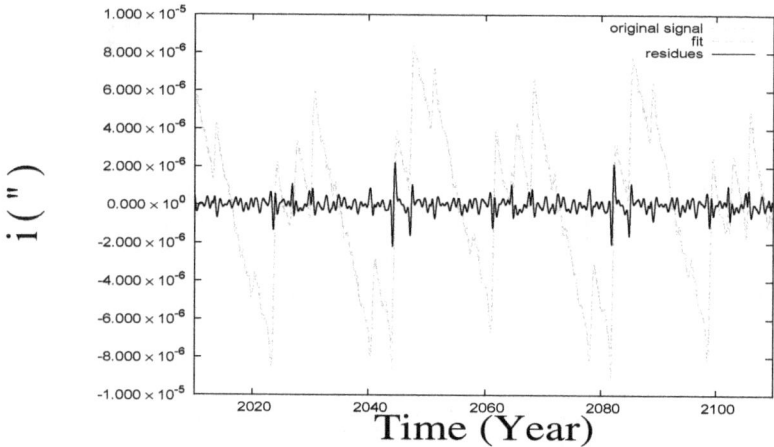

FIG. B.8 – Effets de Ate sur l'inclinaison (i) de Mars pour un intervalle de 100 ans à partir de 26 septembre 2009.

TAB. B.8 – Les principaux coefficients de Fourier et de Poisson pour les effets de Ate sur l'inclinaison (i) de Mars sur un intervalle de 100 ans à partir de 26/9/2009, qui correspond à T=2009.81

BIAS : 0.322999 $\times 10^{-3}$								
LINEAR : -0.198660 $\times 10^{-5}$								
T^2 : 0.907840 $\times 10^{-9}$								
Period	Period	SIN	COS		T SIN	T COS		Amplitude
(Day)	(Year)	$\times 10^{-7}$	$\times 10^{-7}$	$\times 10^{-6}$	$\times 10^{-10}$	$\times 10^{-10}$	$\times 10^{-9}$	$\times 10^{-6}$(")
14911.931	40.827	- 1216.615	769.911	143.976	596.522	- 376.235	53.208	1.562
9547.403	26.139	725.683	20.790	72.598	- 352.720	- 12.526	1.771	10.440
6882.617	18.844	- 200.133	12.795	20.054	74.180	- 1.645	0.233	5.336
4571.583	12.516	19.200	- 2.634	1.938	- 12.642	0.745	0.105	1.015
3428.530	9.387	- 5.087	15.813	1.661	2.128	- 6.295	0.890	0.426
2747.129	7.521	- 4.632	2.343	0.519	5.465	- 1.293	0.183	0.844
2283.206	6.251	- 3.653	- 4.463	0.577	2.322	3.246	0.459	0.341
1961.048	5.369	6.130	4.307	0.749	0.164	- 2.061	0.291	0.779
1526.425	4.179	10.701	- 5.205	1.190	- 2.749	- 0.245	0.035	0.878
1249.254	3.420	- 5.397	24.995	2.557	- 0.327	- 6.292	0.890	1.460
1057.237	2.895	3.469	3.262	0.476	- 2.715	- 5.283	0.747	0.797
980.281	2.684	- 12.203	- 7.013	1.407	6.280	4.197	0.594	0.268
Dispersion		Before= 0.381732 $\times 10^{-5}$				After= 0.383188 $\times 10^{-6}$		
Amplitude		Before= 0.174323 $\times 10^{-4}$				After= 0.439929 $\times 10^{-5}$		

B.1.3 Sur la longitude du nœud ascendant (Ω) de Mars

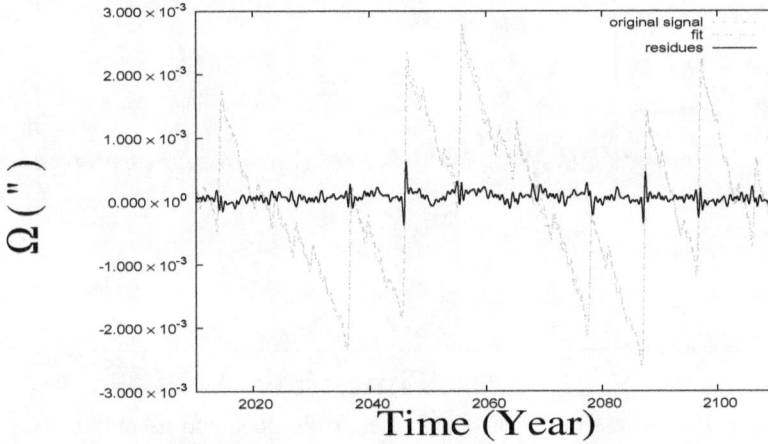

FIG. B.9 – Effets de Cérès sur la longitude du nœud ascendant (Ω) de Mars pour un intervalle de 100 ans à partir de 26 septembre 2009.

TAB. B.9 – Les principaux coefficients de Fourier et de Poisson pour les effets de Cérès sur la longitude du nœud ascendant (Ω) de Mars sur un intervalle de 100 ans à partir de 26/9/2009, qui correspond à T=2009.81

Period (Day)	Period (Year)	SIN $\times 10^{-4}$	COS $\times 10^{-4}$	$\times 10^{-4}$	T SIN $\times 10^{-7}$	T COS $\times 10^{-7}$	$\times 10^{-7}$	Amplitude $\times 10^{-4}("$)
\multicolumn{9}{c}{BIAS : 0.148160 $\times 10^{+1}$}
10945.541	29.967	399.109	- 505.771	644.276	- 195.467	244.601	345.918	11.552
7586.867	20.772	- 166.690	39.216	171.241	80.844	- 18.367	25.975	5.375
4921.781	13.475	10.986	- 16.572	19.882	- 4.748	8.781	12.418	3.620
3754.452	10.279	3.967	- 3.986	5.623	0.889	1.266	1.790	7.826
3045.264	8.337	7.694	15.748	17.527	- 5.845	- 9.012	12.745	5.591
1877.715	5.141	0.372	3.460	3.480	0.987	- 1.553	2.196	3.008
1681.323	4.603	0.751	- 0.624	0.976	- 1.639	0.171	0.241	2.881
1521.006	4.164	0.021	- 3.833	3.833	- 0.138	1.613	2.281	0.593
1252.349	3.429	2.317	0.631	2.402	- 1.169	0.078	0.111	1.372
1161.479	3.180	1.259	1.074	1.655	- 1.793	- 1.186	1.677	3.143
1083.211	2.966	- 0.763	- 0.499	0.912	0.784	0.505	0.714	1.050
887.023	2.429	3.720	- 3.762	5.291	- 2.442	1.746	2.469	1.783

(Note: BIAS : 0.148160 $\times 10^{+1}$; LINEAR : -0.180230 $\times 10^{-2}$; T^2 : 0.529867 $\times 10^{-6}$)

Dispersion	Before= 0.001099	After= 0.000101
Amplitude	Before= 0.005407	After= 0.000979

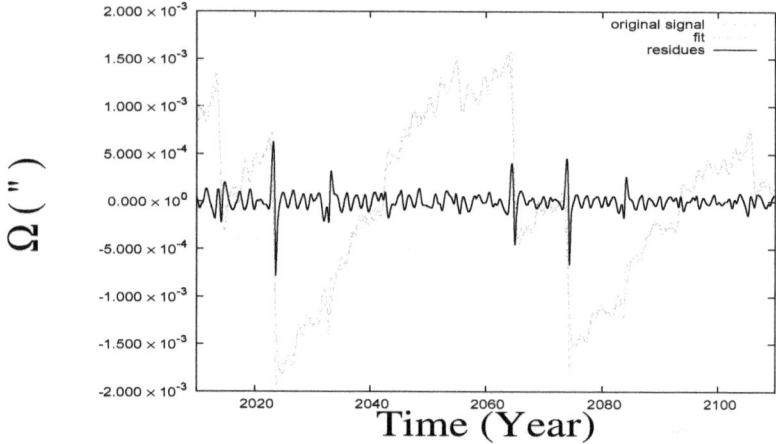

FIG. B.10 – Effets de Pallas sur la longitude du nœud ascendant (Ω) de Mars pour un intervalle de 100 ans à partir de 26 septembre 2009.

TAB. B.10 – Les principaux coefficients de Fourier et de Poisson pour les effets de Pallas sur la longitude du nœud ascendant (Ω) de Mars sur un intervalle de 100 ans à partir de 26/9/2009, qui correspond à T=2009.81

Period (Day)	Period (Year)	SIN $\times 10^{-3}$	COS $\times 10^{-3}$	$\times 10^{-3}$	T SIN $\times 10^{-6}$	T COS $\times 10^{-6}$	$\times 10^{-6}$	Amplitude $\times 10^{-4}(")$
	BIAS : 0.187926 $\times 10^{+1}$
12324.345	33.742	- 272.453	- 216.225	347.828	132.287	105.252	148.849	11.937
8713.917	23.857	- 104.691	171.298	200.756	51.428	- 82.957	117.319	3.891
6426.510	17.595	- 39.969	- 35.689	53.583	19.214	17.501	24.750	9.176
4696.779	12.859	- 9.356	- 0.484	9.369	4.633	0.274	0.388	4.159
3744.821	10.253	3.870	- 4.153	5.677	- 1.821	2.087	2.952	4.489
3087.023	8.452	4.129	0.221	4.135	- 1.952	- 0.003	0.004	3.188
2622.873	7.181	0.869	- 2.206	2.371	- 0.403	1.030	1.457	1.135
2073.021	5.676	1.530	- 0.467	1.600	- 0.723	0.208	0.294	1.608
1856.967	5.084	- 1.283	- 0.682	1.453	0.575	0.365	0.516	1.957
1683.051	4.608	- 0.582	0.047	0.584	0.250	0.002	0.002	1.379
1541.560	4.221	0.950	0.095	0.955	- 0.445	- 0.009	0.012	0.972
1241.367	3.399	0.894	0.485	1.017	- 0.409	- 0.224	0.317	1.096

Header details:

BIAS : 0.187926 $\times 10^{+1}$
LINEAR : -0.171703 $\times 10^{-2}$
T^2 : 0.388900 $\times 10^{-6}$

Dispersion		Before= 0.000860			After= 0.000100			
Amplitude		Before= 0.003581			After= 0.001402			

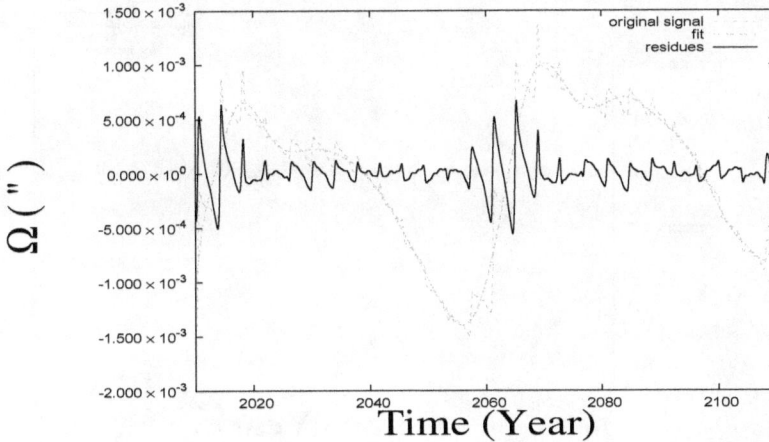

FIG. B.11 – Effets de Vesta sur la longitude du nœud ascendant (Ω) de Mars pour un intervalle de 100 ans à partir de 26 septembre 2009.

TAB. B.11 – Les principaux coefficients de Fourier et de Poisson pour les effets de Vesta sur la longitude du nœud ascendant (Ω) de Mars sur un intervalle de 100 ans à partir de 26/9/2009, qui correspond à T=2009.81

BIAS :	-0.329495							
LINEAR :	0.249938×10^{-3}							
T^2 :	-0.424255×10^{-7}							
Period	Period	SIN	COS		T SIN	T COS		Amplitude
(Day)	(Year)	$\times 10^0$	$\times 10^0$	$\times 10^0$	$\times 10^{-4}$	$\times 10^{-4}$	$\times 10^{-4}$	$\times 10^{-2}$(")
20032.325	54.846	- 59.326	43.185	73.379	474.777	- 896.633	1268.031	0.100
19769.481	54.126	96.116	- 206.646	227.905	- 202.025	246.508	348.615	0.154
17355.620	47.517	53.628	64.429	83.827	- 135.070	- 224.635	317.682	0.135
15772.917	43.184	6.097	- 18.420	19.403	- 35.029	140.311	198.429	0.383
9567.374	26.194	295.569	- 48.237	299.479	- 1412.346	313.680	443.610	0.142
9074.626	24.845	- 99.138	- 171.553	198.138	403.677	865.298	1223.716	0.143
6284.409	17.206	- 0.022	- 0.147	0.149	0.093	0.714	1.010	0.139
Dispersion		Before= 0.000667			After= 0.000137			
Amplitude		Before= 0.002877			After= 0.001226			

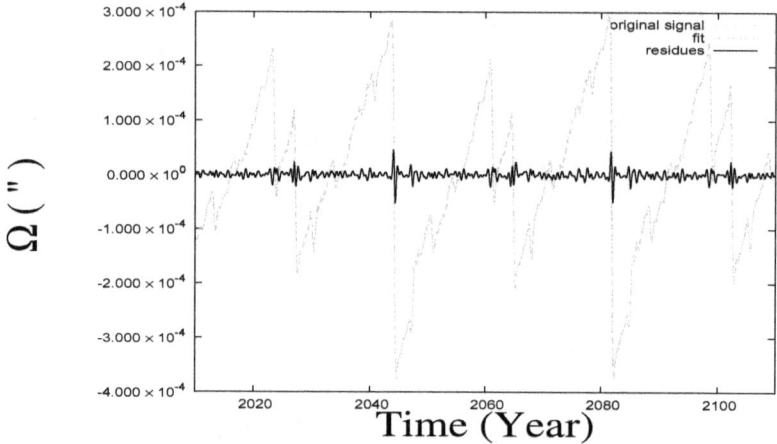

FIG. B.12 – Effets de Ate sur la longitude du nœud ascendant (Ω) de Mars pour un intervalle de 100 ans à partir de 26 septembre 2009.

TAB. B.12 – Les principaux coefficients de Fourier et de Poisson pour les effets de Ate sur la longitude du nœud ascendant (Ω) de Mars sur un intervalle de 100 ans à partir de 26/9/2009, qui correspond à T=2009.81

BIAS :		-0.421236 $\times 10^{-1}$						
LINEAR :		0.826475 $\times 10^{-4}$						
T^2 :		-0.306371 $\times 10^{-7}$						
Period	Period	SIN	COS		T SIN	T COS		Amplitude
(Day)	(Year)	$\times 10^{-5}$	$\times 10^{-5}$	$\times 10^{-5}$	$\times 10^{-9}$	$\times 10^{-9}$	$\times 10^{-8}$	$\times 10^{-5}$(")
13772.504	37.707	54.944	11.238	56.081	- 281.627	- 38.947	5.508	4.750
6868.800	18.806	5.981	6.959	9.176	- 8.473	- 103.989	14.706	16.049
4560.673	12.486	1.609	- 2.718	3.158	3.456	- 0.179	0.025	3.760
3435.816	9.407	- 17.025	3.752	17.434	93.177	14.424	2.040	7.587
2738.714	7.498	1.351	4.897	5.079	10.581	- 36.169	5.115	5.218
2294.359	6.282	4.959	1.899	5.311	- 10.682	- 5.181	0.733	2.494
1962.617	5.373	5.616	- 10.627	12.019	- 3.101	58.509	8.274	5.267
1720.191	4.710	0.117	- 1.095	1.102	- 4.642	8.939	1.264	1.191
1526.710	4.180	4.952	6.438	8.122	- 39.681	- 27.285	3.859	3.837
1372.661	3.758	- 4.795	- 1.670	5.077	21.559	8.042	1.137	0.342
Dispersion		Before= 0.000136			After= 0.714226 $\times 10^{-5}$			
Amplitude		Before= 0.000136			After= 0.977832 $\times 10^{-4}$			

B.1.4 Sur la longitude du périhélie (ϖ) de Mars

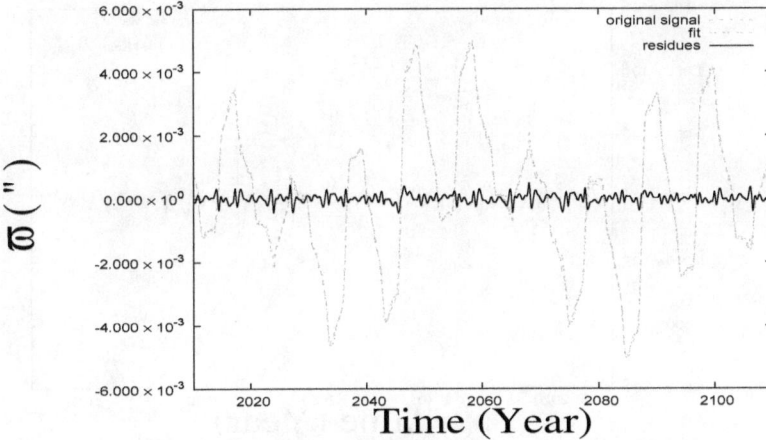

FIG. B.13 – Effets de Cérès sur la longitude du périhélie (ϖ) de Mars pour un intervalle de 100 ans à partir de 26 septembre 2009.

TAB. B.13 – Les principaux coefficients de Fourier et de Poisson pour les effets de Cérès sur la longitude du périhélie (ϖ) de Mars sur un intervalle de 100 ans à partir de 26/9/2009, qui correspond à T=2009.81

		\multicolumn{3}{}{}					
\multicolumn{9}{c}{BIAS : $0.248097 \times 10^{+1}$}								
\multicolumn{9}{c}{LINEAR : -0.251290×10^{-2}}								
\multicolumn{9}{c}{T^2 : 0.635889×10^{-6}}								
Period	Period	SIN	COS		T SIN	T COS		Amplitude
(Day)	(Year)	$\times 10^{-4}$	$\times 10^{-4}$	$\times 10^{-4}$	$\times 10^{-7}$	$\times 10^{-7}$	$\times 10^{-7}$	$\times 10^{-4}$(")
17112.217	46.851	- 158.535	637.923	657.328	71.337	- 303.040	428.564	31.083
10842.136	29.684	281.339	- 3.780	281.364	- 136.762	0.496	0.702	37.825
4924.231	13.482	0.463	- 17.623	17.629	0.017	9.679	13.688	11.512
3755.585	10.282	25.335	- 2.641	25.472	- 0.445	2.049	2.898	27.347
3046.847	8.342	- 7.143	- 5.093	8.773	2.848	- 2.237	3.164	9.884
1877.779	5.141	- 2.415	- 2.118	3.212	3.680	1.229	1.738	5.989
1681.958	4.605	- 2.279	12.460	12.667	0.657	- 7.301	10.326	3.092
1251.919	3.428	- 5.768	- 7.373	9.361	3.438	3.796	5.369	1.400
1083.695	2.967	5.987	- 8.187	10.143	- 3.373	4.273	6.043	1.229
887.100	2.429	6.526	0.963	6.596	- 4.678	- 1.158	1.637	3.907
840.858	2.302	0.362	0.612	0.712	- 0.171	0.305	0.432	1.231
717.655	1.965	3.010	2.533	3.934	- 1.861	- 1.820	2.573	1.744
Dispersion		\multicolumn{3}{c}{Before= 0.002279}		\multicolumn{3}{c}{After= 0.000136}		
Amplitude		\multicolumn{3}{c}{Before= 0.009966}		\multicolumn{3}{c}{After= 0.000945}		

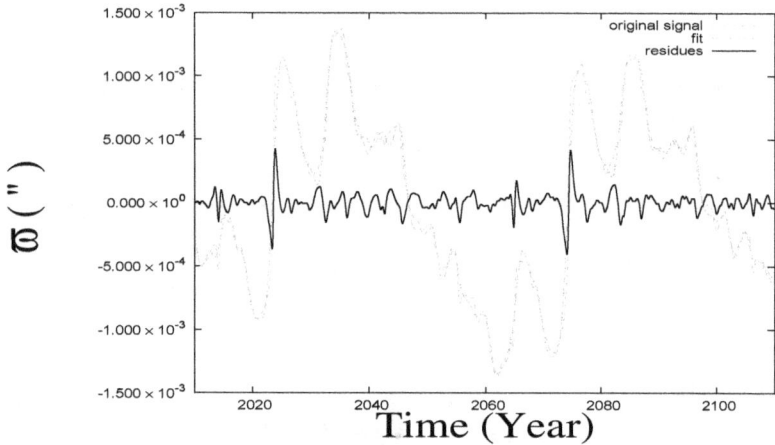

FIG. B.14 – Effets de Pallas sur la longitude du périhélie (ϖ) de Mars pour un intervalle de 100 ans à partir de 26 septembre 2009.

TAB. B.14 – Les principaux coefficients de Fourier et de Poisson pour les effets de Pallas sur la longitude du périhélie (ϖ) de Mars au bout de 100 ans à partir de 26/9/2009, qui correspond à T=2009.81

BIAS : -0.887634							
LINEAR : 0.841666 $\times 10^{-3}$							
T^2 : -0.198976 $\times 10^{-6}$							
Period	Period	SIN	COS		T SIN	T COS		Amplitude
(Day)	(Year)	$\times 10^{-3}$	$\times 10^{-3}$	$\times 10^{-3}$	$\times 10^{-7}$	$\times 10^{-7}$	$\times 10^{-6}$	$\times 10^{-4}$(")
19065.254	52.198	31.737	- 81.554	87.512	- 157.642	399.296	56.469	10.204
9162.766	25.086	17.516	15.943	23.685	- 85.180	- 76.965	10.885	1.727
6479.492	17.740	7.473	4.809	8.887	- 35.764	- 23.512	3.325	3.285
4688.526	12.836	0.104	- 4.110	4.111	- 1.020	20.350	2.878	3.304
3738.772	10.236	3.045	1.415	3.358	- 16.113	- 5.879	0.831	5.281
3074.936	8.419	- 0.780	- 0.451	0.901	2.747	1.339	0.189	3.193
2627.684	7.194	0.068	- 0.324	0.331	- 0.408	1.299	0.184	0.639
1863.561	5.102	- 1.076	1.080	1.525	4.745	- 5.106	0.722	1.256
1542.456	4.223	- 0.480	- 0.925	1.042	2.433	4.254	0.602	0.752
1092.066	2.990	1.272	0.134	1.279	- 6.137	- 0.350	0.050	0.736
Dispersion		Before= 0.000692			After= 0.797538 $\times 10^{-4}$			
Amplitude		Before= 0.002744			After= 0.000829			

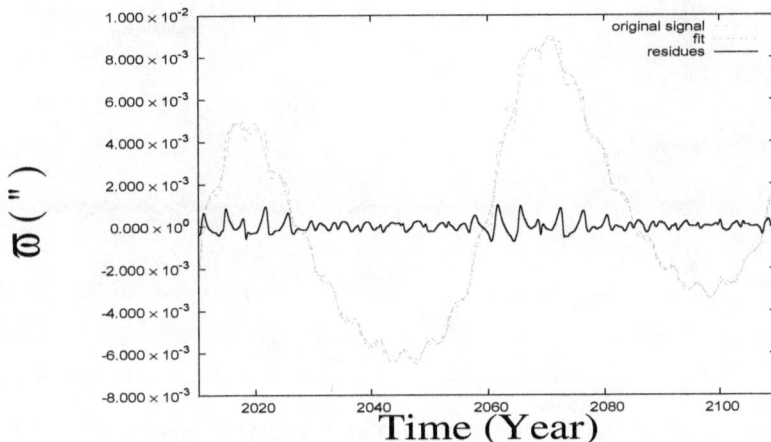

FIG. B.15 – Effets de Vesta sur la longitude du périhélie (ϖ) de Mars pour un intervalle de 100 ans à partir de 26 septembre 2009.

TAB. B.15 – Les principaux coefficients de Fourier et de Poisson pour les effets de Vesta sur la longitude du périhélie (ϖ) de Mars sur un intervalle de 100 ans à partir de 26/9/2009, qui correspond à T=2009.81

BIAS : $0.121212 \times 10^{+1}$								
LINEAR : -0.115097×10^{-2}								
T^2 : 0.273356×10^{-6}								
Period	Period	SIN	COS		T SIN	T COS		Amplitude
(Day)	(Year)	$\times 10^{-1}$	$\times 10^{-1}$	$\times 10^{-1}$	$\times 10^{-5}$	$\times 10^{-5}$	$\times 10^{-4}$	$\times 10^{-2}(")$
26179.786	71.676	- 220.595	557.586	599.636	- 2289.878	- 404.526	57.209	0.723
21842.736	59.802	4185.289	- 1735.011	4530.663	- 1507.060	3013.538	426.179	0.817
20779.314	56.891	- 2417.195	- 4034.219	4702.951	- 12292.810	- 1894.757	267.959	0.824
18403.593	50.386	- 73.001	2014.718	2016.040	- 10700.150	4414.719	624.336	0.813
16330.696	44.711	- 1390.114	84.073	1392.654	6227.381	6240.531	882.544	0.841
14517.328	39.746	282.272	- 2171.120	2189.392	15773.234	1779.776	251.698	0.859
12854.663	35.194	- 1308.299	- 855.849	1563.369	1809.760	- 10257.429	1450.620	0.859
11304.073	30.949	2802.937	814.260	2918.814	- 9623.255	1989.244	281.322	0.881
10107.686	27.673	595.556	- 541.288	804.785	- 2745.955	145.366	20.558	0.869
8970.913	24.561	281.592	- 1507.182	1533.262	- 1282.879	6905.373	976.567	0.876
7550.181	20.671	135.635	- 234.842	271.196	- 699.225	1111.943	157.252	0.877
1546.496	4.234	0.027	- 0.328	0.329	- 0.053	1.599	0.226	0.899
1522.037	4.167	0.337	- 0.170	0.377	- 1.664	0.768	0.109	0.903
Dispersion		Before= 0.004276			After= 0.000266			
Amplitude		Before= 0.015184			After= 0.001740			

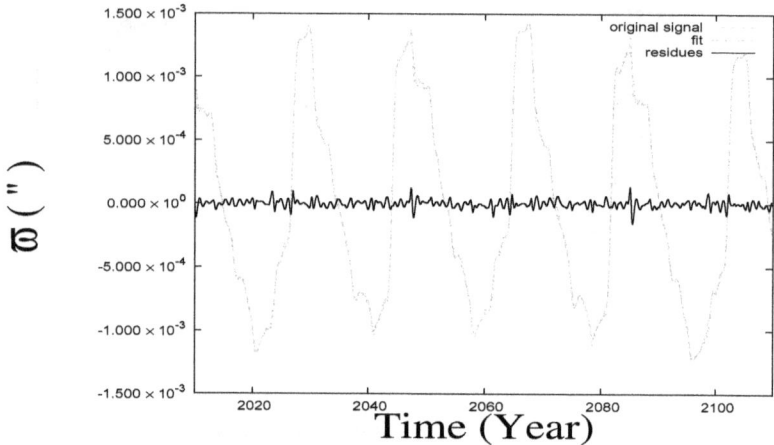

FIG. B.16 – Effets de Ate sur la longitude du périhélie (ϖ) de Mars pour un intervalle de 100 ans à partir de 26 septembre 2009.

TAB. B.16 – Les principaux coefficients de Fourier et de Poisson pour les effets de Ate sur la longitude du périhélie (ϖ) de Mars sur un intervalle de 100 ans à partir de 26/9/2009, qui correspond à T=2009.81

BIAS : 0.416506							
LINEAR : -0.436858 $\times 10^{-3}$							
T^2 : 0.113954 $\times 10^{-6}$							
Period	Period	SIN	COS		T SIN	T COS		Amplitude
(Day)	(Year)	$\times 10^{-5}$	$\times 10^{-5}$	$\times 10^{-4}$	$\times 10^{-7}$	$\times 10^{-7}$	$\times 10^{-7}$	$\times 10^{-4}("\,)$
13330.127	36.496	- 253.172	- 205.079	32.581	12.201	10.342	14.626	2.571
6859.920	18.781	- 17.418	111.746	11.310	3.446	- 1.065	1.506	10.920
4567.665	12.506	13.809	25.632	2.911	- 0.709	- 1.644	2.325	1.258
3428.520	9.387	- 88.045	40.953	9.710	4.908	- 0.814	1.151	3.047
2752.045	7.535	- 61.091	37.391	7.163	3.248	- 2.313	3.271	1.568
2291.253	6.273	24.097	12.305	2.706	- 0.739	- 0.547	0.774	1.033
1964.065	5.377	- 0.772	- 43.516	4.352	0.755	1.692	2.393	1.814
1718.738	4.706	23.852	- 19.549	3.084	- 1.286	1.038	1.468	0.431
1527.700	4.183	41.010	- 1.610	4.104	- 2.075	0.438	0.620	0.810
1249.369	3.421	14.875	8.286	1.703	- 0.767	- 0.312	0.441	0.287
Dispersion		Before= 0.000790			After= 0.301291 $\times 10^{-4}$			
Amplitude		Before= 0.002646			After= 0.000317			

B.1.5   Sur la longitude moyenne (λ) de Mars

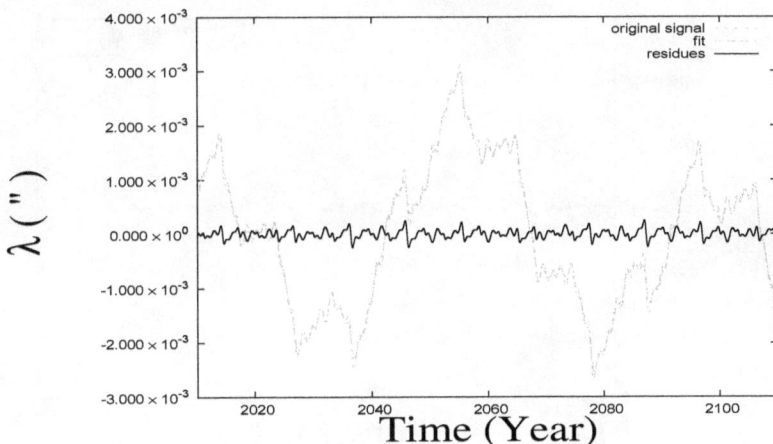

FIG. B.17 – Effets de Cérès sur la longitude moyenne (λ) de Mars pour un intervalle de 100 ans à partir de 26 septembre 2009.

TAB. B.17 – Les principaux coefficients de Fourier et de Poisson pour les effets de Cérès sur la longitude moyenne (λ) de Mars sur un intervalle de 100 ans à partir de 26/9/2009, qui correspond à T=2009.81

Period (Day)	Period (Year)	SIN $\times 10^{-4}$	COS $\times 10^{-4}$	$\times 10^{-4}$	T SIN $\times 10^{-8}$	T COS $\times 10^{-8}$	$\times 10^{-7}$	Amplitude $\times 10^{-2}$(")
		BIAS :	0.235482 $\times 10^{+1}$					
		LINEAR :	-0.212954 $\times 10^{-2}$					
		T^2 :	0.476439 $\times 10^{-6}$					
17608.141	48.208	479.093	576.283	749.421	- 2372.876	- 2872.633	406.252	0.219
11055.373	30.268	- 72.549	- 148.982	165.708	340.341	727.697	102.912	0.220
3965.787	10.858	17849.701	15474.274	23623.399	- 90472.291	- 70603.822	9984.889	0.255
3754.546	10.279	- 54171.754	148977.080	158520.501	187626.603	- 501306.981	70895.521	0.270
3730.171	10.213	71970.701	- 66362.800	97896.900	- 711999.027	426870.075	60368.551	0.269
3675.708	10.064	22026.557	51271.455	55802.610	103306.635	- 391073.847	55306.200	0.269
3610.631	9.885	175454.343	- 58346.224	184901.347	- 875498.615	197458.511	27924.853	0.270
1876.798	5.138	- 0.405	- 2.772	2.801	0.151	19.316	2.732	0.280
887.025	2.429	- 1.325	- 0.205	1.341	11.763	0.792	0.112	0.288
580.737	1.590	- 0.745	0.127	0.756	0.498	- 4.878	0.690	0.298
Dispersion		Before= 0.001278			After= 0.794898 $\times 10^{-4}$			
Amplitude		Before= 0.005783			After= 0.000494			

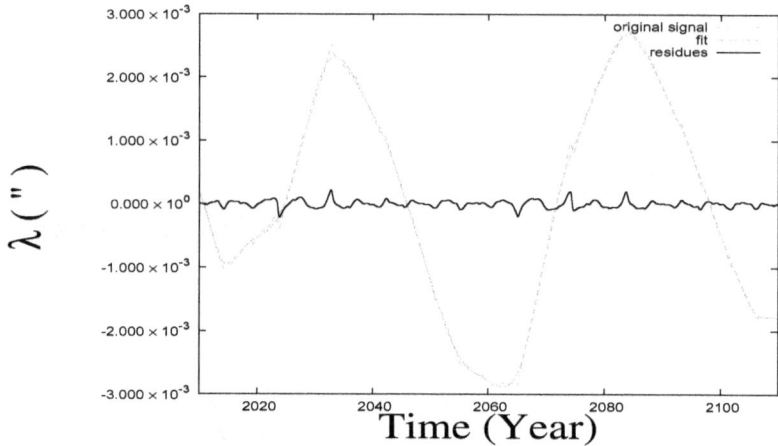

FIG. B.18 – Effets de Pallas sur la longitude moyenne (λ) de Mars pour un intervalle de 100 ans à partir de 26 septembre 2009.

TAB. B.18 – Les principaux coefficients de Fourier et de Poisson pour les effets de Pallas sur la longitude moyenne (λ) de Mars sur un intervalle de 100 ans à partir de 26/9/2009, qui correspond à T=2009.81

BIAS :	-0.472319 $\times10^{+1}$							
LINEAR :	0.441487 $\times10^{-2}$							
T^2 :	-0.102742 $\times10^{-5}$							
Period	Period	SIN	COS		T SIN	T COS		Amplitude
(Day)	(Year)	$\times10^{-1}$	$\times10^{-1}$	$\times10^{-1}$	$\times10^{-5}$	$\times10^{-5}$	$\times10^{-5}$	$\times10^{-2}$(")
35438.344	97.025	- 629.948	226.644	669.479	3065.943	- 1101.857	1558.262	0.319
18790.534	51.446	2103.497	- 678.228	2210.134	- 10183.896	3582.102	5065.858	0.295
14854.730	40.670	- 349.151	283.418	449.703	2080.021	- 1042.750	1474.671	0.290
12187.104	33.366	- 797.570	780.606	1116.004	2744.110	- 4364.811	6172.774	0.296
11542.724	31.602	1483.323	- 404.763	1537.556	- 7918.778	1143.916	1617.742	0.419
8517.806	23.320	421.611	712.201	827.638	- 2037.464	- 3467.387	4903.625	0.300
7189.704	19.684	414.713	- 658.634	778.322	- 1959.286	3216.740	4549.158	0.295
6577.508	18.008	508.392	231.774	558.732	- 2428.093	- 1194.716	1689.584	0.296
5442.387	14.900	13.240	18.813	23.004	- 61.887	- 92.311	130.547	0.292
4501.982	12.326	1.083	- 0.173	1.097	- 5.227	0.785	1.110	0.289
3607.672	9.877	- 0.106	0.019	0.108	0.515	- 0.089	0.126	0.288
Dispersion		Before= 0.001649			After= 0.555918 $\times10^{-4}$			
Amplitude		Before= 0.005743			After= 0.000434			

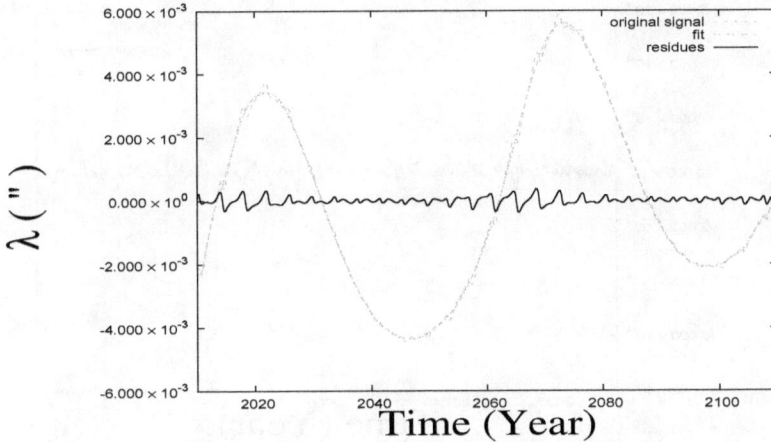

FIG. B.19 – Effets de Vesta sur la longitude moyenne (λ) de Mars pour un intervalle de 100 ans à partir de 26 septembre 2009.

TAB. B.19 – Les principaux coefficients de Fourier et de Poisson pour les effets de Vesta sur la longitude moyenne (λ) de Mars sur un intervalle de 100 ans à partir de 26/9/2009, qui correspond à T=2009.81

BIAS : 0.122134 $\times 10^{+1}$							
LINEAR : -0.544909 $\times 10^{-3}$							
T^2 : -0.306749 $\times 10^{-7}$							
Period	Period	SIN	COS		T SIN	T COS		Amplitude
(Day)	(Year)	$\times 10^{0}$	$\times 10^{0}$	$\times 10^{0}$	$\times 10^{-3}$	$\times 10^{-3}$	$\times 10^{-2}$	$\times 10^{-2}$("')
20732.338	56.762	- 3.792	- 15.422	15.881	- 0.979	- 11.694	1.654	0.503
17285.980	47.326	- 13.634	- 62.881	64.342	31.348	28.463	4.025	0.543
12345.872	33.801	- 27.991	72.484	77.701	39.322	- 20.109	2.844	0.556
10657.767	29.179	- 87.618	- 62.890	107.852	96.662	35.566	5.030	0.560
9899.456	27.103	42.907	- 67.267	79.786	- 10.546	110.372	15.609	0.561
9327.351	25.537	108.811	- 59.586	124.057	- 11.589	77.535	10.965	0.561
8204.832	22.464	- 110.170	87.911	140.946	39.304	- 56.609	8.006	0.560
7154.941	19.589	- 174.271	- 86.432	194.527	79.033	37.006	5.233	0.561
6027.735	16.503	- 332.000	- 35.892	333.913	157.886	18.202	2.574	0.561
5168.806	14.151	- 407.540	359.576	543.492	195.381	- 174.256	24.643	0.560
4536.129	12.419	318.588	- 56.920	323.633	- 154.049	24.866	3.517	0.566
4036.313	11.051	311.458	- 32.206	313.118	- 150.601	16.610	2.349	0.560
Dispersion		Before= 0.002918			After= 0.000113			
Amplitude		Before= 0.010343			After= 0.000821			

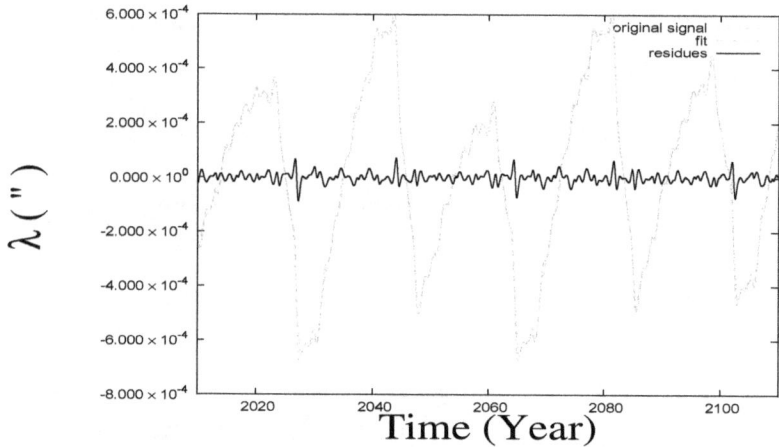

FIG. B.20 – Effets de Ate sur la longitude moyenne (λ) de Mars pour un intervalle de 100 ans à partir de 26 septembre 2009.

TAB. B.20 – Les principaux coefficients de Fourier et de Poisson pour les effets de Ate sur la longitude moyenne (λ) de Mars sur un intervalle de 100 ans à partir de 26/9/2009, qui correspond à T=2009.81

BIAS :			$-0.111079 \times 10^{+1}$					
LINEAR :			0.781724×10^{-3}					
T^2 :			-0.113929×10^{-6}					
Period	Period	SIN	COS		T SIN	T COS		Amplitude
(Day)	(Year)	$\times 10^{-5}$	$\times 10^{-5}$	$\times 10^{-4}$	$\times 10^{-7}$	$\times 10^{-7}$	$\times 10^{-7}$	$\times 10^{-4}('')$
13847.888	37.913	1500.497	189.713	151.244	- 73.212	- 8.200	11.597	1.459
9616.910	26.330	902.012	424.286	99.682	- 43.606	- 21.001	29.700	14.843
6875.874	18.825	135.606	- 158.570	20.865	- 5.072	6.324	8.944	5.165
4531.603	12.407	- 29.377	19.115	3.505	1.284	- 0.901	1.274	0.569
3439.102	9.416	10.406	21.449	2.384	- 0.585	- 0.470	0.665	1.282
2728.515	7.470	2.839	- 6.321	0.693	- 0.206	0.294	0.415	0.101
2293.730	6.280	- 11.834	4.096	1.252	0.625	- 0.338	0.478	0.321
1249.014	3.420	6.671	6.591	0.938	- 0.346	- 0.440	0.622	0.322
1057.011	2.894	- 0.313	6.726	0.673	0.176	- 0.237	0.335	0.390
915.979	2.508	- 3.974	- 4.181	0.577	0.188	0.277	0.392	0.174
624.569	1.710	- 7.037	0.090	0.704	0.463	0.055	0.078	0.301
Dispersion		Before= 0.000325				After= 0.182801 $\times 10^{-4}$		
Amplitude		Before= 0.001272				After= 0.000160		

B.2 Les effets sur EMB

B.2.1 Sur l'excentricité (e) de EMB

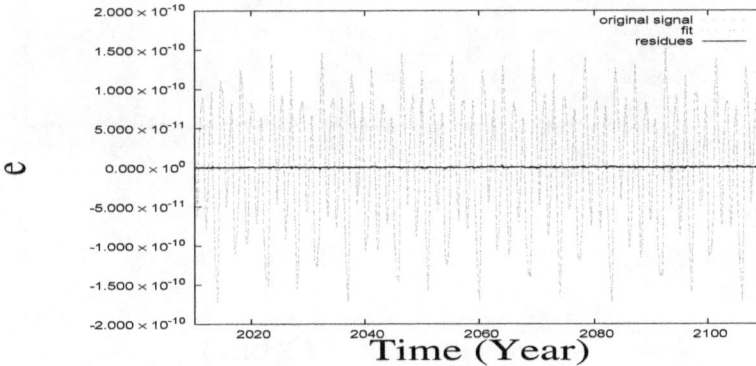

FIG. B.21 – Effets de Cérès sur l'excentricité (e) de EMB pour un intervalle de 100 ans à partir de 26 septembre 2009.

TAB. B.21 – Les principaux coefficients de Fourier et de Poisson pour les effets de Cérès sur l'excentricité (e) de EMB sur un intervalle de 100 ans à partir de 26/9/2009, qui correspond à T=2009.81

Period (Day)	Period (Year)	SIN $\times 10^{-14}$	COS $\times 10^{-14}$	$\times 10^{-12}$	T SIN $\times 10^{-17}$	T COS $\times 10^{-17}$	$\times 10^{-16}$	Amplitude $\times 10^{-12}$
\multicolumn{9}{c}{BIAS : -0.479026 $\times 10^{-8}$}
9813.924	26.869	- 562.773	- 308.288	6.417	268.192	166.490	23.545	2.689
5646.221	15.459	951.363	- 1144.437	14.882	- 483.374	565.009	79.904	3.478
4306.408	11.790	- 3759.433	- 558.136	38.006	1641.908	237.036	33.522	4.784
3169.281	8.677	- 1811.408	- 610.344	19.115	884.377	282.039	39.886	7.348
2778.348	7.607	3383.442	1363.254	36.478	- 864.713	- 912.981	129.115	18.434
2177.709	5.962	- 503.906	- 148.298	5.253	233.084	94.558	13.372	6.932
1681.804	4.605	- 2841.880	- 479.047	28.820	- 241.378	- 130.071	18.395	37.632
1454.525	3.982	1490.654	3279.963	36.028	- 736.068	- 1623.262	229.564	3.619
1398.006	3.828	99.120	1529.029	15.322	- 44.187	- 744.856	105.339	19.719
1219.640	3.339	- 42.447	429.464	4.316	13.384	- 160.632	22.717	4.164
Dispersion	\multicolumn{4}{c}{Before= 0.769235 $\times 10^{-10}$}	\multicolumn{4}{c}{After= 0.447693 $\times 10^{-12}$}
Amplitude	\multicolumn{4}{c}{Before= 0.324427 $\times 10^{-9}$}	\multicolumn{4}{c}{After= 0.383977 $\times 10^{-11}$}

LINEAR : 0.161963 $\times 10^{-11}$
T^2 : 0.360216 $\times 10^{-15}$

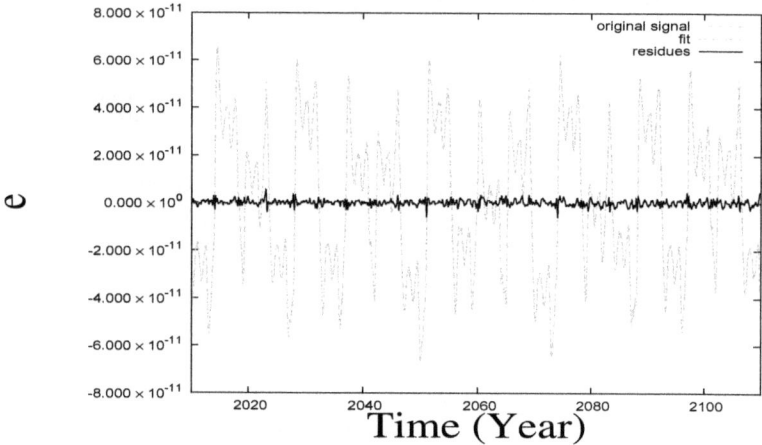

FIG. B.22 – Effets de Pallas sur l'excentricité (e) de EMB pour un intervalle de 100 ans à partir de 26 septembre 2009.

TAB. B.22 – Les principaux coefficients de Fourier et de Poisson pour les effets de Pallas sur l'excentricité (e) de EMB sur un intervalle de 100 ans à partir de 26/9/2009, qui correspond à T=2009.81

BIAS : -0.181659 $\times 10^{-7}$							
LINEAR : 0.166566 $\times 10^{-10}$							
T^2 : -0.378490 $\times 10^{-14}$							
Period	Period	SIN	COS		T SIN	T COS		Amplitude
(Day)	(Year)	$\times 10^{-12}$	$\times 10^{-12}$	$\times 10^{-11}$	$\times 10^{-15}$	$\times 10^{-15}$	$\times 10^{-15}$	$\times 10^{-12}$
7289.461	19.957	45.948	- 165.790	17.204	- 20.191	82.021	115.995	11.391
5496.546	15.049	394.945	378.762	54.721	- 192.049	- 182.857	258.598	12.895
4347.391	11.903	1051.950	- 395.510	112.384	- 513.642	184.810	261.362	21.508
3749.622	10.266	- 591.841	736.736	94.502	289.349	- 355.498	502.751	24.199
3069.712	8.404	603.779	- 416.997	73.378	- 291.851	203.328	287.549	13.901
2751.760	7.534	- 634.386	- 388.519	74.390	306.436	176.814	250.053	28.971
2424.396	6.638	- 129.193	- 275.323	30.413	62.065	133.789	189.206	7.698
2184.833	5.982	- 60.779	- 82.331	10.234	29.312	40.510	57.290	7.426
1684.518	4.612	- 4.568	15.159	1.583	2.860	- 5.079	7.183	6.676
1458.691	3.994	2.997	- 20.342	2.056	- 1.287	10.117	14.308	1.567
1370.438	3.752	- 19.452	- 0.021	1.945	9.541	0.626	0.885	5.179
1213.965	3.324	12.595	- 5.820	1.387	- 5.147	1.926	2.724	3.318
Dispersion		Before= 0.301500 $\times 10^{-10}$			After= 0.115321 $\times 10^{-11}$			
Amplitude		Before= 0.133165 $\times 10^{-9}$			After= 0.115283 $\times 10^{-10}$			

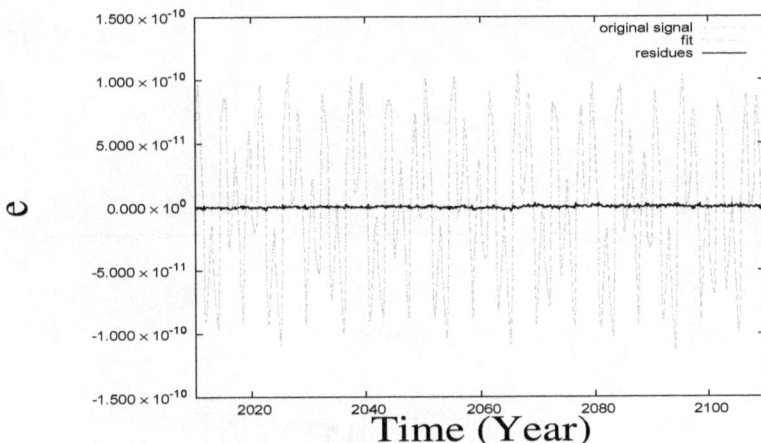

FIG. B.23 – Effets de Vesta sur l'excentricité (e) de EMB pour un intervalle de 100 ans à partir de 26 septembre 2009.

TAB. B.23 – Les principaux coefficients de Fourier et de Poisson pour les effets de Vesta sur l'excentricité (e) de EMB sur un intervalle de 100 ans à partir de 26/9/2009, qui correspond à T=2009.81

BIAS :	0.578515×10^{-8}						
LINEAR :	$-0.700291 \times 10^{-11}$						
T^2 :	0.204906×10^{-14}						
Period (Day)	Period (Year)	SIN $\times 10^{-13}$	COS $\times 10^{-13}$	$\times 10^{-12}$	T SIN $\times 10^{-16}$	T COS $\times 10^{-16}$	$\times 10^{-15}$	Amplitude $\times 10^{-12}$
10776.000	29.503	219.844	- 53.562	22.627	- 108.737	25.337	3.583	4.747
6403.826	17.533	330.149	556.346	64.693	- 163.001	- 268.054	37.909	2.824
5296.354	14.501	- 176.094	- 267.799	32.051	72.336	125.939	17.810	23.630
3579.941	9.801	79.784	415.617	42.321	- 69.928	- 104.779	14.818	24.331
2832.100	7.754	- 46.552	234.697	23.927	20.921	- 114.597	16.206	6.167
2429.631	6.652	- 53.117	192.049	19.926	25.220	- 97.486	13.787	13.828
2105.698	5.765	- 349.069	- 353.536	49.683	22.128	- 18.464	2.611	51.262
1875.057	5.134	76.797	37.608	8.551	- 37.955	- 18.813	2.661	2.178
1456.844	3.989	- 514.863	- 115.341	52.762	254.637	57.208	8.090	3.080
1325.584	3.629	145.129	39.116	15.031	8.291	- 12.802	1.810	19.042
1055.499	2.890	20.126	54.913	5.848	- 9.783	- 18.749	2.651	5.477
966.057	2.645	- 43.938	- 92.207	10.214	26.467	48.311	6.832	7.027
Dispersion		Before= 0.567924×10^{-10}			After= 0.810180×10^{-12}			
Amplitude		Before= 0.217351×10^{-9}			After= 0.701272×10^{-11}			

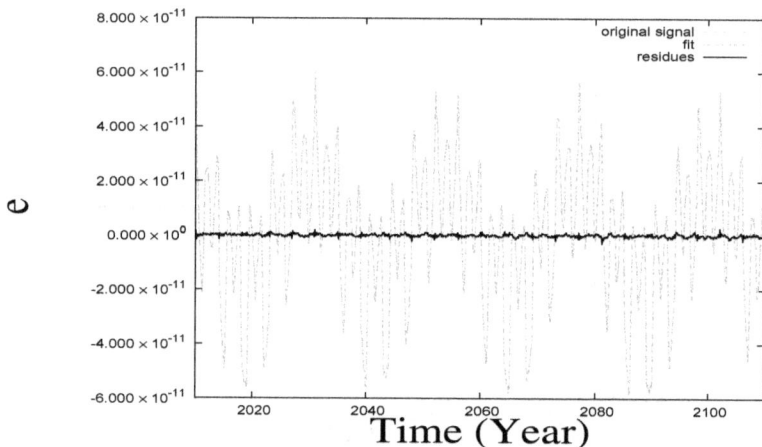

FIG. B.24 – Effets de Ate sur l'excentricité (e) de EMB pour un intervalle de 100 ans à partir de 26 septembre 2009.

TAB. B.24 – Les principaux coefficients de Fourier et de Poisson pour les effets de Ate sur l'excentricité (e) de EMB sur un intervalle de 100 ans à partir de 26/9/2009, qui correspond à T=2009.81

BIAS : -0.138966 $\times 10^{-8}$								
LINEAR : 0.982371 $\times 10^{-12}$								
T^2 : -0.155467 $\times 10^{-15}$								
Period	Period	SIN	COS		T SIN	T COS		Amplitude
(Day)	(Year)	$\times 10^{-13}$	$\times 10^{-13}$	$\times 10^{-12}$	$\times 10^{-16}$	$\times 10^{-16}$	$\times 10^{-16}$	$\times 10^{-12}$
15310.001	41.916	- 728.673	- 204.358	75.679	351.834	99.028	140.046	14.215
8525.094	23.340	- 90.059	253.025	26.857	35.657	- 18.503	26.167	22.758
5806.377	15.897	94.540	17.107	9.608	- 49.646	- 10.672	15.093	1.840
4399.996	12.047	- 52.708	20.652	5.661	26.165	- 10.673	15.093	1.944
2891.674	7.917	119.409	72.768	13.983	- 59.824	- 36.368	51.433	1.998
1861.980	5.098	- 88.030	22.909	9.096	41.980	- 6.244	8.830	2.863
1526.164	4.178	- 54.710	- 39.022	6.720	7.378	- 16.181	22.883	10.509
1294.478	3.544	91.400	164.064	18.781	- 10.379	- 21.965	31.063	14.502
763.176	2.089	- 15.677	- 20.768	2.602	5.884	7.736	10.940	3.751
700.454	1.918	79.201	236.616	24.952	35.299	- 38.013	53.758	22.059
647.538	1.773	- 26.545	- 11.631	2.898	11.794	4.276	6.047	0.472
479.983	1.314	- 41.983	19.216	4.617	23.971	- 4.285	6.061	1.458
Dispersion		Before= 0.246752 $\times 10^{-10}$			After= 0.479124 $\times 10^{-12}$			
Amplitude		Before= 0.118593 $\times 10^{-9}$			After= 0.553421 $\times 10^{-11}$			

B.2.2 Sur l'inclinaison (i) de EMB

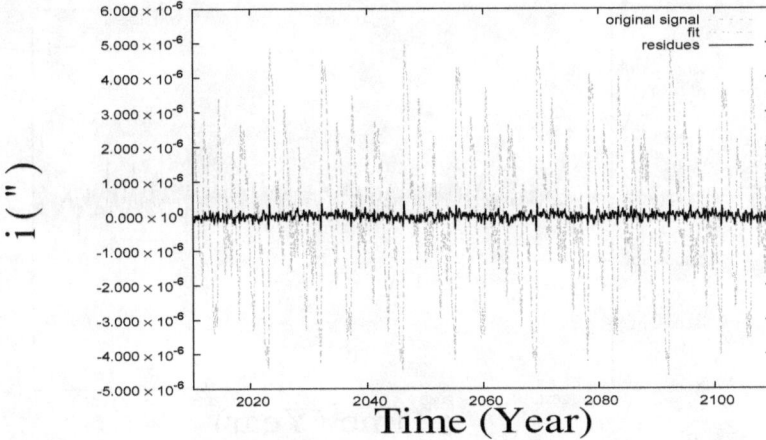

FIG. B.25 – Effets de Cérès sur l'inclinaison (i) de EMB pour un intervalle de 100 ans à partir de 26 septembre 2009.

TAB. B.25 – Les principaux coefficients de Fourier et de Poisson pour les effets de Cérès sur l'inclinaison (i) de EMB sur un intervalle de 100 ans à partir de 26/9/2009, qui correspond à T=2009.81

BIAS :			-0.102562 $\times 10^{-1}$					
LINEAR :			0.515763 $\times 10^{-5}$					
T^2 :			-0.281795 $\times 10^{-10}$					
Period	Period	SIN	COS		T SIN	T COS		Amplitude
(Day)	(Year)	$\times 10^{-7}$	$\times 10^{-7}$	$\times 10^{-7}$	$\times 10^{-10}$	$\times 10^{-10}$	$\times 10^{-10}$	$\times 10^{-7}("$)
4264.652	11.676	9.343	- 22.779	24.620	- 3.603	9.565	13.527	3.366
3070.532	8.407	- 33.166	8.443	34.223	15.780	- 4.354	6.157	7.838
2793.161	7.647	7.258	87.715	88.015	- 6.697	- 38.688	54.713	10.987
2176.890	5.960	- 23.260	8.595	24.797	11.730	- 4.427	6.260	2.089
1682.329	4.606	0.716	- 11.835	11.857	0.649	1.715	2.426	8.692
1048.522	2.871	2.044	10.483	10.681	1.366	- 0.692	0.979	10.918
840.732	2.302	18.661	- 0.939	18.685	- 0.152	1.490	2.107	18.688
645.764	1.768	- 6.728	- 5.973	8.997	2.145	2.388	3.378	2.637
560.590	1.535	2.133	- 3.231	3.872	- 0.432	0.033	0.047	4.054
466.618	1.278	3.635	10.810	11.405	- 1.831	- 0.535	0.757	9.703
Dispersion		Before= 0.203257 $\times 10^{-5}$			After= 0.103043 $\times 10^{-6}$			
Amplitude		Before= 0.964173 $\times 10^{-5}$			After= 0.868351 $\times 10^{-6}$			

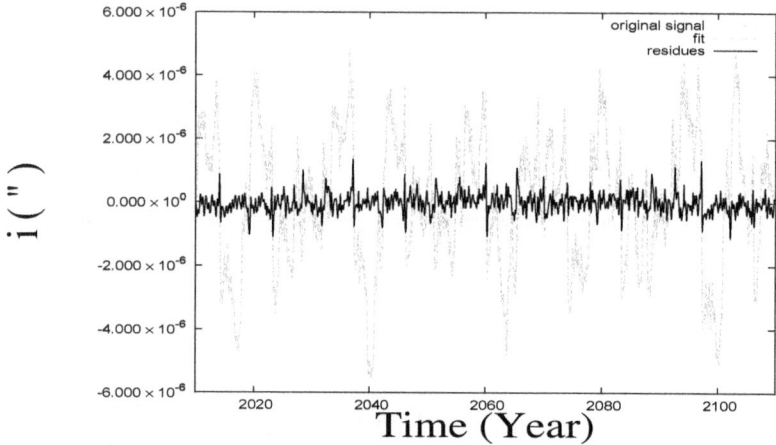

FIG. B.26 – Effets de Pallas sur l'inclinaison (i) de EMB pour un intervalle de 100 ans à partir de 26 septembre 2009.

TAB. B.26 – Les principaux coefficients de Fourier et de Poisson pour les effets de Pallas sur l'inclinaison (i) de EMB sur un intervalle de 100 ans à partir de 26/9/2009, qui correspond à T=2009.81

BIAS :	0.817257 $\times 10^{-3}$							
LINEAR :	-0.874486 $\times 10^{-6}$							
T^2 :	0.232823 $\times 10^{-9}$							
Period	Period	SIN	COS		T SIN	T COS		Amplitude
(Day)	(Year)	$\times 10^{-7}$	$\times 10^{-7}$	$\times 10^{-6}$	$\times 10^{-10}$	$\times 10^{-10}$	$\times 10^{-10}$	$\times 10^{-6}$(")
5471.759	14.981	79.075	33.383	8.583	- 39.213	- 16.163	22.857	0.889
4338.954	11.879	28.868	87.733	9.236	- 5.883	- 40.429	57.175	2.014
3057.067	8.370	36.850	- 144.356	14.898	- 14.554	70.107	99.146	1.038
2695.204	7.379	- 148.955	- 169.715	22.581	69.482	87.677	123.993	1.574
2475.959	6.779	44.200	37.489	5.796	- 21.175	- 18.209	25.752	0.872
2164.500	5.926	52.397	- 39.769	6.578	- 28.316	20.712	29.292	0.960
1684.707	4.612	8.680	- 9.905	1.317	- 4.700	5.886	8.324	0.287
1214.062	3.324	13.765	- 13.281	1.913	- 7.464	5.393	7.627	0.294
1044.985	2.861	10.305	15.500	1.861	- 7.096	- 7.028	9.938	0.505
842.368	2.306	0.627	9.412	0.943	1.334	0.114	0.161	1.033
728.236	1.994	34.862	15.646	3.821	- 17.626	- 7.352	10.397	0.249
584.545	1.600	- 6.825	- 21.296	2.236	3.521	10.869	15.371	0.248
Dispersion		Before= 0.208745 $\times 10^{-5}$			After= 0.292736 $\times 10^{-6}$			
Amplitude		Before= 0.103485 $\times 10^{-4}$			After= 0.247013 $\times 10^{-5}$			

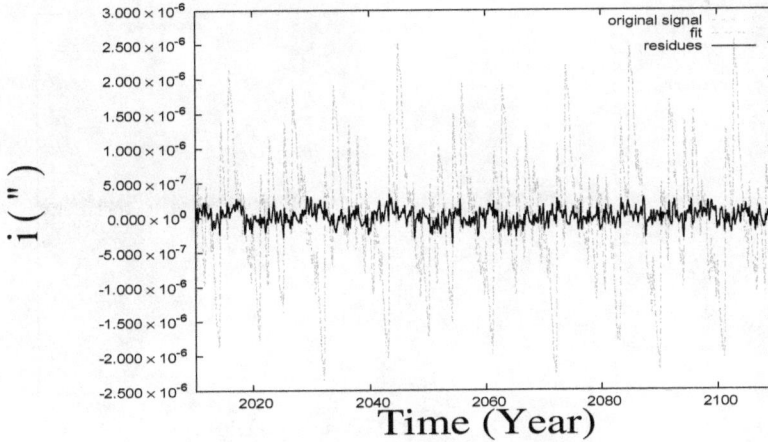

FIG. B.27 – Effets de Vesta sur l'inclinaison (i) de EMB pour un intervalle de 100 ans à partir de 26 septembre 2009.

TAB. B.27 – Les principaux coefficients de Fourier et de Poisson pour les effets de Vesta sur l'inclinaison (i) de EMB au bout de 100 ans sur un intervalle de 26/9/2009, qui correspond à T=2009.81

			BIAS :	-0.337892×10^{-2}				
			LINEAR :	0.166397×10^{-5}				
			T^2 :	0.874425×10^{-11}				
Period	Period	SIN	COS		T SIN	T COS		Amplitude
(Day)	(Year)	$\times 10^{-8}$	$\times 10^{-8}$	$\times 10^{-7}$	$\times 10^{-11}$	$\times 10^{-11}$	$\times 10^{-10}$	$\times 10^{-7}('')$
2956.650	8.095	334.600	74.438	34.278	- 169.363	- 41.373	5.851	3.655
2105.468	5.764	366.484	- 243.940	44.025	- 206.383	135.701	19.191	7.853
1325.745	3.630	85.554	18.227	8.747	- 27.532	- 18.863	2.668	3.709
967.129	2.648	42.949	56.455	7.093	- 19.290	- 24.894	3.521	0.865
813.567	2.227	- 4.158	- 47.424	4.761	4.115	11.831	1.673	2.634
662.795	1.815	47.685	17.322	5.073	- 2.971	2.899	0.410	4.894
586.078	1.605	0.060	- 8.265	0.827	- 3.605	3.073	0.435	1.027
504.168	1.380	0.357	- 75.605	7.561	- 11.603	20.294	2.870	4.264
441.911	1.210	38.367	9.160	3.945	- 14.090	- 0.851	0.120	1.217
311.273	0.852	- 27.035	7.674	2.810	7.839	- 1.921	0.272	1.267
286.354	0.784	6.892	- 26.531	2.741	- 2.652	6.673	0.944	1.321
252.092	0.690	- 21.464	19.032	2.869	0.440	- 4.580	0.648	2.302
Dispersion		Before= 0.914305×10^{-6}				After= 0.106842×10^{-6}		
Amplitude		Before= 0.475706×10^{-5}				After= 0.714933×10^{-6}		

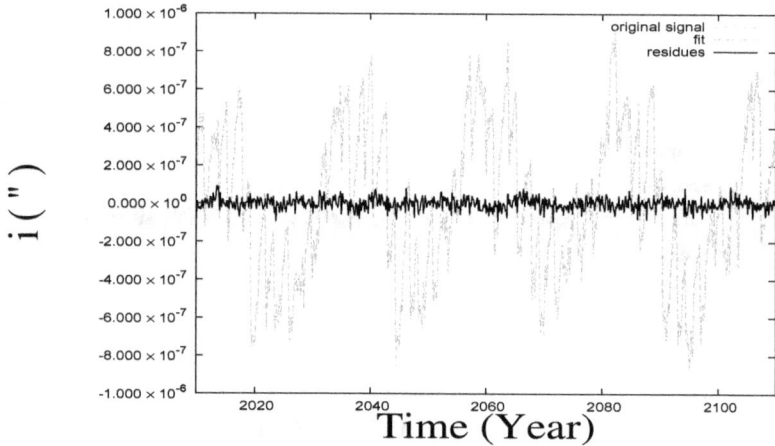

FIG. B.28 – Effets de Ate sur l'inclinaison (i) de EMB pour un intervalle de 100 ans à partir de 26 septembre 2009.

TAB. B.28 – Les principaux coefficients de Fourier et de Poisson pour les effets de Ate sur l'inclinaison (i) de EMB sur un intervalle de 100 ans à partir de 26/9/2009, qui correspond à T=2009.81

			BIAS :	0.104306×10^{-2}				
			LINEAR :	-0.614327×10^{-6}				
			T^2 :	0.474090×10^{-10}				
Period	Period	SIN	COS		T SIN	T COS		Amplitude
(Day)	(Year)	$\times 10^{-8}$	$\times 10^{-8}$	$\times 10^{-7}$	$\times 10^{-11}$	$\times 10^{-11}$	$\times 10^{-11}$	$\times 10^{-8}$(")
13782.544	37.735	- 265.788	119.472	29.140	129.079	- 57.084	80.730	12.909
8534.896	23.367	130.658	- 40.985	13.694	- 45.221	31.058	43.923	47.446
5380.473	14.731	36.477	35.467	5.088	- 18.099	- 18.523	26.195	2.796
2964.508	8.116	- 10.497	64.137	6.499	6.156	- 36.768	51.998	13.960
2168.222	5.936	112.831	42.115	12.043	- 59.417	- 20.721	29.304	13.699
1860.360	5.093	47.593	- 22.024	5.244	- 22.656	12.163	17.200	4.461
1525.274	4.176	37.894	63.047	7.356	- 14.274	- 27.487	38.872	12.901
1433.399	3.924	- 33.247	18.778	3.818	15.919	- 9.504	13.441	3.375
1294.375	3.544	- 15.295	10.721	1.868	10.668	- 10.115	14.304	13.292
763.053	2.089	- 3.548	- 7.652	0.843	3.669	- 4.193	5.929	17.359
728.267	1.994	- 23.508	- 18.059	2.964	12.391	8.500	12.022	4.525
699.611	1.915	- 9.647	45.324	4.634	6.297	- 20.682	29.248	4.800
Dispersion		Before= 0.389427×10^{-6}				After= 0.268834×10^{-7}		
Amplitude		Before= 0.173032×10^{-5}				After= 0.186058×10^{-6}		

B.2.3 Sur la longitude du nœud ascendant (Ω) de EMB

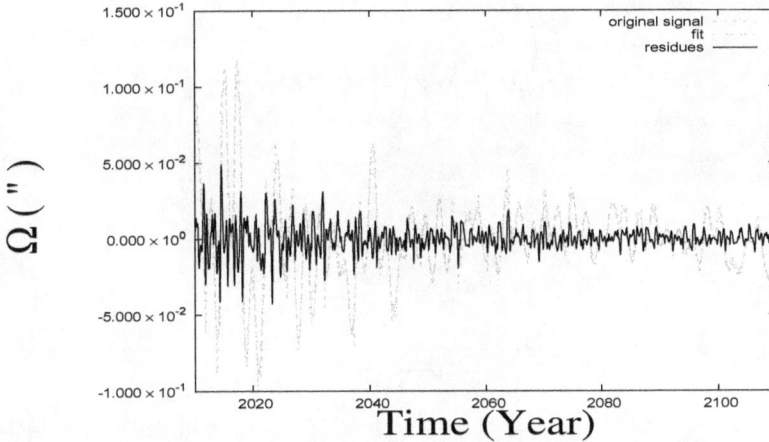

FIG. B.29 – Effets de Cérès sur la longitude du nœud ascendant (Ω) de EMB pour un intervalle de 100 ans à partir de 26 septembre 2009.

TAB. B.29 – Les principaux coefficients de Fourier et de Poisson pour les effets de Cérès sur la longitude du nœud ascendant (Ω) de EMB sur un intervalle de 100 ans à partir de 26/9/2009, qui correspond à T=2009.81

			BIAS :	0.962173 $\times 10^{+2}$				
			LINEAR :	-0.922656 $\times 10^{-1}$				
			T^2 :	0.220807 $\times 10^{-4}$				
Period	Period	SIN	COS		T SIN	T COS		Amplitude
(Day)	(Year)	$\times 10^0$	$\times 10^0$	$\times 10^0$	$\times 10^{-4}$	$\times 10^{-4}$	$\times 10^{-4}$	$\times 10^{-1}$(")
18249.273	49.964	- 1.255	0.491	1.348	6.119	- 2.249	3.181	0.341
5219.430	14.290	- 0.008	- 0.109	0.109	0.041	0.547	0.773	0.270
4565.233	12.499	0.318	0.302	0.439	- 1.529	- 1.459	2.064	0.277
3023.431	8.278	- 1.794	- 2.929	3.435	9.031	13.993	19.789	0.639
2778.423	7.607	- 2.310	- 240.170	240.181	110.736	1156.261	1635.200	0.850
2744.364	7.514	- 129.356	161.313	206.773	699.436	- 712.676	1007.877	0.901
2162.642	5.921	- 3373.365	- 8184.330	8852.279	24016.164	34482.986	48766.306	0.764
2150.868	5.889	- 1397.105	- 19382.606	19432.892	- 859.657	94167.219	133172.559	0.785
2129.474	5.830	432.801	2177.312	2219.911	- 475.678	- 10660.858	15076.731	0.813
1048.921	2.872	- 3.721	- 141.352	141.400	86.777	677.293	957.837	1.001
1043.557	2.857	204.001	40.885	208.058	- 972.128	- 264.325	373.812	1.090
1014.143	2.777	7.476	7.006	10.245	- 35.613	- 34.687	49.055	1.008
Dispersion		Before= 0.028444				After= 0.008112		
Amplitude		Before= 0.211075				After= 0.091285		

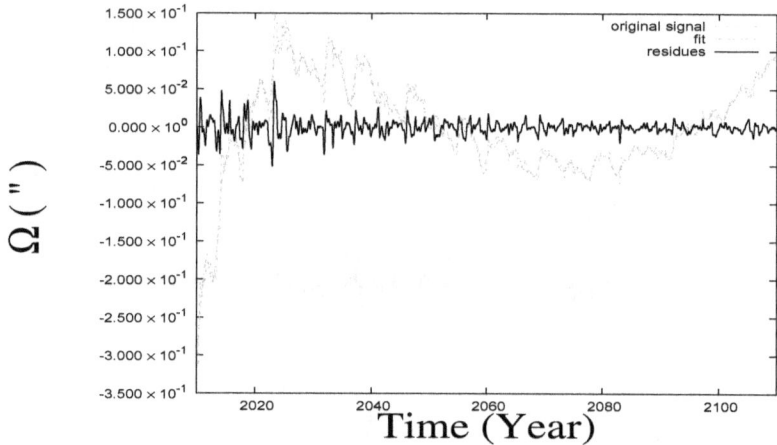

FIG. B.30 – Effets de Pallas sur la longitude du nœud ascendant (Ω) de EMB pour un intervalle de 100 ans à partir de 26 septembre 2009.

TAB. B.30 – Les principaux coefficients de Fourier et de Poisson pour les effets de Pallas sur la longitude du nœud ascendant (Ω) de EMB sur un intervalle de 100 ans à partir de 26/9/2009, qui correspond à T=2009.81

			BIAS :	$-0.602897 \times 10^{+3}$				
			LINEAR :	0.579908				
			T^2 :	-0.139204×10^{-3}				
Period (Day)	Period (Year)	SIN $\times 10^{-1}$	COS $\times 10^{-1}$	$\times 10^{-1}$	T SIN $\times 10^{-4}$	T COS $\times 10^{-4}$	$\times 10^{-4}$	Amplitude $\times 10^{0}(")$
18259.448	49.992	94219.167	59921.517	111659.481	- 45663.612	- 29110.942	41169.089	0.261
12150.113	33.265	- 16841.467	- 22160.046	27833.481	8627.348	10960.960	15501.138	0.293
9117.398	24.962	- 21395.718	- 94859.746	97242.728	11673.196	45441.039	64263.334	0.310
7298.452	19.982	339438.653	250529.028	421880.781	- 164662.464	- 121251.436	171475.425	0.293
6085.090	16.660	- 151310.384	22191.700	152929.081	72999.252	- 9153.245	12944.643	0.292
5221.664	14.296	- 65708.418	- 60720.167	89468.066	31662.346	29492.977	41709.368	0.336
4059.323	11.114	- 27314.278	126683.583	129594.753	12602.484	- 61520.712	87003.426	0.358
3655.057	10.007	- 15357.904	- 177809.745	178471.764	7098.124	86094.155	121755.522	0.354
3328.779	9.114	- 38596.290	22163.480	44507.229	18573.680	- 10248.529	14493.608	0.433
3048.335	8.346	- 11095.044	44322.182	45689.778	5288.110	- 21404.233	30270.156	0.382
2879.467	7.884	- 23868.023	20593.526	31524.211	9801.349	- 10672.141	15092.687	0.347
2841.328	7.779	6171.775	- 37995.661	38493.650	- 4607.137	17859.232	25256.768	0.335
2146.216	5.876	0.336	- 0.255	0.422	- 0.157	0.147	0.207	0.327
1659.729	4.544	0.599	- 6.834	6.860	- 0.321	3.276	4.633	0.331
849.478	2.326	1.722	4.069	4.418	- 0.847	- 1.947	2.754	0.338
Dispersion		Before= 0.066868				After= 0.009694		
Amplitude		Before= 0.466262				After= 0.111077		

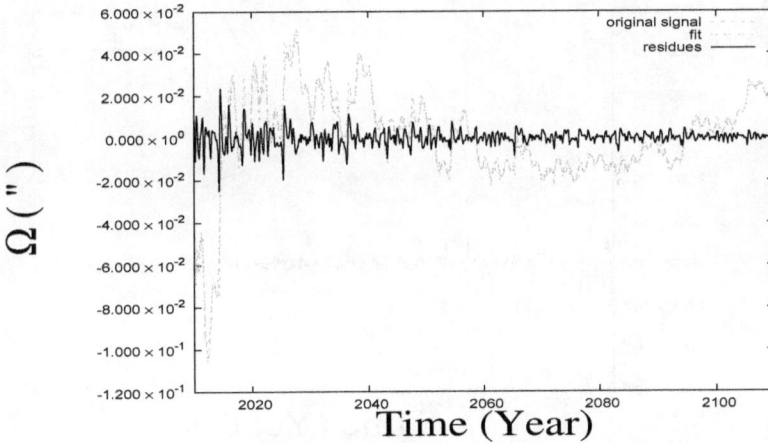

FIG. B.31 – Effets de Vesta sur la longitude du nœud ascendant (Ω) de EMB pour un intervalle de 100 ans à partir de 26 septembre 2009.

TAB. B.31 – Les principaux coefficients de Fourier et de Poisson pour les effets de Vesta sur la longitude du nœud ascendant (Ω) de EMB sur un intervalle de 100 ans à partir de 26/9/2009, qui correspond à T=2009.81

BIAS : -0.166869 $\times 10^{+3}$								
LINEAR : 0.160510								
T^2 : -0.385452 $\times 10^{-4}$								
Period	Period	SIN	COS		T SIN	T COS		Amplitude
(Day)	(Year)	$\times 10^0$	$\times 10^0$	$\times 10^0$	$\times 10^{-3}$	$\times 10^{-3}$	$\times 10^{-3}$	$\times 10^{-1}("")$
31382.876	85.922	58.274	7.609	58.768	- 28.213	- 4.232	5.985	0.858
11983.304	32.808	0.337	2.003	2.031	- 0.151	- 0.975	1.378	0.839
4571.560	12.516	- 21.751	8.119	23.217	10.458	- 4.225	5.975	0.774
4066.180	11.133	228.638	5.114	228.696	- 111.099	- 1.230	1.739	0.727
3700.871	10.132	- 28.186	- 87.517	91.944	4.673	41.939	59.311	0.772
3643.271	9.975	42.213	13.830	44.421	- 18.707	- 14.906	21.080	0.865
3543.663	9.702	- 63.789	121.273	137.027	30.050	- 58.201	82.308	0.853
3020.303	8.269	388.012	- 1213.607	1274.126	- 150.915	600.724	849.552	0.874
2963.575	8.114	1175.755	170.829	1188.100	- 563.744	- 121.536	171.877	0.964
2276.764	6.233	- 1651.944	578.679	1750.368	788.981	- 317.574	449.118	3.176
2227.496	6.099	- 577.022	997.583	1152.444	318.595	- 544.802	770.466	0.913
2162.667	5.921	456.171	- 35.826	457.576	- 121.858	176.830	250.076	0.920
Dispersion		Before= 0.022373			After= 0.003626			
Amplitude		Before= 0.149201			After= 0.048528			

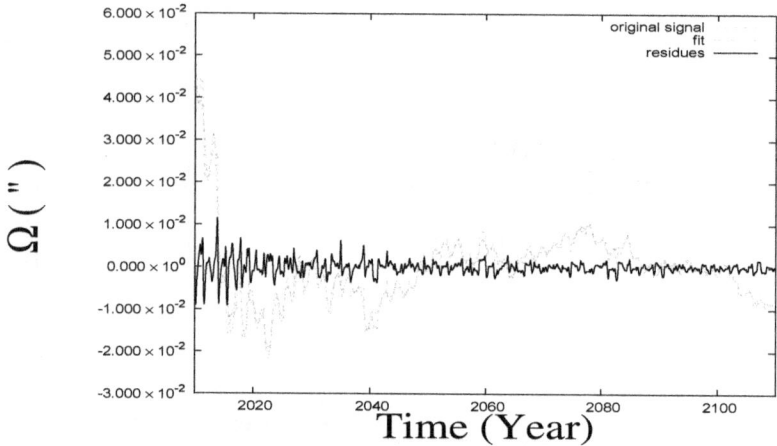

FIG. B.32 – Effets de Ate sur la longitude du nœud ascendant (Ω) de EMB pour un intervalle de 100 ans à partir de 26 septembre 2009.

TAB. B.32 – Les principaux coefficients de Fourier et de Poisson pour les effets de Ate sur la longitude du nœud ascendant (Ω) de EMB sur un intervalle de 100 ans à partir de 26/9/2009, qui correspond à T=2009.81

			BIAS :	$0.619485 \times 10^{+2}$				
			LINEAR :	-0.596560×10^{-1}				
			T^2 :	0.143281×10^{-4}				
Period	Period	SIN	COS			T SIN	T COS		Amplitude
(Day)	(Year)	$\times 10^{-1}$	$\times 10^{-1}$	$\times 10^{-1}$	$\times 10^{-4}$	$\times 10^{-4}$	$\times 10^{-4}$	$\times 10^{-1}$(")
18359.510	50.266	294.456	- 7129.921	7135.999	- 147.014	3424.826	4843.435	0.377
12210.945	33.432	11844.357	4578.320	12698.417	- 5770.275	- 2219.761	3139.215	0.539
8459.913	23.162	10185.290	- 27153.381	29000.797	- 4823.104	13213.103	18686.150	0.536
7590.249	20.781	9542.987	- 18099.581	20461.267	- 3966.151	9030.524	12771.089	0.520
7231.695	19.799	- 5142.397	- 24687.232	25217.131	1834.470	11381.391	16095.717	0.526
6083.491	16.656	4859.969	- 32272.692	32636.573	- 2419.776	15628.818	22102.486	0.510
5219.911	14.291	4361.272	257.485	4368.867	- 2001.435	- 78.931	111.625	0.852
4568.015	12.507	3918.216	12670.500	13262.503	- 1867.915	- 6110.657	8641.773	0.676
4062.012	11.121	- 8495.642	252.365	8499.389	4100.440	- 103.992	147.067	0.753
3656.401	10.011	- 40.697	1507.178	1507.728	- 10.524	- 756.897	1070.414	0.670
3325.429	9.105	3587.015	- 5186.940	6306.428	- 1743.033	2516.781	3559.266	0.677
3073.885	8.416	- 6.290	- 2551.851	2551.859	205.820	1260.512	1782.633	0.727
Dispersion		Before= 0.009376				After= 0.001673		
Amplitude		Before= 0.093044				After= 0.020658		

B.2.4   Sur la longitude du périhélie (ϖ) de EMB

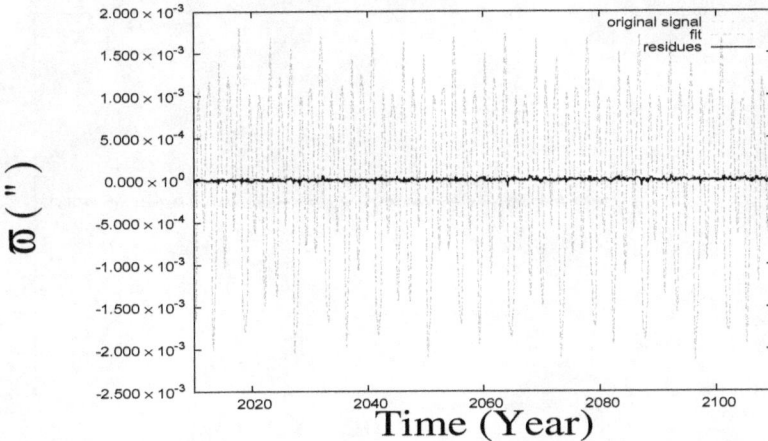

FIG. B.33 – Effets de Cérès sur la longitude du périhélie (ϖ) de EMB pour un intervalle de 100 ans à partir de 26 septembre 2009.

TAB. B.33 – Les principaux coefficients de Fourier et de Poisson pour les effets de Cérès sur la longitude du périhélie (ϖ) de EMB sur un intervalle de 100 ans à partir de 26/9/2009, qui correspond à T=2009.81

BIAS :	0.752158 $\times 10^{-1}$							
LINEAR :	-0.693347 $\times 10^{-4}$							
T^2 :	0.161982 $\times 10^{-7}$							
Period	Period	SIN	COS		T SIN	T COS		Amplitude
(Day)	(Year)	$\times 10^{-5}$	$\times 10^{-5}$	$\times 10^{-5}$	$\times 10^{-9}$	$\times 10^{-9}$	$\times 10^{-8}$	$\times 10^{-5}$(")
18508.930	50.675	- 37.040	- 5.999	37.523	180.118	31.373	4.437	73.245
7775.155	21.287	1.022	- 2.653	2.843	- 2.922	16.144	2.283	6.892
5189.096	14.207	8.988	- 33.670	34.849	- 45.406	164.929	23.324	5.766
4237.849	11.603	20.985	21.739	30.215	- 116.186	- 108.602	15.359	13.069
2783.008	7.619	- 8.486	- 11.250	14.091	- 20.922	- 28.336	4.007	18.330
2179.036	5.966	3.517	6.389	7.293	- 16.381	- 33.813	4.782	12.898
1681.593	4.604	2.473	47.778	47.842	- 1.245	- 11.982	1.694	50.995
1453.873	3.980	16.211	35.339	38.880	- 79.818	- 175.763	24.857	3.755
1218.685	3.337	1.285	1.029	1.646	- 0.726	- 4.239	0.600	9.723
1048.200	2.870	- 7.866	48.059	48.698	77.343	0.735	0.104	47.652
Dispersion		Before= 0.000969			After= 0.126949 $\times 10^{-4}$			
Amplitude		Before= 0.003912			After= 0.000125			

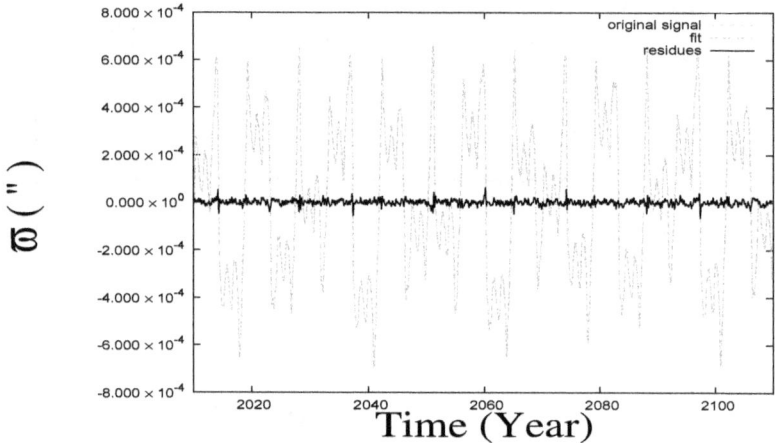

FIG. B.34 – Effets de Pallas sur la longitude du périhélie (ϖ) de EMB pour un intervalle de 100 ans à partir de 26 septembre 2009.

TAB. B.34 – Les principaux coefficients de Fourier et de Poisson pour les effets de Pallas sur la longitude du périhélie (ϖ) de EMB sur un intervalle de 100 ans à partir de 26/9/2009, qui correspond à T=2009.81

BIAS : -0.247067 $\times 10^{-1}$								
LINEAR : 0.209743 $\times 10^{-4}$								
T^2 : -0.427884 $\times 10^{-8}$								
Period	Period	SIN	COS		T SIN	T COS		Amplitude
(Day)	(Year)	$\times 10^{-6}$	$\times 10^{-6}$	$\times 10^{-4}$	$\times 10^{-9}$	$\times 10^{-9}$	$\times 10^{-8}$	$\times 10^{-5}("）$
10665.251	29.200	133.562	2070.727	20.750	- 72.591	- 1007.063	142.420	4.261
7599.596	20.807	235.614	- 3895.795	39.029	- 131.524	1881.520	266.087	3.963
5551.442	15.199	400.701	3661.127	36.830	- 195.974	- 1774.305	250.925	13.892
4352.112	11.915	3684.022	- 2388.463	43.905	- 1866.656	1106.232	156.445	21.861
3653.185	10.002	2827.864	- 2924.709	40.683	- 1376.892	1414.525	200.044	22.598
3090.628	8.462	- 2653.023	1642.926	31.205	1289.760	- 803.253	113.597	36.035
2749.218	7.527	487.250	1210.071	13.045	- 219.547	- 726.977	102.810	37.198
2154.772	5.899	3.717	- 19.338	0.197	- 0.635	11.602	1.641	1.368
1683.192	4.608	14.117	- 22.646	0.267	1.668	25.135	3.555	4.272
1459.904	3.997	- 199.393	8.551	1.996	98.862	- 6.322	0.894	1.580
1370.244	3.752	17.318	- 27.716	0.327	- 14.536	17.263	2.441	3.815
1214.577	3.325	11.136	19.076	0.221	3.936	- 16.432	2.324	4.449
Dispersion		Before= 0.000313			After= 0.112752 $\times 10^{-4}$			
Amplitude		Before= 0.001359			After= 0.000127			

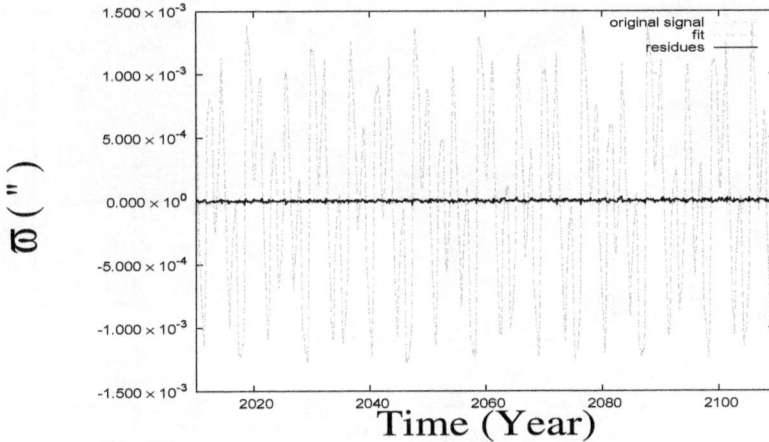

FIG. B.35 – Effets de Vesta sur la longitude du périhélie (ϖ) de EMB pour un intervalle de 100 ans à partir de 26 septembre 2009.

TAB. B.35 – Les principaux coefficients de Fourier et de Poisson pour les effets de Vesta sur la longitude du périhélie (ϖ) de EMB sur un intervalle de 100 ans à partir de 26/9/2009, qui correspond à T=2009.81

BIAS : -0.166748							
LINEAR : 0.113850 $\times 10^{-3}$							
T^2 : -0.155271 $\times 10^{-7}$							
Period	Period	SIN	COS		T SIN	T COS		Amplitude
(Day)	(Year)	$\times 10^{-5}$	$\times 10^{-5}$	$\times 10^{-5}$	$\times 10^{-9}$	$\times 10^{-9}$	$\times 10^{-8}$	$\times 10^{-5}$(")
14303.744	39.162	151.146	56.640	161.410	- 732.249	- 280.669	39.693	4.994
7655.189	20.959	- 183.048	150.195	236.781	885.515	- 736.045	104.092	3.467
6116.495	16.746	- 95.683	- 192.478	214.949	450.595	936.079	132.382	19.520
4698.597	12.864	3.515	- 23.608	23.868	- 13.906	110.080	15.568	6.522
3579.846	9.801	27.604	0.945	27.620	- 10.806	29.481	4.169	36.400
2836.316	7.765	2.728	6.413	6.969	- 14.687	- 33.780	4.777	19.268
2418.305	6.621	1.870	0.756	2.017	- 12.988	- 4.542	0.642	28.885
2105.782	5.765	39.802	- 20.150	44.612	60.645	- 67.192	9.502	63.029
1849.520	5.064	2.663	- 0.864	2.800	- 14.079	3.754	0.531	1.733
1460.690	3.999	16.763	43.092	46.238	- 83.436	- 213.733	30.226	2.519
1325.828	3.630	12.114	- 24.183	27.048	14.996	41.987	5.938	27.187
1054.825	2.888	8.659	0.120	8.660	- 32.544	2.475	0.350	7.833
Dispersion		Before= 0.000715			After= 0.769009 $\times 10^{-5}$			
Amplitude		Before= 0.000715			After= 0.640844 $\times 10^{-4}$			

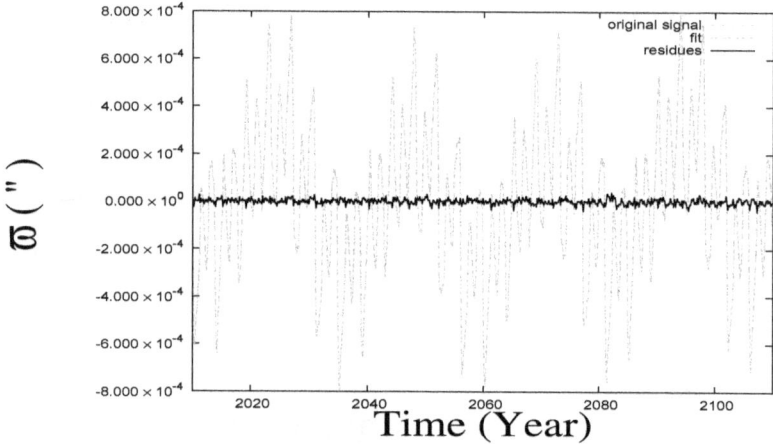

FIG. B.36 – Effets de Ate sur la longitude du périhélie (ϖ) de EMB pour un intervalle de 100 ans à partir de 26 septembre 2009.

TAB. B.36 – Les principaux coefficients de Fourier et de Poisson pour les effets de Ate sur la longitude du périhélie (ϖ) de EMB sur un intervalle de 100 ans à partir de 26/9/2009, qui correspond à T=2009.81

BIAS : -0.222870								
LINEAR : 0.227231×10^{-3}								
T^2 : -0.579668×10^{-7}								
Period	Period	SIN	COS		T SIN	T COS		Amplitude
(Day)	(Year)	$\times 10^{-5}$	$\times 10^{-5}$	$\times 10^{-5}$	$\times 10^{-8}$	$\times 10^{-8}$	$\times 10^{-8}$	$\times 10^{-5}$(")
13160.689	36.032	- 128.306	221.245	255.757	62.378	- 106.854	151.115	10.082
8521.273	23.330	- 1.777	159.340	159.350	- 11.654	- 75.269	106.447	33.043
6049.442	16.562	49.474	94.709	106.852	- 24.043	- 46.433	65.666	5.827
1866.818	5.111	3.607	- 7.638	8.447	- 1.157	3.942	5.575	2.695
1527.072	4.181	- 5.619	- 9.759	11.261	1.363	- 0.191	0.270	13.563
1294.484	3.544	- 19.358	5.928	20.246	2.092	1.183	1.674	17.693
763.250	2.090	1.922	- 2.610	3.241	- 1.317	1.321	1.868	4.971
700.458	1.918	- 23.635	5.671	24.306	1.378	6.001	8.487	27.579
454.640	1.245	0.276	1.118	1.151	0.002	- 1.142	1.615	1.494
365.261	1.000	- 2.795	- 0.309	2.812	- 0.390	0.438	0.620	4.207
350.242	0.959	- 3.266	2.536	4.135	0.450	- 0.213	0.301	3.345
294.732	0.807	- 0.711	- 1.512	1.671	0.144	0.830	1.174	1.239
Dispersion		Before= 0.000314			After= 0.104645×10^{-4}			
Amplitude		Before= 0.000314			After= 0.760447×10^{-4}			

B.2.5 Sur la longitude moyenne (λ) de EMB

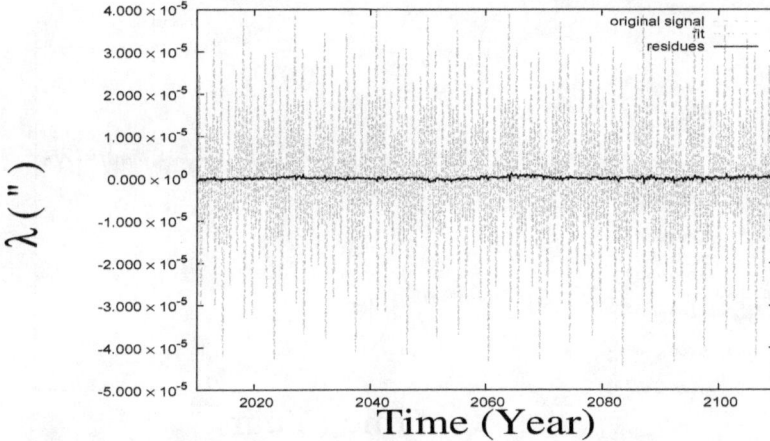

FIG. B.37 – Effets de Cérès sur la longitude moyenne (λ) de EMB pour un intervalle de 100 ans à partir de 26 septembre 2009.

TAB. B.37 – Les principaux coefficients de Fourier et de Poisson pour les effets de Cérès sur la longitude moyenne (λ) de EMB sur un intervalle de 100 ans à partir de 26/9/2009, qui correspond à T=2009.81

		BIAS :	-0.185080 $\times 10^{-2}$					
		LINEAR :	-0.439226 $\times 10^{-6}$					
		T^2 :	0.674952 $\times 10^{-9}$					
Period	Period	SIN	COS		T SIN	T COS		Amplitude
(Day)	(Year)	$\times 10^{-7}$	$\times 10^{-7}$	$\times 10^{-7}$	$\times 10^{-11}$	$\times 10^{-11}$	$\times 10^{-11}$	$\times 10^{-7}$(")
9590.802	26.258	- 40.064	10.088	41.315	194.139	- 45.869	64.868	2.593
5478.467	14.999	- 141.289	100.192	173.208	693.599	- 488.006	690.145	6.275
4280.850	11.720	66.346	- 25.860	71.207	- 280.931	159.942	226.192	12.904
3047.511	8.344	- 102.580	108.683	149.447	497.596	- 533.645	754.688	23.413
2786.448	7.629	0.398	198.112	198.113	- 92.021	- 1058.591	1497.074	37.237
2000.620	5.477	- 7.352	- 42.703	43.331	32.450	210.405	297.558	4.905
1682.052	4.605	25.226	25.871	36.134	- 36.297	128.562	181.814	55.378
1400.093	3.833	- 16.995	15.779	23.190	81.406	- 80.014	113.157	1.545
1048.220	2.870	0.359	31.862	31.864	20.150	- 218.042	308.358	14.744
840.506	2.301	- 1.617	- 11.164	11.280	9.529	26.273	37.156	7.073
645.779	1.768	- 0.035	2.830	2.830	1.817	111.867	158.204	25.965
560.537	1.535	- 5.317	- 0.474	5.338	23.853	- 4.041	5.715	6.156
Dispersion		Before= 0.157581 $\times 10^{-4}$				After= 0.306460 $\times 10^{-6}$		
Amplitude		Before= 0.843044 $\times 10^{-4}$				After= 0.239467 $\times 10^{-5}$		

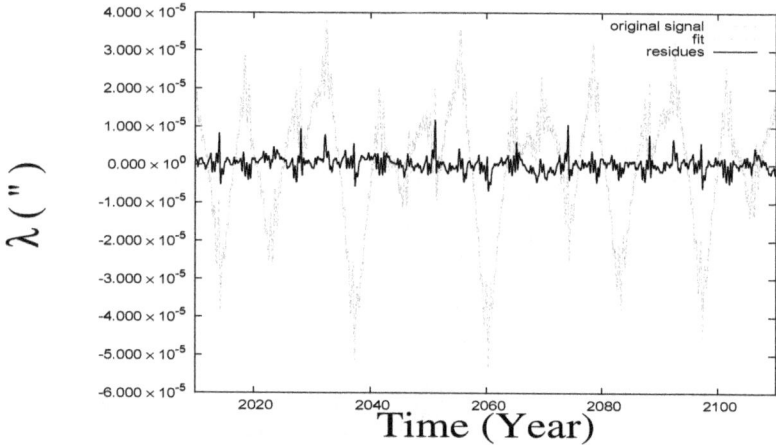

FIG. B.38 – Effets de Pallas sur la longitude moyenne (λ) de EMB pour un intervalle de 100 ans à partir de 26 septembre 2009.

TAB. B.38 – Les principaux coefficients de Fourier et de Poisson pour les effets de Pallas sur la longitude moyenne (λ) de EMB sur un intervalle de 100 ans à partir de 26/9/2009, qui correspond à T=2009.81

BIAS : -0.142528							
LINEAR : 0.114362 $\times 10^{-3}$							
T^2 : -0.216215 $\times 10^{-7}$							
Period	Period	SIN	COS		T SIN	T COS		Amplitude
(Day)	(Year)	$\times 10^{-5}$	$\times 10^{-5}$	$\times 10^{-5}$	$\times 10^{-9}$	$\times 10^{-9}$	$\times 10^{-9}$	$\times 10^{-5}$ (")
7630.317	20.891	13.169	- 17.933	22.249	- 60.027	90.711	128.285	1.170
4347.767	11.904	0.430	- 0.259	0.502	- 6.579	- 3.793	5.364	1.507
2749.867	7.529	3.051	2.705	4.078	- 11.480	- 8.286	11.719	1.278
1685.249	4.614	0.422	0.437	0.608	- 1.327	- 2.074	2.933	0.169
1044.781	2.860	- 0.334	0.311	0.456	0.746	- 2.027	2.867	0.214
842.219	2.306	0.085	- 0.212	0.228	- 0.124	0.441	0.623	0.135
398.748	1.092	- 0.346	0.651	0.737	1.112	- 3.074	4.347	0.120
322.445	0.883	- 0.058	- 0.753	0.755	0.935	3.049	4.313	0.189
270.639	0.741	0.626	0.259	0.677	- 2.397	- 0.145	0.205	0.271
233.183	0.638	- 0.408	0.130	0.428	0.770	- 1.081	1.528	0.268
Dispersion		Before= 0.156884 $\times 10^{-4}$				After= 0.193521 $\times 10^{-5}$		
Amplitude		Before= 0.914896 $\times 10^{-4}$				After= 0.184969 $\times 10^{-4}$		

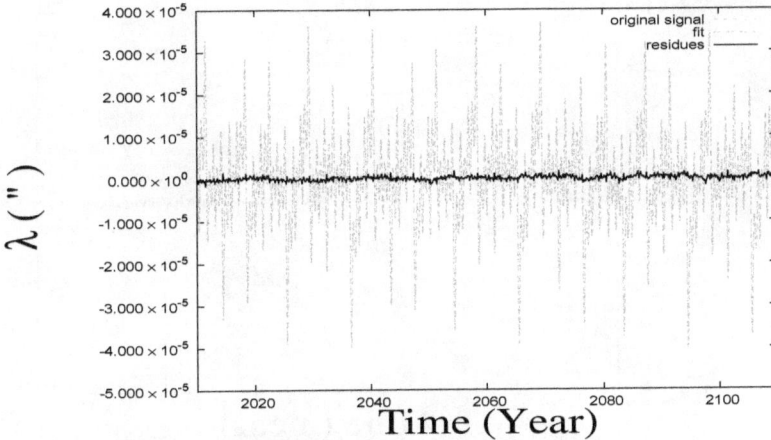

FIG. B.39 – Effets de Vesta sur la longitude moyenne (λ) de EMB pour un intervalle de 100 ans à partir de 26 septembre 2009.

TAB. B.39 – Les principaux coefficients de Fourier et de Poisson pour les effets de Vesta sur la longitude moyenne (λ) de EMB sur un intervalle de 100 ans à partir de 26/9/2009, qui correspond à T=2009.81

BIAS : 0.796735 $\times 10^{-1}$								
LINEAR : -0.390149 $\times 10^{-4}$								
T^2 : -0.311568 $\times 10^{-9}$								
Period	Period	SIN	COS		T SIN	T COS		Amplitude
(Day)	(Year)	$\times 10^{-7}$	$\times 10^{-7}$	$\times 10^{-6}$	$\times 10^{-10}$	$\times 10^{-10}$	$\times 10^{-10}$	$\times 10^{-6}$ (")
11773.423	32.234	- 312.985	- 5.429	31.303	151.416	4.729	6.688	1.978
5251.520	14.378	160.228	23.103	16.189	- 70.224	- 8.288	11.721	2.825
3572.253	9.780	32.631	- 26.036	4.174	- 28.012	2.912	4.118	3.704
2893.395	7.922	- 140.315	94.210	16.901	69.404	- 47.244	66.813	1.731
2105.539	5.765	- 53.013	26.460	5.925	5.727	16.008	22.639	7.654
1326.003	3.630	- 49.531	- 27.516	5.666	8.864	12.142	17.172	3.276
1053.770	2.885	- 18.090	31.497	3.632	9.601	- 17.478	24.717	1.028
813.541	2.227	- 9.264	60.423	6.113	4.018	- 5.595	7.913	4.938
662.854	1.815	6.021	- 5.724	0.831	- 2.523	4.771	6.748	0.497
586.963	1.607	- 1.240	- 5.362	0.550	- 1.723	5.153	7.288	1.227
Dispersion		Before= 0.115074 $\times 10^{-4}$			After= 0.450451 $\times 10^{-6}$			
Amplitude		Before= 0.769383 $\times 10^{-4}$			After= 0.337145 $\times 10^{-5}$			

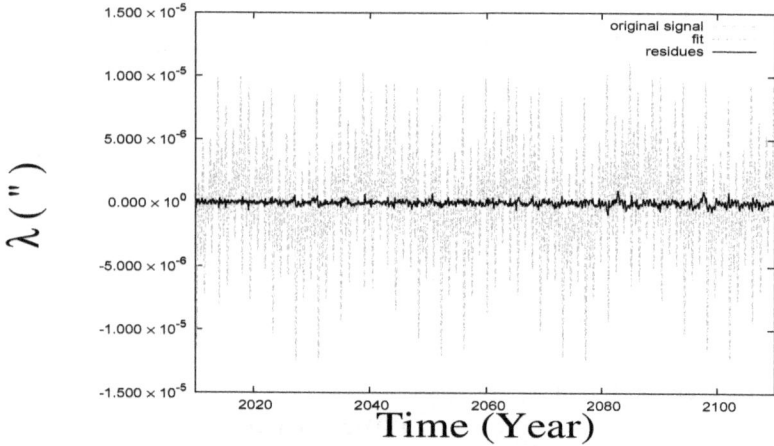

FIG. B.40 – Effets de Ate sur la longitude moyenne (λ) de EMB pour un intervalle de 100 ans à partir de 26 septembre 2009.

TAB. B.40 – Les principaux coefficients de Fourier et de Poisson pour les effets de Ate sur la longitude moyenne (λ) de EMB sur un intervalle de 100 ans à partir de 26/9/2009, qui correspond à T=2009.81

	BIAS : 0.577311×10^{-1}							
	LINEAR : -0.298488×10^{-4}							
	T^2 : 0.557697×10^{-9}							
Period	Period	SIN	COS		T SIN	T COS		Amplitude
(Day)	(Year)	$\times 10^{-7}$	$\times 10^{-7}$	$\times 10^{-7}$	$\times 10^{-10}$	$\times 10^{-10}$	$\times 10^{-10}$	$\times 10^{-6}$(")
15901.691	43.536	81.155	- 232.930	246.663	- 39.990	114.559	162.011	2.389
8402.611	23.005	- 11.421	- 109.990	110.582	- 2.298	51.804	73.262	1.871
5669.744	15.523	- 69.606	- 66.117	96.002	34.671	33.103	46.814	0.656
4160.134	11.390	- 15.540	- 13.163	20.365	7.421	6.901	9.759	0.122
2879.178	7.883	- 43.453	- 27.217	51.273	21.808	13.500	19.091	0.291
1526.618	4.180	- 9.076	- 18.721	20.805	- 2.905	7.710	10.903	1.549
1299.155	3.557	0.832	14.289	14.313	- 0.674	- 8.026	11.351	0.282
762.729	2.088	5.476	3.194	6.339	- 2.422	- 2.280	3.224	0.282
700.505	1.918	0.554	3.369	3.414	- 2.456	- 2.127	3.008	0.558
480.141	1.315	- 16.575	7.728	18.288	- 1.092	1.432	2.025	2.188
454.265	1.244	- 6.254	1.747	6.494	2.107	- 0.641	0.907	0.279
365.209	1.000	- 2.215	3.147	3.849	1.420	- 1.134	1.604	0.225
Dispersion	Before= 0.409982×10^{-5}				After= 0.198547×10^{-6}			
Amplitude	Before= 0.232502×10^{-4}				After= 0.191938×10^{-5}			

B.3 Les effets sur les paramètres de positionnement géocentrique de Mars

B.3.1 Sur l'ascension droite du vecteur EMB-Mars (α)

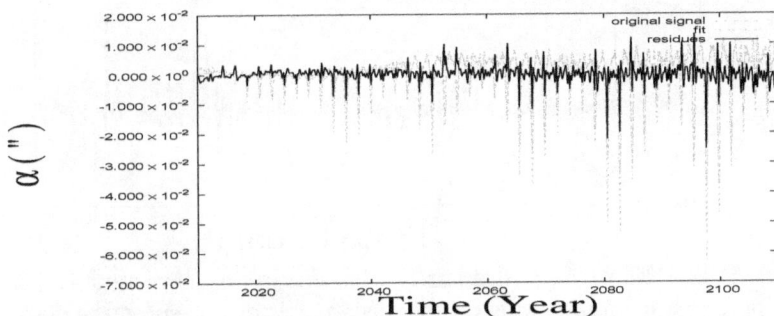

FIG. B.41 – Effets de Cérès sur l'ascension droite du vecteur EMB-Mars (α) pour un intervalle de 100 ans à partir de 26 septembre 2009.

TAB. B.41 – Les principaux coefficients de Fourier et de Poisson pour les effets de Cérès sur l'ascension droite (α) du vecteur EMB-Mars sur un intervalle de 100 ans à partir de 26/9/2009, qui correspond à T=2009.81

		BIAS :	$0.394872 \times 10^{+1}$				
		LINEAR :	-0.368448×10^{-2}				
		T^2 :	0.855624×10^{-6}				
Period	Period	SIN	COS		T SIN	T COS		Amplitude
(Day)	(Year)	$\times 10^{-1}$	$\times 10^{-1}$	$\times 10^{-1}$	$\times 10^{-5}$	$\times 10^{-5}$	$\times 10^{-4}$	$\times 10^{-2}$(")
5748.644	15.739	0.753	- 0.363	0.835	- 3.742	1.807	0.256	0.396
902.020	2.470	0.649	- 0.593	0.880	- 3.232	2.938	0.416	0.318
797.151	2.182	0.718	- 0.334	0.792	- 3.478	1.651	0.233	0.845
779.940	2.135	2.355	- 0.846	2.502	- 11.664	4.274	0.604	1.155
686.427	1.879	1.002	0.162	1.015	- 4.985	- 0.795	0.112	0.498
418.301	1.145	- 0.371	- 0.500	0.622	1.845	2.499	0.353	0.260
389.965	1.068	- 1.428	- 0.141	1.435	7.134	0.703	0.099	0.766
259.979	0.712	0.399	0.754	0.853	- 1.996	- 3.769	0.533	0.466
194.985	0.534	0.208	- 0.475	0.519	- 1.043	2.377	0.336	0.287
Dispersion		Before= 0.007679			After= 0.002607			
Amplitude		Before= 0.072001			After= 0.038255			

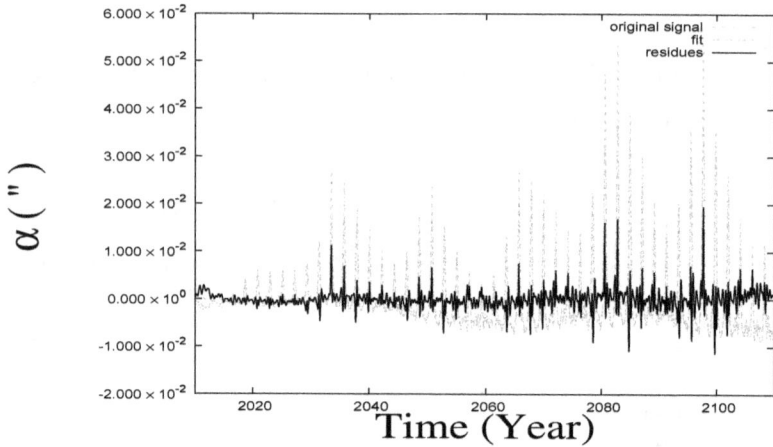

FIG. B.42 – Effets de Pallas sur l'ascension droite du vecteur EMB-Mars (α) pour un intervalle de 100 ans à partir de 26 septembre 2009.

TAB. B.42 – Les principaux coefficients de Fourier et de Poisson pour les effets de Pallas sur l'ascension droite (α) du vecteur EMB-Mars sur un intervalle de 100 ans à partir de 26/9/2009, qui correspond à T=2009.81

Period (Day)	Period (Year)	SIN $\times 10^{-2}$	COS $\times 10^{-2}$	$\times 10^{-1}$	T SIN $\times 10^{-5}$	T COS $\times 10^{-5}$	$\times 10^{-4}$	Amplitude $\times 10^{-2}('')$
			BIAS : -0.580477 $\times 10^{+1}$					
			LINEAR : 0.547179 $\times 10^{-2}$					
			T^2 : -0.128560 $\times 10^{-5}$					
5788.816	15.849	- 3.362	5.273	0.625	1.681	- 2.627	0.372	0.532
902.116	2.470	- 5.659	1.080	0.576	2.838	- 0.537	0.076	0.759
811.964	2.223	99.295	- 53.040	11.257	- 47.498	27.058	3.827	0.864
793.994	2.174	1997.147	- 1016.390	224.090	- 955.944	514.326	72.737	1.570
779.965	2.135	9774.298	33408.603	3480.908	- 15633.725	- 16339.465	2310.749	1.651
779.224	2.133	- 22692.659	36215.870	4273.811	22746.342	- 10253.481	1450.061	1.725
777.264	2.128	22795.510	- 9821.184	2482.118	- 7916.523	10348.454	1463.492	1.740
775.089	2.122	22679.805	47488.354	5262.621	- 7763.778	- 24143.303	3414.379	1.744
688.938	1.886	- 77.357	- 132.864	15.374	43.666	60.247	8.520	1.984
686.948	1.881	- 157.928	27.029	16.022	77.228	- 5.759	0.814	2.015
419.779	1.149	- 0.259	- 16.562	1.656	0.471	8.062	1.140	2.182
418.141	1.145	9.162	9.985	1.355	- 4.197	- 4.949	0.700	2.268
Dispersion		Before= 0.007230				After= 0.002120		
Amplitude		Before= 0.063223				After= 0.030829		

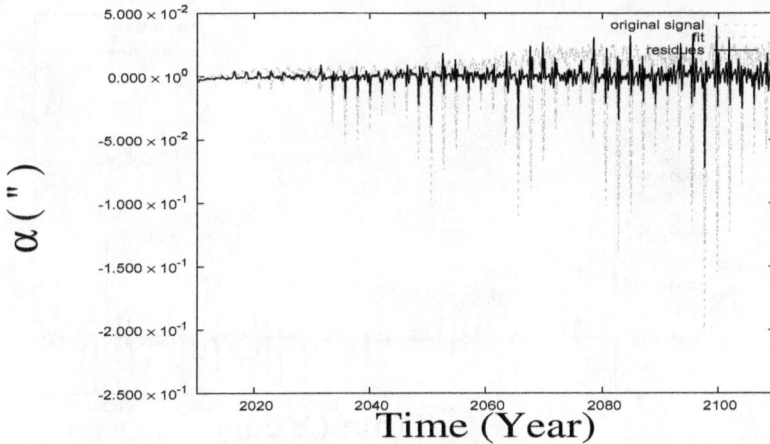

FIG. B.43 – Effets de Vesta sur l'ascension droite du vecteur EMB-Mars (α) pour un intervalle de 100 ans à partir de 26 septembre 2009.

TAB. B.43 – Les principaux coefficients de Fourier et de Poisson pour les effets de Vesta sur l'ascension droite (α) du vecteur EMB-Mars sur un intervalle de 100 ans à partir de 26/9/2009, qui correspond à T=2009.81

BIAS :			$0.622898 \times 10^{+1}$					
LINEAR :			-0.543029×10^{-2}					
T^2 :			0.116066×10^{-5}					
Period	Period	SIN	COS		T SIN	T COS		Amplitude
(Day)	(Year)	$\times 10^{-1}$	$\times 10^{-1}$	$\times 10^{-1}$	$\times 10^{-4}$	$\times 10^{-4}$	$\times 10^{-4}$	$\times 10^{-2}$(")
5732.392	15.694	- 2.616	- 0.682	2.704	1.298	0.337	0.477	1.208
902.465	2.471	- 1.049	2.294	2.522	0.522	- 1.139	1.611	0.844
779.939	2.135	6.538	- 5.047	8.259	- 3.247	2.508	3.547	3.815
686.034	1.878	- 1.650	1.891	2.510	0.820	- 0.944	1.335	1.268
418.346	1.145	1.350	- 1.664	2.143	- 0.671	0.826	1.169	0.778
389.971	1.068	- 5.106	- 1.434	5.304	2.536	0.712	1.007	2.518
272.286	0.745	- 1.518	0.734	1.686	0.754	- 0.364	0.515	0.655
259.979	0.712	1.570	3.077	3.455	- 0.780	- 1.528	2.161	1.627
194.984	0.534	0.566	- 1.872	1.955	- 0.282	0.930	1.316	0.954
Dispersion		Before= 0.023118			After= 0.006504			
Amplitude		Before= 0.228675			After= 0.111347			

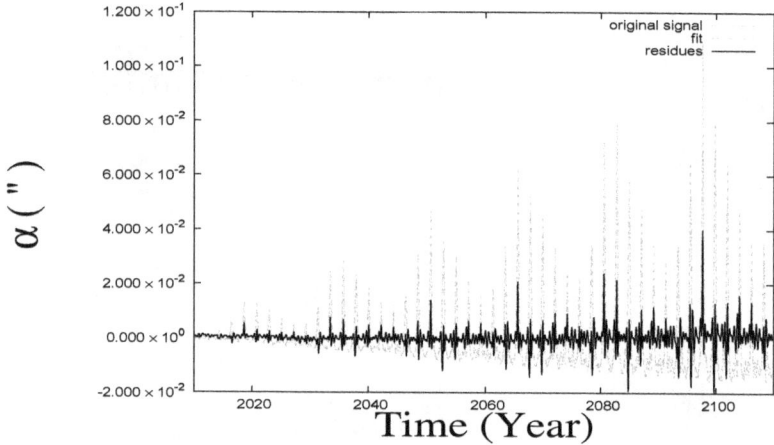

FIG. B.44 – Effets de Ate sur l'ascension droite du vecteur EMB-Mars (α) pour un intervalle de 100 ans à partir de 26 septembre 2009.

TAB. B.44 – Les principaux coefficients de Fourier et de Poisson pour les effets de Ate sur l'ascension droite (α) du vecteur EMB-Mars sur un intervalle de 100 ans à partir de 26/9/2009, qui correspond à T=2009.81

	BIAS : -0.354650 $\times 10^{+1}$
	LINEAR : 0.315895 $\times 10^{-2}$
	T^2 : -0.693883 $\times 10^{-6}$
Period	Period	SIN	COS		T SIN	T COS		Amplitude
(Day)	(Year)	$\times 10^{-1}$	$\times 10^{-1}$	$\times 10^{-1}$	$\times 10^{-5}$	$\times 10^{-5}$	$\times 10^{-4}$	$\times 10^{-2}$(")
902.526	2.471	0.835	- 0.847	1.190	- 4.163	4.227	0.598	0.997
779.973	2.135	2028.183	- 132.420	2032.501	- 8561.869	3830.096	541.657	2.976
779.689	2.135	- 8.686	544.962	545.031	- 1474.927	73.252	10.359	2.926
777.536	2.129	1482.485	794.923	1682.161	- 8069.759	- 4199.239	593.862	2.983
775.614	2.124	1908.668	- 754.041	2052.216	- 10020.784	3423.448	484.149	3.017
773.620	2.118	- 128.796	- 104.262	165.707	533.464	756.104	106.929	3.062
686.518	1.880	- 0.581	- 0.909	1.079	2.901	4.540	0.642	3.522
418.370	1.145	- 1.007	0.302	1.051	5.020	- 1.503	0.213	3.868
392.656	1.075	3.040	- 2.647	4.031	- 14.313	13.381	1.892	5.045
389.964	1.068	- 9.637	- 25.519	27.278	49.250	122.647	17.345	5.245
388.568	1.064	- 0.391	- 13.113	13.119	- 1.861	63.640	9.000	5.270
272.557	0.746	- 0.053	- 0.904	0.905	0.296	4.489	0.635	5.583
	Dispersion	colspan="3"	Before= 0.012968	colspan="3"	After= 0.003544
	Amplitude	colspan="3"	Before= 0.123670	colspan="3"	After= 0.059532

B.3.2 Sur la déclinaison du vecteur EMB-Mars (δ)

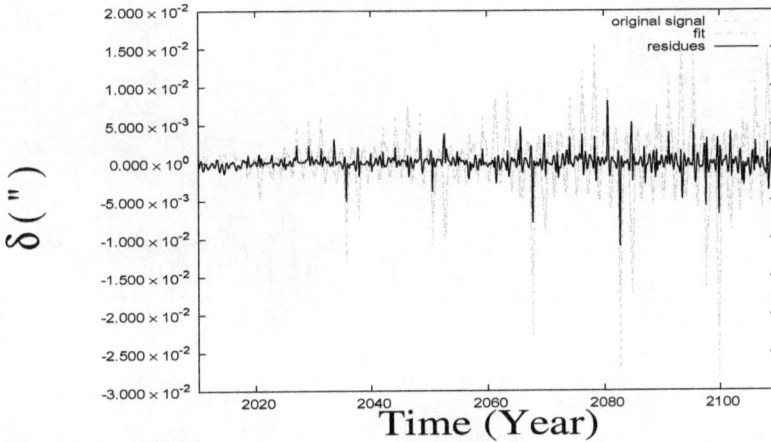

FIG. B.45 – Effets de Cérès sur la déclinaison du vecteur EMB-Mars (δ) pour un intervalle de 100 ans à partir de 26 septembre 2009.

TAB. B.45 – Les principaux coefficients de Fourier et de Poisson pour les effets de Cérès sur la déclinaison (δ) du vecteur EMB-Mars sur un intervalle de 100 ans à partir de 26/9/2009, qui correspond à T=2009.81

			BIAS :	0.289168				
			LINEAR :	-0.279329×10^{-3}				
			T^2 :	0.674107×10^{-7}				
Period (Day)	Period (Year)	SIN $\times 10^{-2}$	COS $\times 10^{-2}$	$\times 10^{-1}$	T SIN $\times 10^{-5}$	T COS $\times 10^{-5}$	$\times 10^{-5}$	Amplitude $\times 10^{-2}("")$
3042.796	8.331	- 1.005	1.132	0.151	0.479	- 0.568	0.803	0.510
2809.337	7.692	0.205	1.699	0.171	- 0.073	- 0.848	1.200	0.498
1074.060	2.941	2.414	1.536	0.286	- 1.208	- 0.759	1.073	0.596
901.916	2.469	4.429	- 3.405	0.559	- 2.210	1.703	2.408	0.910
701.399	1.920	- 1248.463	34.436	124.894	604.524	- 42.243	59.740	1.293
691.644	1.894	- 2951.425	39.117	295.168	2214.996	449.525	635.724	1.504
688.807	1.886	3380.447	1923.462	388.936	2863.517	2946.181	4166.529	1.534
687.133	1.881	2021.069	- 3816.610	431.871	9805.043	- 1649.181	2332.294	1.528
685.931	1.878	- 8876.572	3764.775	964.194	- 2187.656	- 2971.335	4202.103	1.527
677.695	1.855	- 4771.922	- 3702.359	603.976	2062.500	757.066	1070.653	1.543
674.493	1.847	5064.623	- 4922.858	706.293	1283.799	920.561	1301.870	1.558
674.046	1.845	- 3226.749	- 4821.049	580.124	541.212	- 769.752	1088.594	1.541
Dispersion		Before= 0.004253			After= 0.001130			
Amplitude		Before= 0.043795			After= 0.019079			

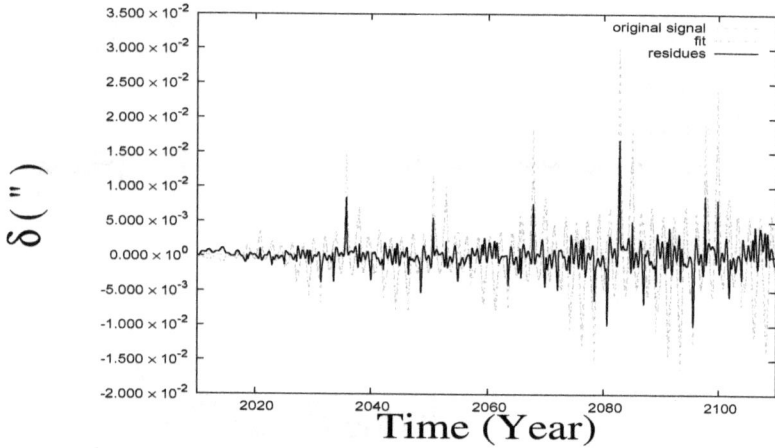

FIG. B.46 – Effets de Pallas sur la déclinaison du vecteur EMB-Mars (δ) pour un intervalle de 100 ans à partir de 26 septembre 2009.

TAB. B.46 – Les principaux coefficients de Fourier et de Poisson pour les effets de Pallas sur la déclinaison (δ) du vecteur EMB-Mars sur un intervalle de 100 ans à partir de 26/9/2009, qui correspond à T=2009.81

			BIAS :	-0.447683				
			LINEAR :	0.438697×10^{-3}				
			T^2 :	-0.107472×10^{-6}				
Period	Period	SIN	COS		T SIN	T COS		Amplitude
(Day)	(Year)	$\times 10^{-1}$	$\times 10^{-1}$	$\times 10^{-1}$	$\times 10^{-5}$	$\times 10^{-5}$	$\times 10^{-4}$	$\times 10^{-2}('')$
1074.168	2.941	- 0.141	- 0.222	0.263	0.710	1.101	0.156	0.515
902.033	2.470	- 0.551	0.028	0.551	2.751	- 0.139	0.020	0.769
701.398	1.920	174.281	- 82.174	192.682	- 821.278	442.672	62.603	1.203
692.645	1.896	- 7053.449	7762.025	10488.096	32167.568	- 39356.339	5565.827	1.396
688.749	1.886	3333.148	- 578.563	3382.989	- 6054.839	972.817	137.577	1.447
686.970	1.881	5814.565	- 9872.819	11457.824	- 32531.941	40871.014	5780.034	1.451
685.168	1.876	5693.155	- 884.653	5761.478	- 28683.336	5080.289	718.461	1.429
677.643	1.855	590.697	- 1216.786	1352.587	- 3088.144	5797.951	819.954	1.431
664.275	1.819	- 18.826	- 1.624	18.896	91.291	10.736	1.518	1.444
419.720	1.149	- 2.035	0.043	2.036	9.880	- 0.722	0.102	1.619
418.286	1.145	- 1.183	2.035	2.354	6.126	- 9.616	1.360	1.608
Dispersion		Before= 0.004531				After= 0.001681		
Amplitude		Before= 0.046505				After= 0.027042		

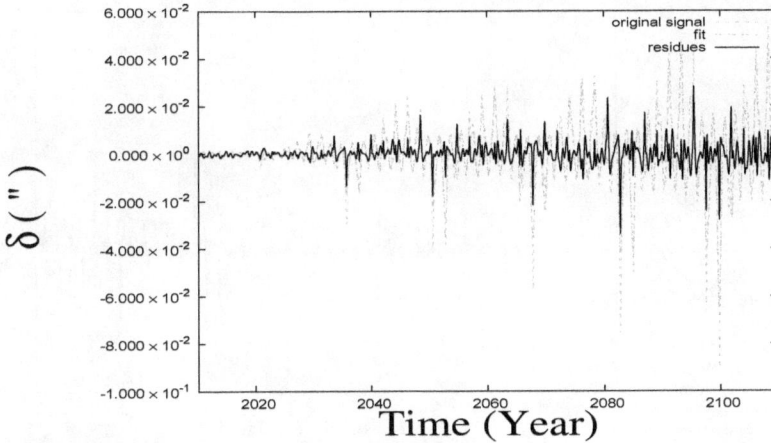

FIG. B.47 – Effets de Vesta sur la déclinaison du vecteur EMB-Mars (δ) pour un intervalle de 100 ans à partir de 26 septembre 2009.

TAB. B.47 – Les principaux coefficients de Fourier et de Poisson pour les effets de Vesta sur la déclinaison (δ) du vecteur EMB-Mars sur un intervalle de 26/9/2009, qui correspond à T=2009.81)

BIAS : $0.227007 \times 10^{+1}$							
LINEAR : -0.221375×10^{-2}							
T^2 : 0.539569×10^{-6}							
Period	Period	SIN	COS		T SIN	T COS		Amplitude
(Day)	(Year)	$\times 10^{-1}$	$\times 10^{-1}$	$\times 10^{-1}$	$\times 10^{-4}$	$\times 10^{-4}$	$\times 10^{-4}$	$\times 10^{-1}(")$
3043.399	8.332	- 0.671	- 0.004	0.671	0.326	- 0.004	0.006	0.159
2809.351	7.692	0.236	0.481	0.535	- 0.107	- 0.242	0.342	0.159
1074.152	2.941	0.479	0.774	0.910	- 0.240	- 0.383	0.541	0.186
908.640	2.488	- 65.871	- 15.506	67.672	32.344	5.205	7.361	0.287
901.942	2.469	- 359.597	1535.511	1576.733	- 30.449	- 431.696	610.511	0.305
901.635	2.469	- 973.820	- 1247.909	1582.910	124.311	469.531	664.017	0.302
715.876	1.960	- 145.710	- 28.729	148.515	71.143	11.718	16.571	0.370
700.413	1.918	- 6409.829	9085.127	11118.698	2959.037	- 4519.768	6391.918	0.460
692.721	1.897	- 12961.446	- 5181.511	13958.766	7061.236	3299.344	4665.976	0.511
688.794	1.886	8845.535	11501.897	14509.897	- 9984.704	- 3220.277	4554.160	0.517
687.000	1.881	3052.046	6879.610	7526.222	6142.292	1412.468	1997.531	0.514
685.081	1.876	- 8851.032	- 7227.114	11426.808	333.340	2877.514	4069.419	0.514
Dispersion		Before= 0.013214				After= 0.004235		
Amplitude		Before= 0.143865				After= 0.062030		

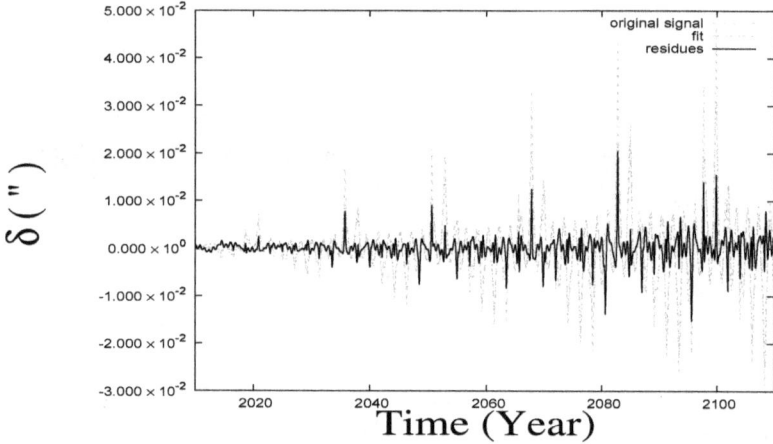

FIG. B.48 – Effets de Ate sur la déclinaison du vecteur EMB-Mars (δ) pour un intervalle de 100 ans à partir de 26 septembre 2009.

TAB. B.48 – Les principaux coefficients de Fourier et de Poisson pour les effets de Ate sur la déclinaison (δ) du vecteur EMB-Mars sur un intervalle de 100 ans à partir de 26/9/2009, qui correspond à T=2009.81

BIAS : -0.106605 $\times 10^{+1}$							
LINEAR : 0.104156 $\times 10^{-2}$							
T^2 : -0.254365 $\times 10^{-6}$							
Period	Period	SIN	COS		T SIN	T COS		Amplitude
(Day)	(Year)	$\times 10^{-1}$	$\times 10^{-1}$	$\times 10^{-1}$	$\times 10^{-4}$	$\times 10^{-4}$	$\times 10^{-4}$	$\times 10^{-2}$(")
2809.360	7.692	0.245	- 0.575	0.625	- 0.124	0.282	0.399	0.817
1074.154	2.941	- 0.267	- 0.435	0.510	0.134	0.215	0.304	0.935
908.723	2.488	4.318	- 2.470	4.975	- 1.994	1.341	1.896	1.477
901.920	2.469	519.793	- 1032.417	1155.885	146.103	181.521	256.709	1.560
901.812	2.469	- 460.842	965.377	1069.733	90.161	24.577	34.757	1.542
701.047	1.919	140.651	268.476	303.087	- 75.211	- 126.663	179.128	2.162
692.686	1.896	817.341	10677.515	10708.752	- 626.374	- 5148.139	7280.568	2.465
688.773	1.886	- 760.373	- 11467.919	11493.099	947.246	4753.019	6721.784	2.541
687.026	1.881	289.014	- 2699.747	2715.173	- 1029.824	1148.826	1624.685	2.546
685.113	1.876	12376.784	- 6018.036	13762.324	- 5860.249	2648.519	3745.571	2.552
677.669	1.855	722.150	- 1326.052	1509.939	- 376.859	631.550	893.146	2.552
664.487	1.819	19.750	- 12.078	23.151	- 9.801	5.599	7.918	2.563
419.725	1.149	- 2.297	- 0.582	2.370	1.130	0.228	0.323	2.886
Dispersion		Before= 0.006874				After= 0.002303		
Amplitude		Before= 0.075053				After= 0.035687		

Acronymes

ASETEP	Asteroids effects on the terrestrial planets
BDL	Bureau des longitudes
DE	Development Ephemeris
ECAS	Eight Color Asteroid Survey
EMB	Earth-Moon baricenter
EMCCE	Institut de mécanique céleste et de calcul des éphémérides
EPM	Ephemerides of Planets and the Moon
ESA	European Space Agency
ICRS-PC	International Celestial Reference System Product Center
IMPS	IRAS Minor Planet Survey
INPOP	Intégration Numérique Planétaire de l'Observatoire de Paris
IERS	International Earth Rotation Service
IRAS	Infrared Astronomy Satellite
JPL	Jet Propulsion Laboratory
LLR	Lunar Laser Ranging
MEX	Mars Express
MIMPS	MSX Infrared Minor Planet Survey
MPC	Minor Planet Center
MPI	Message Passing Interface
MSX	Midcourse Space Experiment
NASA	National Aeronautics and Space Administration
NEA	Near Earth Asteroids
NEAR	Near Earth Asteroid Rendezvous
OA	Optique adaptative
PPN	Parameterized Post-Newtonian
RKN	Runge-Kutta-Nyström
SBDSE	Small-Body Database Search Engine
SIMPS	Supplemental IRAS Minor Planet Survey
SMASSII	second phase of the Small Main-belt Asteroid Spectroscopic Survey
TOP	theory of outer planets
UAI	Union Astronomique Internationale
VEX	Venus Express
VSOP	Variation séculaires des orbites planétaire

Référence

- Aljbaae S., & Souchay J., 2012, A&A, 540, A21

- Anderson J. D., Laing A. P., Lau E. L., Liu A. S., & Martin M., 2002, Physical Review, 65, 082004

- Aslan Z., Gumerov R., Hudkova L., Ivantsov A., Khamitov I., & Pinigin G., 2007, ASP Conference Series, 370

- Baer J., Milani A., Chesley S., & Matson R. D., 2008 (b), DPS meeting, 40, 493

- Baer J., & Chesley S. R. 2008 (a), Celestial Mech Dyn Astr, 100, 27-42

- Bange J., 1998, A&A, 340, L1–L4

- Bidart P., 2001, MPP01, A&A, 366, 351-358

- Boquet M. F., 1889, Annales de l'Observatoire de Paris, Memoires

- Brankin R. W., Domabd J. R. & Seward W. L., ACM Transaction on Mathematical Software, 15,1, 31-40

- Bretagnon P., & Francou G., 1988, A&A, 202 :309–315

- Bretagnon P., Fienga A., & Simon J. -L., 2003, A&A, 400,785-790

- Bretagnon P., 1982, A&A, 114, 278-288

- Bretagnon P., 1984, Celestial Mechanics, 34, 193-201

- Britt D. T., Yeomans D., Housen K., & Consolmagno G., 2002, asteroid III, 485-500

- Brouwer D., & Clemence G., 1961, Methods of Celestial Mechanics, New York :Academic press

- Brown E. W., & Shook C. A., 1933, Planetary Theory, At The Cambridge University Press, 1933

- Bus S. J., & Binzel R. P., 2002, Icarus, 158, 146-177

- Carry B., 2012, Planetary and Space Science, 73, 98-118

- Cellino A., Zappala V., & Farinella P., 1991, Mon. Not. R. Astr. Soc., 253,

561-574.

- Chapront J., & Francou G., 2003, A&A, 404, 735-742, 2003

- Chapront-Touzé M., & Chapront J., 1980, A&A, 91, 233-246

- Chapront-Touzé M., & Chapront J., 1983, A&A, 124, 50-62

- Chapront-Touzé M., & Chapront J., 1988, A&A, 190, 342-352

- Chapront-Touzé M., 1990, A&A, 240, 159-172

- Chapront-Touzé M., 1980, A&A, 86, 221-224

- Chapront-Touzé M., 1982, Celestial Mechanics, 26, 63-69

- Chapront-Touzé M., 1983, A&A, 119, 256-260

- Connaissance des Temps, 2010, Ephemerides Astronomoqies 2010, BDL

- Dormand J. R., & Prince P. J., 1978, Celestial Mechanics and Dynamical Astronomy, 18, 3, 223-232

- Dormand J. R., El-Mikkawy M. E. A., & Prince P. J., 1987, IMA Journal of Numerical Analysis, 7, 423-430

- Fienga A., Manche H., Laskar J., & Gastineau M., 2008, A&A, 477, 315-327

- Fienga A., Laskar J., Morley T., Manche H., Kuchynka P., Le Poncin-Lafitte C., Budnik F., Gastineau M., & Somenzi L., 2009, A&A, 507, 1675-1686

- Fienga A., Manche H., Kuchynka P., Laskar J., & Gastineau M., 2010, ArXiv e-prints :1011.4419v1

- Fienga A., Laskar J., Kuchynka P., Manche H., Desvignes G., Gastineau M., Cognard I., & Thereau G., 2011, Celest Mech Dyn Astr,111, 363-385

- Fienga A., & Simon J. -L., 2005, A&A, 429, 361-367

- Folkner W. M., Williams J. G., & Boggs D. H., 2008, IOM, 343R-08-003

- Folkner W. M., Standish E. M., Williams J. G., & Boggs D. H., 2007, IOM, 343R-07-005

- Folkner W. M., Williams J. G., & Boggs D. H., 2008, IOM, 343R-08-003

- Folkner W. M., 2010, IOM, 343R-10-001

- Hertz H. G., 1966, IAU Circular 1983, 3

- Hilton J. L., 2002, Asteroids III, 103–112

- IERS Technical note 13, 1992

- Ivantsov A., 2008, Planetary and Space Science, 56, 1857-1861

- Kaula M. W., 1962, The Astronomical Journal, 67, 300K

- Knezevic Z., Milani A., 2003, A&A, 403, 1165-1173

- Kochetova O. M., 2004, Solar System Research, 38, 66-75

- Konopliv A. S., Yoder C. F., Standish E. M., Yuan D., & Sjogren W. L., 2006, Icarus, 182, 23-50

- Krasinsky G. A., Pitjeva E. V., Vasilyev M. V., & Yagudina E. I., 2002, Icarus, 158, 98

- Kuchynka P., Laskar J., Fienga A., & Manche H., 2010, A&A, 514, A96

- Kuchynka P., Laskar J., Fienga A., Manche H., & Somenzi L., 2009, Journées 2008 Systèmes de référence spatio-temporels

- Kuchynka P., 2010, These de l'observatoire de Paris (IMCCE)

- Landgraff W., 1988, A&A, 191, 161-166

- Laskar J., & Robutel P., 1995, Celestial Mechanics & Dynamical Astronomy, 62, 3, 193-217

- Laskar J., & Gastineau M., 2012, TRIP Reference manual, IMCCE, Paris Observatory

- Le Verrier, 1855, Annales de l'Observatoire de Paris, 1, 258-342

- Lebofsky L. A., & Spencer H., 1989, Asteroid II, 128-147

- Lestrade J. F., & Chapront-Touzé M., 1982, A&A, 116, 75-79

- Manche H., 2011, Thèse de Doctorat de l'Observatoire de Paris (IMCCE)

- Marchis F., Hestroffer D., Descamps P., Berthier J., Laver C., & de Pater I., 2005, Icarus, 178, 450-464

- Marchis F., Descamps P., Berthier J., Hestroffer D., Vachier F., Baek M., Harris A. W., & Nesvorný D., 2008 (a), Icarus, 195, 295-316

- Marchis F., Descamps P., Baek M., Harris A. W., Kaasalainen M., Berthier J., Hestroffer D., & Vachier F. 2008 (b), Icarus, 196, 97-118

- Merline W. J., Weidenschilling S. J., Durda D. D., Margot J-L., Pravec P., & Storrs, A. D., 2002, Asteroid III, 289-312

- Millis R. L., & Dunham D. W., 1989, Asteroids II, 148-170

- Mohr P.J., Taylor B.N., & Newell D.B., 2011, "2010 CODATA" (Web Version 6.0). Available : http://physics.nist.gov/constants.

- Moisson X., & Bretagnon P., 2001, Celestial Mechanics and Dynamical Astronomy 80, 205-213

- Moshier S. L., 1992, A&A, 262, 613-616

- Mouret S., Simon J. L., Mignard F., & Hestroffer D., 2009, A&A, 508, 479-489

- Moyer T., 1971, JPL Tech. Report, JPL 32, 1527

- Murray C. D., & Dermott, S. F. 1999, Solar System Dynamics, Cambridge University press

- Newcomb S., 1895, A development of the perturbative function in cosines of multiples of the mean anomalies and of angles of multiples of the mean anomalies and of angles between the perihelia and common note and in powers of the eccentricities and mutual inclination, Washington, Bureau of Equipment, Navy Dept., 1895

- Newhall X. X., Standish E. M., & Williams J. G., 1983, A&A, 125, 150-167,

- peirce B., 1849, Cambridg, Tha astronomical journal, 1, 1-8

- Pitjeva E. V., & Standish E. M., 2009, Celest Mech Dyn Astr, 103,365-372

- Pitjeva E. V., 2008, Proceedings of the "Journees 2008 Systemes de reference spatio-temporels", pp. 57–60

- Scholl H., Schmadel L. D., & Roser S., 1989, A&A, 179, 311–316

- Schubart J., 1971, Celestial Mechanics, 4, 246-249

- Schubart J., 1974, A&A, 30, 289-292

- Schubart J., 1975, A&A, 39, 147-148

- Simon J.-L., & Francou G., 1981, A&A, 103, 223-243

- Simon J.-L., & Francou G., 1982, A&A, 114, 125-130

- Simon J. L., 1983, A&A, 120, 197-202

- Simon J. L., 1987, A&A, 175, 303-308, 1987

- Simon J.-L., Chapront-Toué M., Morando B., & Thuillot W., 1998, Introduction aux éphémérides astronomiques. BDL Sciences

- Souchay J., Gauchez D., & Nedelcu A., 2009, Solar System Research, 43, 1, 79-81

- Standish E. M., Ronald J. R., & Hellings W., 1989, ICAaUS 80, 326-333

- Standish E. M., Newhall X. X., Williams J. G., & Folkner W. M., 1995, IOM, 314.10-127

- Standish E. M., & Fienga A., 2002, A&A, 384, 322-328

- Standish E. M., 1982, A&A, 114, 297-302

- Standish E. M., 1998, IOM, 312.F -98-048

- Tedesco E. F., Noah P. V., Noah M., & Price S. D., 2002 (a), The Astronomical Journal, 123, 1056-1085

- Tedesco E. F., Egan M. P., & Price S. D., 2002 (b), The Astronomical Journal, 124, 583-591

- Tedesco E. F., Veeder G. J., Fowler J. W., & Chilleml J. R., 1992, The IRAS Minor Planet Survey, Jet Propulsion Laboratory

- Tedesco E. F., Cellino A., & Zappala V., 2005, The Astronomical Journal, 129, 2869-2886

- Tedesco E. F., 1994, Asteroids, Comets, Meteors 1993, 55-74

- Tholen D. J., 1989, Asteroid II, 1139-1150

- Tsitouras C., 1999, Celestial Mechanics and Dynamical Astronomy,74, 223-230

- UAI, 1976, XVIth General Assembly, Grenoble, France

- université de Bourgogne, 2002, Notes de cours d'analyse numérique élémentaire : des équations algébriques aux équations différentielles. Document de l'Université de Bourgogne, Licence de Mathématiques

- Warner B. D., Harris A. W., & Pravec P., 2009, Icarus, 202, 134-146

- Wasserman L. H., Millis R. L., Franz O. G., White N. M., Giclas H. L., & Martin L. J., 1979, Astronomical Journal, 84, 259-268

- William M. F., Williams J. G., & Boggs† D. H., 2009, IPN Progress Report 42-178

- Williams J. G., Sinclair W. S., & Yoder C. F., 1978, Geophysical Research Letters, 5, 943-946

- Williams J. G., 1984, ICARUS 57, 1-13

- Yeomans D. K., Barriot J. P., Dunham D. W., Farquhar R. W., Giorgini J. D., Helfrich C. E., Konopliv A. S., McAdams J. V., Miller J. K., Owen Jr W. M., Scheeres D. J., Synnott S. P., & Williams B. G., 1997, Science, 278, 2106

www.ingramcontent.com/pod-product-compliance
Lightning Source LLC
Chambersburg PA
CBHW021032210326
41598CB00016B/995